普通高等教育"十一五"国家级规划教材

西安交通大学 "十一五"规划教材
XI'AN JIAOTONG UNIVERSITY

U0743032

程序设计与C语言

(第3版)

梁 力 原 盛 编著

西安交通大学出版社
XI'AN JIAOTONG UNIVERSITY PRESS

内 容 简 介

本教材以程序设计方法为主线,以 C 语言作为典型的程序设计语言,全面系统地介绍了结构化程序设计的思想和方法。教材中,通过将例子分成三个层次的方法,详细讲述了 C 语言的基本概念、语法规则和语义特点,以及在 C 语言的环境下,编写程序的思路、方法和技巧。

本教材语言通俗易懂,内容深入浅出,重点突出,范例程序丰富,实用性、技巧性强,强调动手实践,不仅可以作为大专院校本科生的教材,也可以供从事计算机、自动化和相关领域的科研人员参考自学。

图书在版编目(CIP)数据

程序设计与 C 语言/梁力,原盛编著. —3 版:西安:
西安交通大学出版社,2010.8(2024.8 重印)
ISBN 978 - 7 - 5605 - 3603 - 3

Ⅰ.①程… Ⅱ.①梁… ②原… Ⅲ.①C 语言-程序
设计-教材 Ⅳ.①TP312

中国版本图书馆 CIP 数据核字(2010)第 105305 号

书　　名	程序设计与 C 语言(第 3 版)
编　　著	梁　力　原　盛
责任编辑	屈晓燕　贺峰涛
出版发行	西安交通大学出版社
	(西安市兴庆南路 1 号　邮政编码 710048)
网　　址	http://www.xjtupress.com
电　　话	(029)82668357　82667874(市场营销中心)
	(029)82668315(总编办)
传　　真	(029)82668280
印　　刷	西安日报社印务中心
开　　本	787 mm×1092 mm　1/16　印张　21.5　字数　521 千字
版次印次	2010 年 8 月第 3 版　　2024 年 8 月第 7 次印刷
书　　号	ISBN 978 - 7 - 5605 - 3603 - 3
定　　价	30.00 元

如发现图书印装质量问题,请与本社市场营销中心联系。
订购热线:(029)82665248　(029)82667874
投稿热线:(029)82664954
读者信箱:eibooks@163.com

前 言

本书是一本讲授程序设计和程序设计语言的教科书。

程序设计是学习计算机知识非常重要的基础课程之一,是学好计算机系列课程的基础。程序设计课程包括两方面的内容:程序设计方法和程序设计语言。自从第一台计算机诞生以来,程序设计方法与程序设计语言就一直不断地发展,从主要用于科学计算的程序设计,到 20世纪 70 年代的结构化程序设计,进而到 80 年代的面向对象的程序设计,其目的是为了使计算机这一 20 世纪最伟大的科研成果,人类智慧的结晶能够更好地为人类服务。

程序设计语言也从机器语言、汇编语言、高级语言,到目前更加便捷,更加拟人化的各种可视化语言。这些都使人们感到了计算机科学的飞速发展和它的勃勃生机。

编写本教材的目的是为学生打下一个扎扎实实的程序设计的基础,牢固掌握其基本理论与基本方法,使学生熟练掌握一门典型的程序设计语言,以适应计算机科学不断推出的新方法、新工具。书中以介绍程序设计方法为主,结合一种典型的程序设计语言,通过列举大量的应用实例系统地、较为全面地介绍结构化程序设计的思想和方法。

学习程序设计的目的是建立程序设计的基本思想,掌握程序设计的基本方法,不可能只通过一门程序设计课程的学习就要求学生立即编写大型软件。要想成为一名合格的程序设计者,一定要掌握许多计算机理论,还要不断地实践,不断地积累经验。任何人不可能只靠在学校学习的一门语言包打天下。只有掌握了程序设计的基本理论和基本方法,才能适应计算机不断发展的需要。

作者长期从事程序设计基础课程的教学工作,本教材是作者长期教学实践的总结。编写教材过程中,作者研究了学生学习程序设计的认识规律,采用了通俗易懂的语言,循序渐近的方法。本教材的特点如下:

1. 以程序设计方法为纲,较为系统全面地介绍了程序设计的发展和结构化程序设计,目的是让读者掌握程序设计的基本理论和基本方法。

2. 以 C 语言作为典型的程序设计语言,介绍了用程序设计语言描述结构化程序设计方法。按结构化程序设计方法的三种基本结构介绍 C 语言的控制语句和程序设计。

3. 各章中列举了丰富的例子。例子分为三个层次,第 1 层次,帮助读者理解基本语法;第2 层次,介绍基本的程序设计方法;第 3 层次,综合举一些具有较强编程技巧和实用性的例子。教师可以根据教学实际需要和不同程度的学生选取例子。

4. 本书各章精选了典型习题,供学生选作。程序设计是一门实践性很强的课程,要求学生大量阅读程序,动手编写程序,上机调试程序,从实践中不断总结、积累经验。

5. 书中的例子都已上机检验。

6. 本书既可以作为计算机专业学生的教材,也可以作为非计算机专业学生的教材。

本书由梁力主编、统稿。原盛编写了第 1、2、7、6、9 章,梁力编写了第 3、4、5、8 章。西安交通大学电信学院副院长董渭清教授仔细审阅了书稿,并提出了宝贵意见。在编写本教材过程中受到了西安交通大学软件学院副院长曾明教授、计算机应用研究所所长陈建明副教授的大力支持。多位资深教授围绕本书内容对如何搞好程序设计基础教学提出了许多建设性意见。韩菁老师在编书过程中给予了我们热情的帮助,提供了许多有意义的程序例子,丰富了本书的内容。在使用本教材的过程中,唐亚哲老师、钱屹老师提出了许多具体的意见。在这里一并表示感谢。本书经过几届西安交通大学电信学院和软件学院本科生使用,编者在原书稿的基础上进行了修改。由于编者水平有限,书中肯定会有不少缺点和不足,恳请广大读者批评指正。

编　者

2010.2.1

目　录

第1章 程序设计基础

本章重点介绍程序设计的基本理论、基本知识和基本方法,为读者今后更好地从事程序设计和软件开发打下良好的基础。首先介绍计算机的基本组成,其次对程序设计和程序设计语言的基本概念及发展做以概述,着重介绍结构化程序设计和面向对象程序设计方法。

1.1 计算机基础

计算机被人类称为是 20 世纪最伟大的发明,问世几十年来,经历了电子管计算机,晶体管计算机,集成电路(IC)计算机,大规模集成电路(LSI)计算机,"智能"化计算机 5 个发展阶段。计算机的应用很广泛,涉及到国民经济、社会生活的各个领域和各个行业,应用于科学与工程计算、数据处理与信息管理、工业生产自动化、计算机辅助系统、人工智能、图像处理及个人服务等各个方面。

计算机技术与通信技术的结合,出现了计算机网络通信(network communication),尤其是 Internet 的快速发展,使得世界各地的人们可以互相交流,包括文字和视频的交流,缩短了彼此空间上的距离,使我们足不出户就可以了解各国的国情。同时,随着 Internet 广泛应用,远程教学、远程医疗和电子商务的发展,使我们的生活方式和生活环境发生很大的变化,远程教学和远程医疗使得边缘地区的人们也可以享受先进科学带来的好处,而电子商务的蓬勃发展,使我们可以在网上购得自己所需要的一切东西。当今社会已步入 21 世纪的信息时代,了解计算机,学会使用计算机是时代对我们的要求。

计算机系统是一个很复杂的系统,主要由两大部分组成:硬件系统和软件系统。硬件系统是计算机的物质基础,软件系统是计算机得以运行的保障。

1.1.1 计算机硬件系统

计算机硬件系统是由各种物理部件组成的,是指计算机的硬件实体。直观地看,计算机硬件系统就是一大堆物理设备。一台计算机从硬件系统看主要由四个部件组成:中央处理器、存储器、输入设备和输出设备,如图 1.1 所示(图中实线表示数据线,虚线表示控制线)。

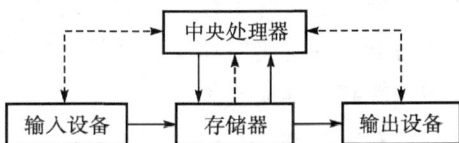

图 1.1 计算机的基本部件

1. 存储器

存储器,是计算机用来存放程序和数据以及运行时数据的记忆设备。根据存储器和中央处理器的关系,存储器可分为主存储器(简称主存,又称内存)和外存储器(简称外存,又称辅存)。

主存储器通常设置在主机内部,它的基本功能是按指定的位置(地址)写入或读出(也称访问 access)信息。主存储器可以看成是由一系列存储单元组成的,每个存储单元都有一个特定的编号,即地址,地址指出了该单元在主存储器中的相对位置,便于中央处理器进行访问。每个存储单元可以存一个数据代码,该代码可以是指令,也可以是数据。计算机计算之前,程序和数据通过输入设备送入主存储器,计算开始后,主存储器不仅要为其它部件提供必需的信息,也要保存运算中间结果及最后结果。总之,它要和各个部件打交道,进行数据传送。主存储器是用半导体器件构造成的,如常说的 RAM,其存取速度比较快,但由于价格上的原因,容量较小。

外存储器设置在主机外部,用来存放相对不经常使用的程序和数据。外存储器的容量一般较大,而且可以移动,如移动硬盘等,采用 usb 接口,更加方便计算机之间进行信息交换,而价格较低,存取速度较慢,但现在速度提高比较快,可达 10 000 r/s 以上,常用的外存有磁盘、磁带和光盘。磁盘又分为软盘和硬盘。

2. 中央处理器

中央处理器简称 CPU(central processing unit),它是整个计算机的核心,计算机发生的所有动作都是受 CPU 控制的。CPU 主要包括运算器、控制器和寄存器三个部分。

运算器也称为算术逻辑部件 ALU(arithmetic logic unit),主要完成数据的算术运算(如加、减、乘、除)和逻辑运算(如与、或、非运算)。控制器负责从内存中读取各种指令,并对指令进行分析,根据指令的具体要求向计算机各部件发出相应的控制信息,协调它们的工作,从而完成对整个计算机系统的控制,因此控制器是计算机的指挥控制中心。CPU 内部的寄存器主要用来存放经常使用的数据。

3. 输入设备

输入设备的主要功能是把要输入的程序和数据信息通过输入接口顺序的送往计算机存储器中。常用的输入设备有键盘、鼠标、扫描仪、手写笔、摄像头等。

4. 输出设备

输入/输出设备,又称为 I/O 设备。输出设备的主要功能是将计算机操作的结果,转换为能识别和接收的信息形式,通过输出接口输送出来。常用的输出设备有显示器、打印机、绘图仪等。磁盘既是输入设备,又是输出设备。

1.1.2　计算机软件系统

仅有硬件系统的计算机(常称为裸机)是无法工作的,必须为它编制由一条条指令组成的各种程序才能正常工作。计算机软件系统就是为了运行、管理和维护计算机而编制的各种程序的总和,是指使用和发挥计算机效能的各种程序的总称。软件系统是计算机的灵魂,主要分为系统软件和应用软件。

1. 系统软件

系统软件是主要用来对计算机系统实际运行进行控制,管理和服务的,是为了发挥计算机各部件的功能,方便用户使用而编制的,能实现系统功能的软件,主要包括操作系统 OS(operating system)、数据库管理系统、各种语言的编译系统和解释系统以及各种工具软件等。

操作系统是对裸机的第一层扩充,是管理和控制计算机资源,如 CPU、I/O 设备及存储器等,使应用程序得以自动执行的程序,最常用的操作系统有 DOS、Windows、Unix、Linus 等。

数据库管理系统是指用来帮助用户在计算机上建立、使用和管理数据的系统软件。各种语言的编译系统和解释系统是程序设计语言的翻译系统。工具软件有时又称服务软件,是开发和研制各种软件的工具。常见的工具软件有诊断程序(如杀毒软件)、调试程序、编辑程序等。

2. 应用软件

应用软件是用户利用计算机及其提供的系统软件,为解决实际问题而编制的计算机程序。由于计算机的日益普及,各行各业、各个领域的应用软件越来越多,常用的应用软件有以下几种:

(1) 信息管理软件,如 MIS(管理信息系统);

(2) 办公自动化系统,如 OFFICE、WPS;

(3) 辅助设计软件以及辅助教学软件,如 AUTOCAD;

(4) 图像处理软件,如 PHOTOSHOP、COREDRAW;

(5) 数值处理软件,如 MATHLAB;

(6) 网络应用及影音处理软件,如 IE、RealPlayer 等。

用户可以根据需要解决的各种实际问题,选择不同的应用软件。

1.1.3　计算机的发展

世界上第一台计算机是 1946 年美国研制成功的全自动电子数字计算机 ENIAC。这台计算机共用了 18 000 多个电子管,占地 170 m^2,总重量为 30 t,耗电 140 kw/h,每秒能作 5000 次加减运算。这台计算机虽然有许多明显的不足之处,它的功能还不及现在的一台普通微型计算机,但它的诞生宣布了电子计算机时代的到来,其重要意义在于它奠定了计算机发展的基础,开辟了一个计算机科学技术的新纪元。

在短短的半个多世纪中,计算机的发展突飞猛进,经历了电子管、晶体管、集成电路和超大规模集成电路四个阶段,计算机的体积越来越小,功能越来越强,价格越来越低,应用越来越广泛。按照电子元器件的发展阶段,可将计算机分为四代。

1. 第一代计算机

第一代计算机是以第一台计算机 ENIAC 问世开始到 20 世纪 40 年代末。这一时期的计算机的主要特征是使用电子管作为基本器件;软件还处于初始阶段,使用机器语言与符号语言编制程序。

第一代计算机是计算机发展的初级阶段,其体积比较大,运算速度也比较低,存储容量不大,使得所编制的程序很复杂。这一代计算机主要用于科学计算。

2. 第二代计算机

第二代计算机是从 20 世纪 50 年代末到 60 年代初,其中 1958 年与 1959 年是这一代计算机的鼎盛时期。这一时期的计算机的主要特征是使用晶体管作为基本器件,在软件方面开始使用计算机高级语言,为更多的人学习和使用计算机铺平了道路。

这一代计算机的体积大大减小,具有重量轻、寿命长、耗电少、运算速度快、存储容量比较大等优点。因此,这一代计算机不仅用于科学计算,还用于数据处理和事务处理,并逐渐用于工业控制。

3. 第三代计算机

第三代计算机是从 20 世纪 60 年代中期到 70 年代初期。这一时期的计算机的主要特征是使用中、小规模集成电路作为基本器件,由于操作系统的出现,使计算机的功能越来越强,应用范围越来越广。

使用中、小规模集成电路制成的计算机,其体积得到了进一步的减小,功能得到了进一步的增强,可靠性和运算速度等指标也得到了进一步的提高,并且为计算机的小型化、微型化提供了良好的条件。这一时期中,计算机不仅用于科学计算,还用于文字处理、企业管理、自动控制等领域,出现了计算机技术与通信技术相结合的信息管理系统,可用于生产管理、交通管理、情报检索等领域。另外,微型计算机得到了飞速的发展,对计算机的普及起到了决定性的作用。

4. 第四代计算机

第四代计算机是指用大规模与超大规模集成电路作为电子器件制成的计算机。这一代计算机在各种性能上都得到了大幅度的提高,对应的软件也越来越丰富,其应用已经涉及到国民经济的各个领域,已经在办公自动化、数据库管理、图像识别、语音识别、专家系统等众多领域中大显身手,并且已进入了家庭。

1.1.4　计算机的发展方向

计算机的广泛应用有力地推动了国民经济的发展和科学技术的进步,同时也对计算机技术提出了更高的要求,从而促进了计算机的进一步发展。以超大规模集成电路为基础,未来的计算机将向巨型化、微型化、网络化与智能化的方向发展。

1. 巨型化

巨型化并不是指计算机的体积大,而是指计算机的运算速度更高、存储量更大、功能更强。为了满足如天文、气象、宇航、核反应等科学技术发展的需要,也为了满足计算机能模拟人脑学习、推理等功能所必需的大量信息记忆的需要,必须发展超大型的计算机。目前正在研制的巨型计算机,其运算速度可达每秒千亿次,内存容量可达几百 MB,而外存的容量将更大,这样的巨型计算机,其信息存储的能力可超过一般大型图书馆所需要的信息存储量。

2. 微型化

超大规模集成电路的出现,为计算机的微型化创造了有利条件。目前,微型计算机已进入仪器、仪表、家用电器等小型仪器设备中,同时也作为工业控制过程的心脏,使仪器设备实现"智能化",从而使整个设备的体积大大缩小,重量大大减轻。自 20 世纪 70 年代微型计算机问世以来,大量小巧、灵便、物美价廉的个人计算机为计算机的应用普及做出了巨大的贡献。随着微电子技术的进一步发展,个人计算机将发展得更加迅速,其中笔记本型、掌上型、PDA 等微型计算机以更优的性能和更低的价格日益受到人们的欢迎。

3. 网络化

随着计算机应用的深入,特别是家用计算机越来越普及,一方面希望众多用户能共享信息资源,另一方面也希望计算机之间能互相传递信息进行通信。个人计算机的硬件和软件配置一般都比较低,其功能也有限,因此,要求大型与巨型计算机的硬件和软件资源以及它们所管理的信息资源应该为众多的微型计算机所共享,以便充分利用这些资源。这些原因,促使计算机向网络化发展,将分散的计算机连接成网,组成计算机网络。在计算机网络中,通过网络服务器,一台台计算机就像人体的一个个神经单元被联系起来,从而组成信息社会的一个重要的神经系统。

计算机网络是现代通信技术与计算机技术相结合的产物。所谓计算机网络,就是把分布在不同地理区域的计算机与专门的外部设备用通信线路互连成一个规模大、功能强的网络系统,从而使众多的计算机可以方便地互相传递信息,共享硬件、软件、数据信息等资源。计算机网络技术是在 20 世纪 60 年代末、70 年代初开始发展起来的,由于它符合社会发展的趋势,因此其发展的速度很快。目前,已经出现了许多局部网络产品,应用已经比较普遍,尤其是在现代企业的管理中发挥着越来越重要的作用。实际上,像银行系统、商业系统、交通运输系统等部门,要真正实现自动化,具有快速反应能力,都离不开信息传输,离不开计算机网络。

社会及科学技术的发展,对计算机网络的发展提出了更高的要求,同时也为其发展提供了更加有利的条件。计算机网络与通信网的结合,可以使众多的个人计算机不仅能够同时处理文字、数据、图像、声音等信息,而且可以使这些信息四通八达,及时地与全国乃至全世界的信息进行交换。同时,随着互联网的发展,出现了网格(grid)这一新兴技术,把整个互联网整合成一台超级计算机,从而实现计算资源、存储资源、通信资源、软件资源、信息资源、知识资源的全面共享,用户可以在世界任何角落访问和使用这些资源。

4. 智能化

最初,计算机主要用于计算。但是,现代计算机的作用早已突破了"计算"这一初级含义。

计算机人工智能的研究是建立在现代科学基础之上的。计算机智能化程度越高,就越能代替人的作用。因此,智能化是计算机发展的一个重要方向。现在正在研制的新一代计算机,要求它能模拟人的感觉行为和思维过程的机理,使计算机不仅能够根据人的指挥进行工作,而且还会"看"、"听"、"说"、"想"、"做",具有逻辑推理、学习与证明的能力。这样的新一代计算机是智能型的,甚至是超智能型的,它具有主动性,具有人的部分功能,不仅可以代替人进行一般工作,还能代替人的部分脑力劳动。

现在,世界上许多国家都在积极开展智能型计算机的研制开发工作,这是人类对计算机技术的一种挑战,也是对其它有关领域和学科发起的挑战,它必将促进其它众多学科的进一步发展。

1.2　程序设计基础

当我们需要利用计算机来解决一个实际问题时,必须依靠一定的工具(人机界面)编写一个指令(语句)清单,一旦指令(语句)清单提交给计算机,计算机就可以执行这些指令(语句),产生结果。程序就是计算机可以执行的指令序列或语句序列。而设计、编制、调试程序的过程就称之为程序设计。编写程序所使用的语言即为程序设计语言,它为程序设计提供了一定的语法和语义,所编写出的程序必须严格遵守它的语法规则,这样编写出的程序才能被计算机所接受和运行,才能产生预期结果。

1.2.1　程序及算法

一个程序应包括以下两方面内容：

(1)对数据的描述。在程序中要指定数据的类型和数据的组织形式，即数据结构(data structure)。

(2)对数据操作的描述。即操作步骤，也就是算法(algorithm)。

数据是操作的对象，操作的目的是对数据进行加工处理，以得到期望的结果。打个比方，厨师做菜时，需要有菜谱。菜谱上一般应包括：①配料，指出应使用哪些原料；②操作步骤，指出如何使用这些原料按规定的步骤加工成所需的菜肴。面对同一些原料可以加工出不同风味的菜肴。作为程序设计人员，必须认真考虑和设计数据结构和操作步骤(即算法)。因此，著名计算机科学家沃思(Nikiklaus Wirth)提出一个公式

数据结构 ＋ 算法 ＝ 程序

实际上，一个程序除了以上两个主要要素之外，还应当采用结构化程序设计方法进行程序设计，并且用某一种计算机语言表示。因此，还可以这样表示

程序 ＝ 算法 ＋ 数据结构 ＋ 程序设计方法 ＋ 语言工具和环境

也就是说，以上四个方面是一个程序设计人员所应具备的知识。在设计一个程序时要综合运用这几方面的知识。在这四个方面中，算法是灵魂，数据结构是加工对象，语言是工具，编程需要采用合适的方法。算法是解决"做什么"和"怎么做"的问题。程序中的操作语句，实际上就是算法的体现。显然，不了解算法就谈不上程序设计。下面用例子来引入算法的概念。

例 1.1　给定两个正整数 p 和 q，求 p 和 q 的最大公约数 g。

如何求得两个正整数的最大公约数？对于这样一个数学问题，数学家欧几里得(Euclid)给出了一个解决方案，这个方案由三个步骤完成，如下所示。

求解最大公约数的欧几里德算法

步骤 1:如果 $p < q$，则交换 p 和 q

步骤 2:令 r 是 p/q 的余数

步骤 3:如果 $r = 0$，则令 $g = q$，结束算法，g 即为求得的最大公约数；

　　　　否则令 $p = q$，$q = r$，转向步骤 2。

按照以上的步骤，就可以计算出任意两个正整数的最大公约数。例如求 24 和 16 的最大公约数，即 $p = 24$，$q = 16$。从步骤 1 开始执行，显然 $p > q$，不满足条件 $p < q$，因此不用交换 p 和 q；执行步骤 2，24/16 的余数是 8，即 $r = 8$；执行步骤 3，$r \neq 0$，则 $p = 16$，$q = 8$，转向步骤 2，16/8 的余数是 0，即 $r = 0$；接着执行步骤 3，因为 $r = 0$，则 $g = 8$，算法结束。最后算得的 $g = 8$ 即为 24 和 16 的最大公约数。计算工具可以是笔和纸，也可以是计算机。

我们把这种将问题归结为有规律的操作步骤，并且用有限多个步骤来表示的具体过程就称之为算法。对同一个问题，可以有不同的解题方法和步骤。

例 1.2　求 $1+2+3+\cdots+100$

算法 1

　　　步骤 1:$1+2 = 3$

　　　步骤 2:$3+3 = 6$

　　　步骤 3:$6+4 = 10$

$$\vdots$$

步骤 99:4950+100 = 5050

算法 2

$$100+(1+99)+(2+98)+ \cdots +(49+51)+ 50$$
$$= 100+49 \times 100 +50$$
$$= 5050$$

算法 3

步骤 1:$k = 1, s = 0$

步骤 2:如果 $k>100$,则算法结束,s 即为求得的和;

　　　　否则转向步骤 3

步骤 3:$s = s+k, k = k+1$

步骤 4:转向步骤 2。

对于这个问题还可以有其它的方法。当然,方法有优劣之分,有的方法只需进行很少的步骤,而有些方法则需要较多的步骤。一般说,希望采用方法简单,运算步骤少的方法。为了有效地进行解题,不仅需要保证算法正确,还要考虑算法的质量及算法的复杂性。算法的复杂性简单来说,就是运行该算法所需要的资源的多少,需要的资源越少,算法的复杂性越低。因此,应当尽可能选择复杂性低的算法。本书所关心的当然只限于计算机算法,即计算机能执行的算法。用计算机实现算法,就是用计算机语言编写程序去执行。

1.2.2　算法的特征和描述

1. 算法的特征

由上面的例子,可以看出一个算法具有如下五个特点。

(1) 有穷性

一个算法必须总是(对任何合法的输入值)在执行有限步骤之后结束,即一个算法必须包含有限的操作步骤,而不能是无限的,并且每一个步骤都必须在可接受的有穷时间内完成。

如在例 1.1 中,p 和 q 取任意的正整数,经过有限的步骤,总可以使 $r = 0$,算法都可以在执行有限的步骤之后结束。

(2) 确定性

算法中的每一个步骤的含义都必须具有确定的含义,而不应当是含糊的,使读者在理解时产生二义性。并且,在任何条件下,算法只有唯一的一条执行路径,即对于相同的输入只能得出相同的输出。

(3) 可行性

每一个算法是可行的,即算法中的每一个步骤都可以有效地执行,并得到确定的结果。因此,算法的可行性也称为算法的有效性。

例如,若 $b = 0$,则执行 a/b 是不可行的,即不能有效执行。

(4) 输入

所谓输入是指在执行算法时,需要从外界取得必要的信息。一个算法可以有零个或多个输入。

如在例 1.1 中,需要输入两个正整数的值,然后根据算法进行计算。一个算法也可以没有输入,如例 1.2,在执行算法时不需要输入任何信息,即零个。

(5)输出

算法的目的是为了求解,"解"就是输出。一个算法可以有一个或多个输出,没有输出的算法是没有意义的,因此算法至少产生一个量作为输出。

如在例 1.1 中,算法输出的结果 g 就是要求的 p 和 q 最大公约数。

2. 算法的描述

为了描述一个算法,可以用不同的方法。常用的有自然语言描述法、N-S 图描述法、伪代码描述法三种。

(1)自然语言描述法

所谓自然语言就是人们日常使用的语言,可以是汉语、英语或其他语言。如例 1.1 就是用自然语言来描述求解最大公约数的算法。用自然语言来描述和表示算法通俗易懂,但文字过于冗长,容易出现歧义性。因此,除了简单的问题外,一般不用自然语言描述算法。

(2)伪代码描述法

伪代码是用介于自然语言和计算机程序设计语言之间的文字和符号来描述算法,即计算机程序设计语言中具有的关键字用英文表示,其他的可用汉字,以便于书写和阅读。用伪代码表示算法,并无固定的、严格的语法规则,只要求把意思表达清楚,但书写的格式要写成清晰易懂的形式。

(3)N-S 流程图描述法

N-S 流程图是在 1973 年,由美国学者 I. Nassi 和 B. Shneiderman 提出的一种新的流程图形式。在这种流程图中,将全部算法写在一个矩形框内,在该矩形框内还可以包含其他的从属于它的框,或者说,由一些基本的框组成一个大的框。这种流程图被称为 N-S 结构化流程图。这种流程图适合于结构化程序设计,因而很受欢迎。

N-S 流程图用以下的流程图符号:

①顺序结构:用图 1.2 形式表示。A 和 B 两个框组成一个顺序结构,表示先执行 A 操作,然后执行 B 操作。

②选择结构:用图 1.3 表示。当 P 条件成立时,执行 A 操作;P 不成立则执行 B 操作。注意图 1.3 是一个整体,代表一个基本结构。

③循环结构:有两种,当型循环结构用图 1.4 形式表示;直到型循环结构用图 1.5 形式表示。

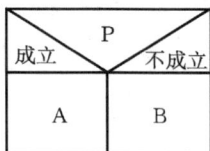

图 1.2　顺序结构　　图 1.3　选择结构　　图 1.4　当型循环结构　　图 1.5　直到型循环结构

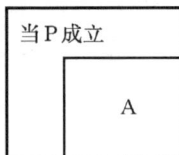

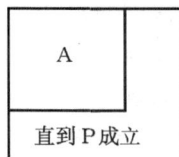

图 1.4 表示当给定的 P 条件成立时,反复执行 A 操作,直到 P 条件不成立为止,跳出循环。

图 1.5 表示先执行 A 操作,然后判断 P 条件是否成立。如果 P 条件不成立,则再执行 A,再判断 P。直到给定的 P 条件成立为止,然后跳出循环。

用以上三种 N-S 流程图中的基本框,可以组成复杂的 N-S 流程图,以表示算法。

需要说明的是,在图 1.2、图 1.3、图 1.4、图 1.5中的 A 框或 B 框,可以是一个简单的操作(如读入数据或打印输出等),也可以是三个基本结构之一。例如,图 1.2 所示的顺序结构,其中的 A 框可以是一个选择结构,B 框可以是一个循环结构,即如图 1.6 所示。由 A 框和 B 框这两个基本结构组成一个顺序结构。

用 N-S 流程图表示算法直观易懂,但画起来比较费事,在设计一个算法时,可能要反复修改,而修改流程图是比较麻烦的。因此,流程图只适宜于表示一个算法,在设计算法的过程中,不是很理想。

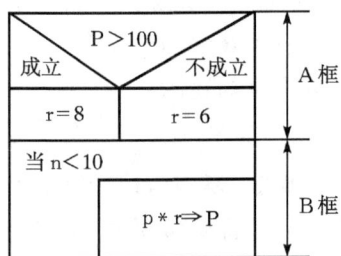

图 1.6

以上三种算法的表示方法各有长短。自然语言只适用于表示简单的算法。用伪代码表示,书写格式比较自由,可以随手写下去,容易表达出设计者的思想。同时,用伪代码写的算法很容易修改,便于算法的设计,而用 N-S 流程图便于算法的表示。在程序设计过程中,可以根据需要和习惯任意选用。

例 1.3　根据输入的半径计算圆的面积。

解题思路(用自然语言描述法):第一步输入半径,第二部根据圆面积公式 $s＝π×r^2$ 计算圆面积,第三步输出面积。

例 1.4　编写算法,判断某一整数是奇数还是偶数。

解题思路(用 N-S 流程图描述法):

本题的 N-S 图如图 1.7 所示。

例 1.5　计算 0～10 的和。

解题思路(用伪代码描述法):

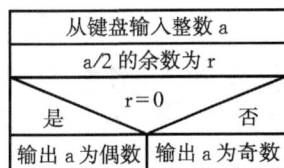

图 1.7　例 1.4 的 N-S 图

```
开始
int i,sum = 0;
for(i = 0,i< = 10;i+ +)
sum = sum + i;
输出结果
```

1.2.3　算法与程序设计

现实生活中的许多简单问题也可以用算法来表示,常常将这些简单问题归结为三种情况:顺序、选择、循环。

1. 顺序

例如,客户到银行去取款,首先需要填写取款单,然后等待业务员处理,输入密码,拿到取款。而对于业务员来说,要经过以下几个步骤:

步骤 1:输入客户帐号;

步骤 2:提示客户输入密码;

步骤 3:输入取款金额;

步骤 4:等待系统处理,输出取款金额和新余额;

步骤 5:经核实后,将取款金额交于客户,结束本次操作。

这种算法的步骤是顺序一步一步进行的,不需要跳转,也不需要判断条件。该算法是用自然语言来描述的。

2. 关于选择

例如,要判断某一年是否是闰年,需要考虑的两个条件:① 能被 4 整除,但不能被 100 整除的年份都是闰年,如 1992 年、2004 年是闰年;② 能被 100 整除,又能被 400 整除的年份是闰年,如 2000 年是闰年,而 1900 年、2100 年就不是闰年。不符合这两个条件的年份不是闰年。算法可用自然语言描述如图 1.10。

步骤 1:输入需要判断的年份;

步骤 2:判断,若该年份不能被 4 整除,则输出"不是闰年",然后转到步骤 5,结束;

步骤 3:判断,若该年份能被 4 整除,但不能被 100 整除,则输出"是闰年",然后转到步骤 5,结束;

步骤 4:判断,若该年份能被 100 整除,又能被 400 整除,则输出"是闰年",否则输出"不是闰年";

步骤 5:结束本次判断。

这种算法需要判断条件,根据不同的条件,产生分支,分别去处理不同的需求。下面分别用伪代码和 N-S 流程图描述本算法。

用伪代码描述如下:

```
开始
输入一个需要判断的年份 year;
if (year 不能被 4 整除)
    输出"不是闰年";
else if(year 不能被 100 整除)
        输出"是闰年";
    else if(year 能被 400 整除)
        输出"是闰年";
    else 输出"不是闰年";
结束
```

用 N-S 流程图描述如图 1.8:

3. 关于循环

例如,一个工人师傅要单独做 100 个零件,那么相同的工作就要做 100 次。又如,求和 1+2+3+…+99+100,算法用自然语言表示如下:

步骤 1:初始化和 sum = 0;

步骤 2:令 i=1;

步骤 3:计算 sum+i,和仍放在 sum 中,

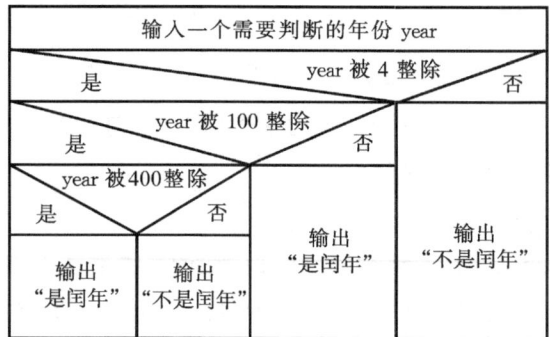

图 1.8 判断闰年 N-S 图

可表示为 sum＋i⇒sum；

　　步骤4：使i的值加1，即i+1⇒i；

　　步骤5：如果i不大于100，返回重新执行步骤3，以及其后的步骤4和步骤5；否则，执行步
　　　　　骤6；

　　步骤6：输出结果sum。

下面分别用伪代码和N-S流程图的方法来描述本算法：

（1）用伪代码描述如下：

```
开始
令 sum = 0;
for(i = 1;i< = 100;i + +)
    sum + i⇒ sum ;
输出结果 sum ;
结束
```

（2）用N-S流程图描述如图1.9。

实际生活中的大部分问题是以上三种情况的综合。

例1.6　判断并输出3～100之间的素数。所谓素数，是指
除了1和它本身之外，不能被其他任何整数整除的数，即数学意
义上的质数，如5、13、47等。

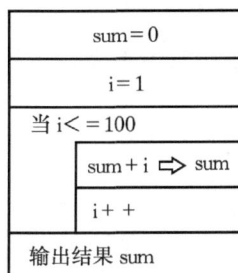

图1.9　1～100求和N-S图

分析：判断一个数n（$3 \leqslant n \leqslant 100$）是否为素数的方法是很简单的：将n作为被除数，将2到
（n－1）的各个整数轮流作为除数，如果都不能被整除，则n为素数。实际上，n不必被2到（n
－1）的所有整数除，只需被2到n/2之间的整数除即可，甚至只需被2到$\sqrt{n}$之间的整数除即
可。例如，判断23是否为素数，只需将23被2、3、4除即可，如果都除不尽，n必为素数，这是
一个数学定理。算法用自然语言表示如下：

　　步骤1：令n＝3；

　　步骤2：使m＝2；（m作为除数）

　　步骤3：n被m除，得余数r；

　　步骤4：如果r＝0，表示n能被m整除，则不是素数，执行步骤7；否则执行步骤5；

　　步骤5：m＋1⇒m；

　　步骤6：如果m$\leqslant \sqrt{n}$，返回步骤3；

　　步骤7：如果m$\leqslant \sqrt{n}$，则表示不是素数；否则表示从2到$\sqrt{n}$，都不能整除n，即n为素数，则
输出n；

　　步骤8：n＋1⇒n；

　　步骤9：如果n不大于100，返回重新执行步骤2以及其后的步骤；否则算法结束。最后输
出的结果就是3～100之间的素数。

这个例子是一个相对比较复杂的问题，需要用两层循环来实现，其中也包括一些条件判
断。下面分别采用伪代码和N-S流程图的方法来描述本算法。

用伪代码描述如下：

开始
for(n = 3;n< = 100;n + +)
  { for(m = 2;m< = $\sqrt{n}$;m + +)
   { n/m 的余数⇒r ;
     if(r = = 0) break;
   }
    if(m> = $\sqrt{n}$ + 1) 输出 n ;
  }
结束

用 N – S 流程图描述如图 1.10。

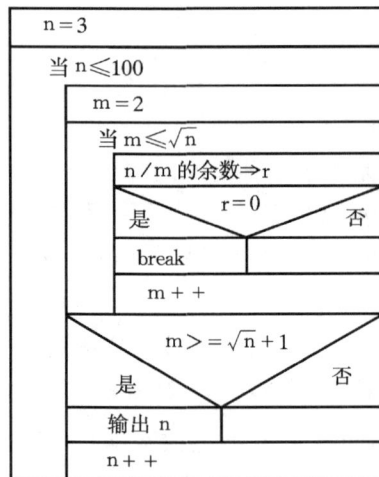

图 1.10 例 1.6 的 N – S 图

在计算机中算法是用程序设计语言进行描述的,算法的描述过程就是程序设计,如上面的算法都是用 C 语言来描述。实际上,当算法确定了以后,有很多种语言可以选择,如 Pascal 语言和 Basic 语言,表 1.1 列举三种语言的比较。

对于现实生活中比较大的问题,是分模块进行处理的,每一个模块完成一定的功能。模块在不同的语言中,用不同的方法来实现,C 语言中用函数来实现,Pascal 语言中用函数和过程来实现,而 Basic 语言中用子程序来实现。

从这三种语言的比较可以看出来,各种语言在本质上都是相同的,都为相应的功能提供相应的语句形式。在编写程序时,所采用的方法和思路也是相同的。不同的只是所使用语言的语法和语句形式的差异。因此,程序设计语言的学习是相通的,熟悉了一种语言,就很容易学会另外一种语言。

表 1.1　C 语言、Pascal 语言和 Basic 语言的比较

	C 语言	Pascal 语言	Basic 语言	含义
说明语句	{}	BEGIN END	无	复合语句
	int x;	VAR X:INTEGER	DIM X	定义一个整型变量
	int y[5];	VAR Y:ARRAY [0..4] OF INTEGER	DIM X(5)	定义一个整型数组
顺序语句	x+=3;	x=x+3	x=x+3	赋值语句
	i++;	i=i+1	i=i+1	自增语句
	scanf( )	Read	input	输入语句
	printf( )	Write	output	输出语句
分支语句	if(条件)语句 1 else 语句 2	IF 条件 THEN 语句	IF 条件 THEN 语句	条件语句
循环语句	for(i=1;i<=20; i++) 语句	FOR I:=1 TO 20 DO 语句	FOR I=1 TO 20 STEP 1 语句序列 NEXT I	循环语句
	while(条件) 语句	WHILE 条件 DO 语句		
	do 语句 while(条件)	REPEAT 语句序列 WHILE 条件		
函数	int f()	FUNCTION f():INTEGER	SUB F	定义返回值为整型的函数
指针	int * p	VAR P:INTEGER	无	定义一个整型指针

1.2.4　程序设计语言

在计算机问世的几十年中,随着计算机硬件的更新换代,计算机程序设计语言也随之有很大发展,至今已经历了三代。

1. 第一代——机器语言

由于计算机只能接收以二进制形式,即由 0 和 1 组成的代码,因此早期的程序设计语言就是要写出由一条条这样的机器指令组成的程序。一条机器指令用来控制计算机进行一个操作内容,它告诉计算机应该进行什么运算,哪些数参加运算,这些数放在什么地方,结果应送到什么地方,等等。

由于这种程序计算机可以直接识别,执行速度很快。但编写却很困难,易出错,难记忆,难检查,难维护,因此只适合专业人员使用,让所有用户掌握几乎是不可能的。

2．第二代——汇编语言

汇编语言是一种面向机器的低级程序设计语言，它是一种符号语言，语句中用助记符代替操作码和地址码。操作码表示执行何种操作，地址码指示操作的对象。语句基本上与机器指令一一对应。这样，用汇编语言写程序较之机器语言易于阅读和修改，且编写出的程序短，执行速度快，所以时至今日，汇编语言仍在使用，特别是用在实时控制系统中，但由于它是一种面向机器的语言，不同机器所配的语言各不相同，不能通用。

3．第三代——高级语言

高级语言不依赖于具体的机器，有严格的语法规则，接近于人们习惯使用的数学用语和自然语言。高级语言的出现，给计算机应用开辟了广阔的道路。由于高级语言易学易用，因此迅速得以推广和使用；由于高级语言独立于机器，编程者可以不了解具体计算机的细节情况，就可以编出像样的程序来。另外，其良好的可读性也为程序的修改和调试带来了很大的好处。但由于高级语言的运行需要编译、链接，程序的执行速度较低级语言要慢。当今世界上的高级语言多种多样有上百种之多，本书主要以 C 语言作为典型的程序设计语言来介绍程序设计的思想。

1.2.5　C 语言

C 语言是国际上广泛流行的，很有发展前途的计算机高级语言。它适合于作为系统描述语言，既可用来编写系统软件，也可用来写应用软件。

以前的操作系统等系统软件主要是用汇编语言编写的（包括 UNIX 操作系统在内）。由于汇编语言依赖计算机硬件，程序的可读性和移植性都比较差。为了提高可读性和移植性，最好改用高级语言，但一般高级语言难以实现汇编语言的某些功能（汇编语言可以直接对硬件进行操作，例如对内存地址的操作、位操作等）。人们设想能否找到一种既具有一般高级语言特性，又具有低级语言特性的语言，于是 C 语言就在这种情况下应运而生了。

C 语言是在 B 语言的基础上发展起来的，它的根源可以追溯到 ALGOL 60。1960 年出现的 ALGOL 60 是一种面向问题的高级语言，它离硬件比较远，不宜用来编写系统程序。1963 年英国的剑桥大学推出了 CPL（combined programming language）语言。CPL 语言在 AL-GOL 60 的基础上接近硬件一些，但规模比较大，难以实现。1967 年英国剑桥大学的 Matin Richards 对 CPL 语言作了简化，推出了 BCPL（basic combined programming language）语言。1970 年美国贝尔实验室的 Ken Thompson 以 BCPL 语言为基础，又作了进一步简化，设计出了很简单的而且很接近硬件的 B 语言（取 BCPL 的第一个字母），并用 B 语言写了第一个 UNIX 操作系统，在 PDP－7 上实现。1971 年在 PDP－11/12 上实现了 B 语言，并写了 UNIX 操作系统。但 B 语言过于简单，功能有限。1972 年至 1973 年间，贝尔实验室的 D. M. Ritchie 在 B 语言的基础上设计出了 C 语言（取 BCPL 的第二个字母）。C 语言既保持了 BCPL 和 B 语言的优点（精练，接近硬件），又克服了它们的缺点（过于简单，数据无类型等）。最初的 C 语言只是为描述和实现 UNIX 操作系统提供一种工作语言而设计的。1973 年，K. Thompson 和 D. M. Ritchie 两人合作把 UNIX 的 90％以上用 C 语言改写（即 UNIX 第 5 版。原来的 UNIX 操作系统是 1969 年由美国的贝尔实验室的 K. Thompson 和 D. M. Ritchie 开发成功的，是用汇编语言写的）。

后来,C 语言多次作了改进,但主要还是在贝尔实验室内部使用。直到 1975 年 UNIX 第 6 版公布后,C 语言的突出优点才引起人们普遍注意。1977 年出现了不依赖于具体机器的 C 语言编译文本《可移植 C 语言编译程序》,使 C 移植到其它机器时所做的工作大大简化,这也推动了 UNIX 操作系统迅速的在各种机器上实现。例如,VAX,AT&T 等计算机系统都相继开发了 UNIX。随着 UNIX 的日益广泛使用,C 语言也迅速得到推广。C 语言和 UNIX 可以说是一对孪生兄弟,在发展过程中相辅相成。1978 年以后,C 语言已先后移植到大、中、小、微型机上,已独立于 UNIX 和 PDP 了。现在 C 语言已风靡全世界,成为世界上应用最广泛的几种计算机语言之一。

以 1978 年发表的 UNIX 第 7 版的 C 编译程序为基础,Brain W. Kernighan 和 Dennis M. Ritchie(合称 K & R),合著了影响深远的名著《The C Programming Language》,这本书中介绍的 C 语言成为后来广泛使用的 C 语言版本的基础,它被称为标准 C。1983 年,美国国家标准化协会(ANSI)根据 C 语言问世以来的各种版本对 C 的发展和扩充,制定了新的标准,称为 ANSI C。ANSI C 比原来的标准 C 有了很大的发展。K & R 在 1988 年修改了他们的经典著作《The C Programming Language》,按照 ANSI C 标准重新写了该书。1987 年,ANSI 又公布了新标准——87 ANSI C。目前流行的 C 编译系统都是以它为基础的。

现行的各种版本 C 语言编译系统虽然基本部分是相同的,但也有一些不同。在微机上使用的有 Microsoft C,Turbo C,Quick C 等,它们的不同版本又有差异。在使用一个系统之前,要了解所用计算机系统的 C 编译的特点和规定。

1.3　程序设计发展史

程序设计初期,由于计算机硬件条件的限制,运算速度与存储空间都迫使程序员追求高效率,编写程序成为一种技巧与艺术,而程序的可理解性、可扩充性等因素被放到第二位。随着计算机硬件与通信技术的发展,计算机应用领域越来越广,应用规模也越来越大,程序设计不再是一两个程序员可以完成的任务。在这种情况下,编写程序不再片面追求高效率,而是综合考虑程序的可靠性、可扩充性、可重用性和可理解性等因素。正是这种需求刺激了程序设计方法与程序设计语言的发展。

1. 早期程序设计

早期出现的高级程序设计语言有 FORTRAN、COBOL、ALGOL、BASIC 等语言。FORTRAN 是 FORmula TRANslator 的缩写,是最早广泛使用的高级语言之一,主要应用在科学计算领域;COBOL 是 COmmon Business Oriented Language 的缩写,主要应用在商业事务处理领域,其中的许多指令是为了会计或工资一类应用而设计的;ALGOL 是 ALGOrithmic Language 的缩写,是一种通用的算法语言;BASIC 是 Beginner's All-purpose Symbolic Instruction Code 的缩写,主要面向初学者,BASIC 语言简单易学,容易掌握。

这一时期,由于追求程序的高效率,程序员过分依赖技巧与天分,不太注重所编写程序的结构,这时期可以说是无固定程序设计方法的时期。一个典型问题是程序中的控制随意跳转,即不加限制地使用 goto 语句,这样的程序对别人来说是难以理解的,程序员自己也难以修改程序。

2. 结构化程序设计

随着程序规模与复杂性的不断增长,人们也不断探索新的程序设计方法。Bohm 和 Jaco-pini 证明了只用三种基本的控制结构(顺序、选择、循环)即可实现任何单入口/单出口的程序; Dijkstra 建议从一切高级语言中取消 goto 语句的大辩论; MillS 提出程序应该只有一个入口和一个出口。这些工作导致了结构化程序设计方法的诞生。

Pascal 语言是由 Nikiklaus Wirth 根据结构化程序设计方法开发出来的语言,它是为纪念 17 世纪法国数学家 Blaise Pascal 而命名的。其特点是提炼出程序设计共同的特征并能将这些特征编译成高效的代码,因而成为结构化程序设计的有力工具,在教育界深受欢迎。

C 语言也是一种广为流行的结构化程序设计语言,C 语言具有灵活方便、目标代码效率高、可移植性好等优点。

由美国国防部支持开发的 Ada 语言是结构化程序设计的总结,它是为了纪念第一位程序员 Ada Augusta 而命名的。Ada 语言包括了许多新的机制,如模块化、数据抽象、类属参数、异常处理、并发处理等。

3. 面向对象程序设计

到今天,结构化程序设计已无处不在,几乎每种程序设计语言都具备支持结构化程序设计的机制。然而,随着程序规模与复杂性的增长,程序中的数据结构变得与在此数据上的操作同样重要。在大型结构化程序中,一个数据结构可能被许多过程处理,修改此数据结构将影响到所有这些过程。在由几百个过程组成的成千上万行结构化程序中,这相当麻烦,且容易产生错误。

面向对象程序设计建立在结构化程序设计基础上,最重要的改变是程序围绕被操作的数据来设计,而不是围绕操作本身。面向对象程序设计以类作为构造程序的基本单位,具有封装、数据抽象、继承、多态性等特点。

Simula 语言是面向对象程序设计的先驱,它首先提出类的概念。Smalltalk 语言及程序设计环境的成功导致了面向对象程序设计的兴起。Eiffel 语言是完全根据面向对象程序设计方法开发出来的纯面向对象语言,具有强类型、多重继承、类属机制、断言机制、异常处理、自动内存管理等特点,进一步完善了面向对象程序设计。

C++语言则是目前应用最广泛的面向对象程序设计语言之一。C++语言是对 C 语言的扩充(或称为 C 语言的超集),它继承了 C 语言高效、灵活的特点,完善了 C 语言的类型检查、代码重用、数据抽象机制,扩充了面向对象程序设计的支持。

1.4　结构化程序设计

1.4.1　结构化程序设计的发展

结构化程序设计的思想是在 20 世纪 60 年代末、70 年代初为解决"软件危机"的需要而形成的,这一思想已被广泛接受。多年来的实践证明,结构化程序设计策略确实使程序执行效率提高,并且由于减少了程序的出错率,而大大减少维护费用。正因为如此,结构化程序设计这一名词的应用比比皆是,结构化 FORTRAN 、结构化 COBLE 等屡见不鲜。

结构化程序设计是按照一定的原则与原理,组织和编写正确且易读的程序的软件技术。

结构化程序设计的目标在于使程序具有一个合理结构,以保证和验证程序的正确性,从而开发出正确、合理的程序。

结构化程序设计的提出对计算机科学产生了巨大影响。这里列举几点。

1.　对程序设计语言的影响

PASCAL 语言是基于结构化程序设计思想设计,并系统地体现了这一思想的第一个程序设计语言。这是程序设计语言发展的一个里程碑。结构化程序设计思想也深深地影响到其后的各种语言之设计。至于早先存在的语言则纷纷研制它们的结构化版本,形成所谓的结构化FORTRAN 等。C 语言也是一个比较典型的结构化的程序设计语言。

2.　推动了程序设计方法学的发展

《Software-Practice and Experience》杂志 1975 年第 1 期社论把结构化程序设计看作是在程序实践所依据的概念中的一场革命。结构化程序设计的提出让人们看到,与其它很多科学一样,程序设计也有自身的规律与原理,从而产生一种新的程序设计原理与方法,并促使人们进一步去探索与研究,特别是探索研究大规模程序设计的特点与规律,创造研制正确程序并证明其正确性的有效方法,进而实现程序自动构造的方法与工具。

3.　对计算机程序设计教学的影响

结构化程序设计的提出向传统的程序设计教学方法提出一个挑战,这就是说,讲授程序设计,不应是仅仅讲授一种程序设计语言,告诉学生可以用它写出怎样的程序,而是应该讲授怎样用它来编写易读易理解的程序。就是说不仅仅用仔细挑选的一些例子去解释阐明程序成分直到整个程序,教师应该传授一种系统的有纪律性的思考方式,从而能对程序进行组织和编码,使程序容易理解与修改,能保证其正确性。

结构化程序设计方法的主要技术是自顶向下、逐步求精。具体地说,就是在接受一个任务之后,纵观全局,先设想好整个任务分为几个子任务,每一个子任务又可以进行细分,直到不需要细分为止。这种方法就叫做“自顶向下、逐步求精”。比如设计房屋就是采用了自顶向下、逐步求精的方法。先进行整体规划,然后确定建筑物方案,再进行各部分结构的设计,最后进行细节的设计(如门窗、楼道、给排水等)。

采用这种方法考虑问题比较周全,结构清晰,层次分明。用这种方法也便于验证算法的正确性,在向下一层细分之前应检查本层设计是否正确,只有上一层是正确的才可以继续细分。如果每一层设计都没有问题,则整个算法就是正确的。由于每一层向下细分时都不太复杂,因此容易保证整个算法的正确性。检查时也是由上而下逐层检查,这样做思路清晰,有条不紊地一步一步进行,既严谨又方便。

我们应当掌握自顶向下、逐步求精的设计方法,这种设计方案的过程是将问题求解由抽象逐步具体化的过程。自顶向下是一种分解问题的技术,与控制结构无关;逐步求精是结构化程序的连续分解,最终使其成为顺序、选择和循环这三种基本控制结构的组合。结构化程序设计的结果是使一个结构化程序最终由若干个过程组成,每一过程完成一个确定的功能,并且每一过程都是由顺序、选择和循环这三种基本控制结构组成。

1.4.2　结构化程序设计的特征与风格

结构化程序设计的主要特征与风格如下:

(1) 一个程序按结构化程序设计方式构造时,一般总是一个结构化程序,即由三种基本控制结构:顺序结构、选择结构和循环结构构成。这三种结构都是单入口/单出口的程序结构。已经证明,一个任意大且复杂的程序总能转换成这三种标准形式的组合。

(2) 有限制的使用 goto 语句。鉴于 goto 语句的存在使程序的静态书写、顺序与动态执行顺序十分不一致,导致程序难读难理解,容易存在潜在的错误,难于证明正确性,有人主张程序中禁止使用 goto 语句。但有人则认为 goto 语句是一种有效设施,不应全盘否定而完全禁止使用。结构化程序设计并不在于是否使用 goto 语句,因此作为一种折衷,允许在程序中有限制的使用 goto 语句。

(3) 往往籍助于体现结构化程序设计思想的所谓结构化程序设计语言来书写结构化程序,并采用一定的书写格式以提高程序结构的清晰性,增进程序的易读性。对于一些早期非结构化程序设计语言,为了有助于结构化程序设计,往往扩充以结构化方案。

(4) 它强调了程序设计过程中人的思维方式与规律,是一种自顶向下的程序设计策略,它通过一组规则、纪律与特有的风格对程序设计细分和组织。对于小规模程序设计,它与逐步精化的设计策略相联系,即采用自顶向下、逐步求精的方法对其进行分析和设计;对于大规模程序设计,它则与模块化程序设计策略相结合,即将一个大规模的问题划分为几个模块,每一个模块完成一定的功能。

1.4.3　C 语言与结构化程序设计

C 语言是一种结构化的程序设计语言,本书主要通过掌握 C 语言程序设计来理解结构化程序设计的思想。下面就先介绍几个简单的 C 程序,然后从中分析 C 程序的特点。

例 1.7　输出一条信息,程序如下:

```
main()
{
  printf("This is the first program. \n");
}
```

运行结果如下:

```
This is the first program.
```

其中 main()被称作"主函数",在任何一个 C 程序中都必须有一个且只有一个 main()函数。在 main()函数中可以有很多 C 语句,用一对大括号括起来。在本例的程序中,只有一条 C 语句。这条 C 语句是一个输出函数,作用是向屏幕上输出信息。它将双撇号之间的内容原样输出到屏幕。"\n"表示换行符,它的作用是将光标移到下一行的开始。

例 1.8　计算两个数的乘积,程序如下:

```
main()                          /* 主函数 */
{
  int x,y,result;               /* 定义变量 */
  x = 19;y = 2;                  /* 给变量赋值 */
  result = x * y;               /* 求和 */
  printf("The result is %d",result);   /* 输出和 */
```

```
}
```

运行结果如下：

```
The result is 38
```

这个程序是求 x * y 的积 result,并将结果输出到屏幕上。

/ * * /表示注释,注释部分不参与也不影响程序的运行,这些注释只是用来帮助人们阅读和理解程序的,注释部分可以加在程序的任何部分。第三行是变量定义,说明了三个整型变量。第四行是赋值语句,给变量 x 和 y 赋值。第五行将 x * y 的结果送入变量 result 中。第六行是将结果输出到屏幕,%d 表示在这个位置上将用一个整型的数值代替,在这个程序中用 result 的值 38 来代替%d 这个位置。

C 程序是由一些 C 语句组成的,C 语句最重要的一个特点就是每条基本语句后面都要跟一个分号。根据语句的功能,C 语句大致可分为以下六类。

1. 说明语句

用来定义变量的数据类型,如：

int x; 说明 x 是整型变量

float y; 说明 y 是实型变量

char C[5];说明 C 是长度为 5 的字符数组

2. 复合语句

用大括号括起来的一些语句。这些语句被看成一个整体。如：

{ t=x;x=y;y=t;}

在这个复合语句中,共有三条语句,每个语句都以分号结尾。

注意:复合语句的大括号后面没有分号。如果复合语句中只有一条语句,那么大括号可以省略。

3. 控制语句

用来规定语句的执行顺序,共有 9 种。

(1) if (条件) {…} else {…}　　　条件语句

(2) for (条件){…}　　　　　　　循环语句

(3) while (条件){…}　　　　　　循环语句

(4) do {…} while(条件);　　　　循环语句

(5) continue;　　　　　　　　　结束本次循环语句

(6) break;　　　　　　　　　　结束循环语句或结束 switch 语句

(7) switch(表达式){…}　　　　　多分支选择语句

(8) goto 标号;　　　　　　　　　转向语句

(9) return(表达式);　　　　　　从函数返回语句

上面的 9 种语句中,{…}表示复合语句。

4. 函数调用语句

由一个函数调用加一个分号构成函数调用语句。如：

printf("Where do you want to go?");

上面这条语句是由一个 printf 格式输出函数加一个分号,构成一条函数调用语句。

5. 表达式语句

在任何一个表达式后加一个分号就构成一条表达式语句。

例如:赋值表达式 x＝3 ,在此表达式后加一分号 x＝3;就构成一条赋值语句。

6. 空语句

仅由一个分号构成的语句。

如: ; 表示什么也不做。

具体语句的语法和用法,在以后章节会详细给出,下面再举一个例子来总结 C 语言程序的特点。

例 1.9　由用户输入两个整数,计算机输出两个数中较小的一个:

```
main()   /＊主函数＊/
{
  int x,y,z;                  /＊定义变量＊/
  scanf("％d,％d",&x,&y);      /＊从键盘输入两个数＊/
  z＝min(x,y);                 /＊找出较小的一个数并赋给 z＊/
  printf("The Min number is ％d",z);  /＊输出＊/
}
int min(int x,int y)
{
  int z;
  if (x＜y) z＝x;              /＊如果 x 小于 y 就将 x 的值赋给 z＊/
  else z＝y;                   /＊否则就将 y 的值赋给 z＊/
  return(z);
}
运行结果如下:
3,5 ↙
The Min number is 3
```

这个程序包括两个函数,一个是主函数,另一个 min()函数是求出两个整数 x、y 中较小的一个。在执行时,先由 scanf()函数从键盘读取两个数字,这时由用户从键盘上输入 3,5 ↙(↙表示回车键)。此时 x 被赋值 3,y 被赋值 5。然后执行第五行,将 x 和 y 的值传入 min 函数中。在 min 函数中经过判断后,z 中的值就是两个数的较小值。用 return 语句将 z 的值当作函数的返回值。此时程序返回到函数调用处,又回到第五行,将 min 函数的返回值赋值给变量 z。第六行,将变量 z 的值输出到屏幕上。

从以上三个例子可以总结出 C 语言程序的几个特点。

(1)同其它一些语言一样,C 语言的变量在使用之前必须先定义其数据类型,未经定义的变量不能使用。定义变量类型应在可执行语句前面,如上例 main()函数中的第一条语句就是变量定义语句,它必须放在第一个执行语句 scanf()前面。

(2)C 程序是由函数构成的。一个程序至少要有一个 main()函数,用户也可以根据需要设计自己的函数,在主函数中调用,像上面的 min()函数,因此函数是 C 程序的基本单位。C 语言中提供了丰富的函数,被称作库函数。标准 C 中提供了一百多个库函数,Turbo C 和 MS C 中提供了三百多个库函数。利用这些系统提供的函数,可以非常轻松的编写功能强大的程序。C 程序的函数式结构,使得 C 程序非常容易实现模块化,便于阅读和维护。关于函数的详细内容将在第 5 章介绍。

(3) C 程序总是从 main()函数开始执行,不论 main()函数在程序的什么地方,也就是说,可以将 main()函数放在程序的任何位置。

(4) C 程序的书写格式比较自由,可以在一行上写若干语句,也可以将一条语句写在多行上。注意,C 语言程序是区分大小写的,相同字母的大、小写代表不同的变量,而 C 语言的关键字和基本语句都是用小写字母表示,如果这点搞不清楚,很容易引起错误。

(5) C 语言中没有专门的输入、输出语句,输入和输出操作是通过 scanf()和 printf()两个库函数来实现的。充分体现了 C 语言的函数式结构。

(6) C 程序中可以用/ *　* /对任何部分进行注释,好的程序都要有必要的注释以提高程序的可读性。

1.4.4　C 程序的执行

用计算机实现算法,就是用计算机程序设计语言编写程序,将编好的程序通过编辑器输入计算机中,再由计算机执行。那么程序在计算机中是如何执行的呢? C 语言采用编译方式将源程序代码转换为计算机可以识别的二进制的目标代码。编写好一个 C 程序到完成运行,一般经过以下几个步骤。

1. 编辑

所谓编辑,包括以下内容:① 将源程序逐个字符输入到计算机内存;② 修改源程序;③ 将修改好的源程序保存在磁盘文件中,这些文件以".c"为后缀名。编辑的对象是源程序,它是以 ASCII 代码的形式输入和存储的,不能被计算机执行。

2. 编译

编译就是将已编辑好的源程序(已存储在磁盘文件中)翻译成二进制的目标代码。在编译时,还要对源程序进行语法检查,如发现有错,则在屏幕上显示出错信息。此时应重新进入编辑状态,对源程序进行修改后,再重新编译,直到通过编译为止。编译后得到的二进制代码是后缀为".obj"文件。

应当指出,经编译后得到的二进制代码还不能直接执行,因为每一个模块往往是单独编译的,必须把经过编译的各个模块的目标代码与系统提供的标准模块(如 C 语言中的标准函数库)连接后才能运行。

3. 连接

将各模块的二进制目标代码与系统标准模块经连接处理后,得到具有绝对地址的可执行文件,它是计算机能直接执行的文件。以".exe"为后缀(例如,f.exe)。

4. 执行

要执行一个经过编译和连接的可执行的目标文件,只有在操作系统的支持和管理下才能执行它。

图 1.11 来表示一个 C 语言程序经过编辑、编译、连接、运行的全过程：

```
键盘输入          f.c          f.obj          f.exe
         ┌────┐       ┌────┐        ┌────┐        ┌────┐
源程序 → │编辑│ ────→ │编译│ ─────→ │连接│ ─────→ │执行│
         └────┘ 磁盘文件└────┘        └────┘        └────┘
```

图 1.11　程序的执行过程

其中文件取名为 f,后缀按 MS-DOS 的规则表示。

目前一些集成化的工具环境,将编辑、编译、连接、调试工具集于一身,如 Turbo C,用户可以方便的在窗口方式下连续进行编辑、编译、连接、调试、运行的全过程。

1.5　面向对象程序设计

1.5.1　面向对象程序设计的发展及基本概念

结构化程序设计方法,可以使得程序的结构很好,如 FORTRAN、C 和 PASCAL,也称为非面向对象的过程语言,其数据结构是解决问题的中心。一个软件系统的结构是围绕一个或几个关键数据结构为核心而组成的。在这种情况下,软件开发一直被两大问题所困扰:一是如何超越程序的复杂性障碍;二是计算机系统中如何自然地表示客观世界。诚然,Niklans Wirth 提出的"算法＋数据结构＝程序设计",在软件开发进程中产生了深远的影响,但软件系统的规模越来越大,复杂性不断增长,以致不得不对"关键数据结构"重新评价。在这种系统中,许多重要的过程和函数(子程序)的实现严格依赖于关键数据结构,如果这些关键数据结构的一个或几个数据有所改变,则涉及到整个软件系统,许多过程和函数必须重写,甚至因为几个关键数据结构改变,导致软件系统的彻底崩溃。因此,往往是用效率的降低来换取程序的可读性。

上世纪 80 年代,计算机科学家为提高软件生产率所作的种种探讨和努力,或多或少与面向对象的程序设计这一思想有关联。作为克服复杂性的手段,在面向对象程序设计中,把密切相关的数据与过程定义为一个整体(即对象),而且一旦作为一个整体定义了之后,就可以使用它,而无需了解其内部的实现细节。面向对象系统的构造不依赖于面向对象的内部结构,而依赖于定义在对象内部数据的方法。采用面向对象的方法设计出来的软件能够更加直接的反映现实中的问题。

面向对象程序设计的基本思想是,将要构造的软件系统描述为对象集,而其中的每个对象都是将其数据和操作封装在一起,对象间通过消息传递来联系。围绕几个主要概念:类,类层次(子类),继承性和多态性。类和继承是符合人们一般思维方式的描述模式。

什么叫对象(object)?

对象通常作为计算机模拟思维,表示真实世界的抽象,一个对象像一个软件构造块,它包含了属性(数据结构)和提供相关的行为(操作或过程)。对象本身可为用户提供一系列服务——可以改变对象状态、测试、传递消息等等,用户无需知道服务的任何实现细节,操作完全是封闭的,用户看到的只是对它的操作。

在大多数面向对象语言中,类的定义用来描述对象的属性和行为。类定义指定了实现细节和类的数据结构,通常这些实现细节仅在该类范围内存取,我们称这种类型为私有(private)类型。当数据类型的全部或部分在该类范围外存取,我们称这样的类型为公共(public)类型。

为一个类而定义的所有操作称之为方法（methods），这些操作通常仅限于对本类的内部数据进行访问。方法（methods）类似于非面向对象语言中的过程和函数。如果一个类的 public 操作能在许多应用领域中被充分应用，那么可以说类是组成可重用软件程序块的基础。

一个对象（object）是被一个特定类说明的变量。这样一个对象通过包含在类定义中的所有的属性和方法来封装。通过访问一个或几个在类定义上的方法，可以对这个对象实施各种操作。引用一个方法的过程称之为向这个对象发送一个消息（message），一个典型的消息包含的一些参数，正像在非面向对象语言中过程或函数调用（或引用）的一些参数一样，一个典型引用方法的操作是修改存储于特定对象中的数据。

面向对象方法通过子类提供类型的等级层次。一个子类（subclass）定义一个对象集合的行为，该对象继承父类（parent class）的各种特征，子类反过来又将它自己的或继承来的特征传递到它的子类中。借助允许建立子类的方法，可使软件开发的周期缩短，从而降低开发的复杂性和费用。子类能增加解决问题的能力。可以用基本类的集合建立子类，代替、修改现存的软件，或坏的软件，或重写的软件。这些新的子类的对象组成了软件构造的从属结构。

那么什么是面向对象（object oriented）？ 简单地说，面向对象是把一组相互无联系的对象有效地集成在一起的软件，而这些对象都是将数据结构和行为紧密结合在一起的。这与传统的程序设计，将数据结构和行为分离的模式，完全不同。在现实生活中，一个文件的一个段，工作站上的一个窗口，国际象棋中的皇后等都是一个对象。对象是整个面向对象程序设计的核心。图 1.12 展示了面向对象的程序设计过程。

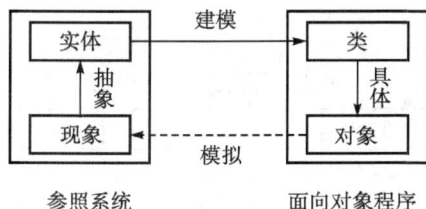

图 1.12 面相对象的程序设计过程

我们利用计算机开发程序来解决某些问题，这些问题可能来源于现实世界（如解决银行账户的管理问题），也有可能来源于思维世界（如构造一个人工智能中的博奕程序）。现实世界与思维世界是非常庞大的，在程序设计过程中只关心其中的一部分，这部分现实世界或思维世界成为程序的参照系统（referencing system）。

参照系统是由现象组成的，而现象由什么事物组成在很大程度上取决于观察者所站的角度。按照日常的思维习惯，例如银行账户这一类的个别事物通常被看作是一个实体。实体的概念用来把握现象的复杂性，概念是具有共同特征的现象的描述。这种获取和组织知识的过程是人类认识活动的基本特征，称为抽象（abstraction）。抽象将注意力集中在所关心的那部分特征，而忽略不关心的内容，如我们关心从银行账户取款的总金额是多少，而不关心取走 100 元、50 元面额的纸币各多少。

建模过程是将特定问题领域的概念转换为程序设计语言可表达的概念。在程序中要找出一些机制来建立实体的模型，C＋＋程序中的类就是实体的一种模型。程序文本是参照系统的描述，并且这种描述可以转换为计算机可以理解的形式。

从以上讨论可以看出,面向对象程序设计是一个建模过程,该过程模拟现实世界或思维世界中的各种现象。

1.5.2 面向对象程序设计的特征

程序设计风格有很多种,如过程式程序设计,数据流式程序设计,而面向对象程序设计的特点是着重发挥了类的功能,总结了人们在分析求解问题时的分类、分析、抽象的特征,提供封装、继承、多态、抽象等机制。

(1)封装性

在面向对象的概念中,在描述对象时,引入了对象的概念。对象包含两部分内容,一个是属性(也可以叫做成员变量),一个是方法(也可以叫做成员函数)。对象中的所有内容都可以增加对其进行访问的权限描述符,典型的包括三种:private、public 和 protected。封装的概念就是把变量和函数包围起来,外界只能通过特定的接口来操作。

(2)继承性

从软件复用的角度出发,提出了继承的概念。继承就是一个新类可以从旧的一个类中派生,新类继承了旧类的特征,称为派生类(子类,derived class),而旧类称为基类(父类,base class),派生类可以从基类继承方法和变量,并且还可以加以修改。继承解决了软件复用的问题。如图 1.13 所示,交通工具具有所有交通工具的基本性质,空中交通工具类、陆上交通工具类和水上交通工具都具有交通工具类的特征,汽车类不仅具有交通工具类的特征也同时具有陆上交通工具类的特征。

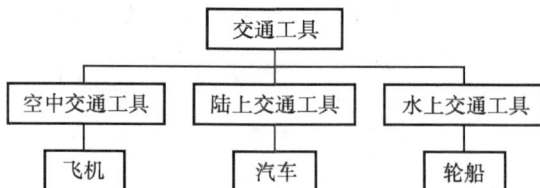

图 1.13 继承示意图

(3)抽象性

抽象就是充分注意与当前问题有关的信息,比如在设计一个书籍管理系统时,考虑得重点就是书籍的作者和书籍的主要内容等,而对书籍的重量、纸质等可以不去考虑。抽象包括数据抽象和过程抽象两个方面。数据抽象定义了数据类型和施加于该类型对象上的操作,并限定了对象的值只能通过使用这些操作修改和观察。过程抽象是指任何一个明确定义功能的操作都可被使用者当作单个的实体看待,尽管这个操作实际上可能由一系列更低级的操作来完成。所有的语言都有抽象的概念,但此前的语言都有限制,如汇编语言,只是对基础机器的少许抽象,发展到 C、BASIC 后,抽象的概念得到了一些应用,但是还是限制在考虑计算机结构的本身,而非问题的本身。因此,程序设计人员必须花费很大精力在机器模型和实际求解的问题模型之间建立起联系。这就给编写和维护代码带来了困难。而引入面向对象程序设计后,可以直接采用一些工具来描述问题模型中的元素,从而使得设计更加灵活。

(4)多态性

多态就是同一个对象对不同的消息可以做出不同的响应。比如,add()这个方法,在对 2

个 double 类型的数相加,得到 1 个 double 类型返回值。在对 1 个 int 类型的数据和 double 类型的数据相加时,则将 2 个转换为 int 类型再相加,返回 1 个 int 类型,如果跟踪程序时,可以发现,程序在计算时调用了不同的方法。可以利用参数的不同,来实现不同的方法,多态性语言具有灵活、抽象、行为共享、代码共享的优势,很好的解决了应用程序函数同名问题。部分代码如图 1.14 所示。

```
int add(int paraml,double param2){
    return (int)(param1) + (int)param2;
};
double add(double param1,double param2){
return (param1 + param2);
};
```

图 1.14　多态程序示意

习　题

1. 简述计算机系统的基本组成以及计算机的发展方向。
2. 什么是算法? 试从日常生活中找出 3 个例子,描述它们的算法。
3. 用 N - S 流程图表示判断闰年的算法和求和 1+2+3…+100 的算法。
4. 分别用自然语言、N - S 流程图和伪代码求解以下问题的算法。
(1)有两个瓶子 A 和 B,分别放醋和酱油,要求将它们互换,A 瓶放酱油,B 瓶放醋。
(2)有三个数 a、b、c,要求将它们按大小顺序输出。
(3)求两个数 m 和 n 的最大公约数。
5. 算法设计:
(1)依次输入 10 个数,找出其中最大的一个数,并输出。
(2)求 $ax^2 + bx + c$ 的根,分别考虑 $d = b^2 - 4ac$ 大于 0,等于 0 和小于 0 三种情况。
6. 简述结构化程序设计的基本特征。
7. 简述 C 语言程序的特点。
8. 什么叫对象? 简述面向对象程序设计的过程。
9. 什么叫面向对象的多态性?

第 2 章 常量、变量、数据类型、运算符和表达式

数据和运算符是程序中的基本要素。数据是程序处理的对象,运算符是对数据进行处理的具体描述。在学习如何编写 C 语言程序之前,首先必须要搞清楚一些关于数据和运算符的必备的基础知识,如 C 语言能处理的数据类型及其定义方法,运算符的功能及其使用方法,表达式及其语句的书写方法等,本章将详细介绍。

2.1 常量和变量

在程序中,不同类型的数据有的可以常量的形式出现,如原始数据、数学常量 π 等,有的可以变量的形式出现,如被处理的数据和处理的结果等。在讲述常量和变量之前,先要介绍一下标识符和关键字。

2.1.1 标识符与关键字

所谓标识符是用来表示变量名、符号常量名、函数名、数组名、类型名、文件名的字符序列。在 C 语言中各种名称都是由标识符来表示的,通俗地说,它就相当于一个人的名字。作为 C 语言的标识符必须满足以下规则:

(1) 标识符的第一个字符必须是字母(a ～ z,A ～ Z)或下划线(_);

(2) 标识符的其它部分必须由字母、下划线或数字(0 ～ 9)组成;

(3) 大小写字母表示不同意义,即代表不同的标识符,如 student 和 Student 是不同的标识符;

(4) 在 Turbo C 中,标识符只有前 32 个字符有效,即系统能识别的标识符的最大长度是 32;

(5) 标识符不能使用 C 中的关键字。

下面举出几个合法和非法的标识符:

合法	非法
smart	5smart(以数字开头)
_decision	bomb?(含有特殊字符?)
key_board	key. board (把下划线"_"和"."混淆了)
FLOAT	float (不能用 C 中的关键字)

关键字又称为保留字,是一种预先定义的,具有特殊意义的标识符。因此,不能重新定义关键字,也不能把关键字定义为一般的标识符,如关键字不能用作变量名、函数名等。C 语言的关键字有类型标识符、控制流标识符、预处理标识符和其他标识符。

(1)类型标识符

int   char   float   double   long   short   unsigned   struct   union   enum   auto   void   extern   register   static   typedef

(2)控制流标识符

goto   return   continue   break   if   else   for   do   while   switch   case   default

(3)预处理标识符

define   include   undef   ifdef   endif

(4)其他标识符

sizeof   volatile

注意,C 语言的关键字都是小写的。

2.1.2 常量和变量

所谓常量,是指在程序执行过程中其值保持不变。比如程序中的具体数字,字符等等。常量被区分为不同的类型,如:2 属于整型常量,−3.5 属于实型常量,'a'为字符型常量等等。可用标识符代表一个常量,如下列。

例 2.1   常量的定义和使用。

```
#define PI 3.14
main()
{
    float r,s ;
    r = 2.0 ;
    s = PI * r * r ;
    printf("面积 = % f",s);
}
```

运行结果如下:

$\qquad$ 面积 = 12.560000

在这个程序中,用 PI 这个标识符代表常量 3.14 。用 #define 命令使得 PI 这个标识符在随后的程序中代表数字 3.14 。注意,这里的 #define 这条命令并不是程序中的一条指令,它是 C 语言中编译预处理命令,在这里它只起到一个说明作用,详见第 9 章。定义后的 PI 称为符号常量,即标识符形式的常量,它的值在程序运行期间不能被改变。

在 C 语言程序中有一个习惯,符号常量名一般情况都用大写形式表示,而变量名都用小写形式表示。使用符号常量,可以提高程序的可读性,便于修改。

所谓变量,是指其值可以改变的量。一个变量应该有一个名字,即变量名,用标识符来表示。对变量的命名尽量做到"见名知义",一目了然,如 sum 代表和,area代表面积。也可以用汉语拼音来命名,增加程序的可读性。

实际上一个变量在内存中占据一定的存储单元,在该存储单元中存放变量的值。变量也分为不同的类型,如整型变量、实型变量、字符型变量等等。

在 C 语言中要求对所有用到的变量作强制定义,也就是"先定义,后使用",这样做的目的如下：

（1）可以使程序中的变量使用不发生错误。比如在定义部分有 int teacher,而在程序中写成 teacher＝300。在对程序进行编译时,会查出 teacher 没有定义过,这样可以避免程序出现错误。

（2）对变量指定了类型之后,在编译时就可对该变量分配相应的存储单元。

（3）一个变量确定了一种类型后,实际上也就确定了对这个变量所能进行的操作。比如对两个整型变量 a 、b ,则可以进行求余数操作 a％b,而对两个实型变量则不能进行求余运算。因此在编译时,就可以根据其类型来检查该变量所进行的运算是否合法。

（4）变量定义的一般格式是：

　　　　数据类型标识符　　变量名表;

在编程过程中,如果遇到一个变量,应该考虑到：①这个变量是否已经定义过;②这个变量是属于哪一种类型的;③这个变量所进行的运算是否合法;④这个变量是否超过了能表示的数值范围。

2.2　数据类型

C 语言提供了非常丰富的数据结构,这些数据结构是以数据类型的形式出现的。C 语言的数据类型如图 2.1 所示。

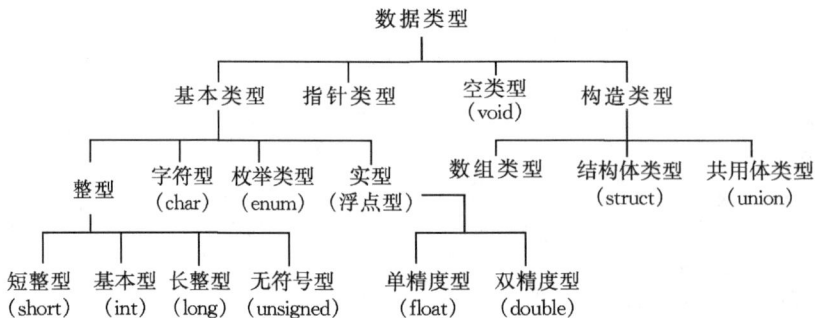

图 2.1　C 语言的数据类型

在本章中主要介绍基本数据类型的常量和变量,构造数据类型和指针类型将在以后章节详细介绍。

2.2.1　整型数据

1. 整型常量

整型常量就是整常数。在 C 语言中,整型常量可以用十进制数、八进制数和十六进制数三种形式来表示。为了识别用不同进制表示的整型常量,C 语言规定,凡是以数字"0"开头的数字序列,一律当作八进制整数;凡是以 0x(数字"0"、字母"x")开头的数字序列,则当作十六进制整数。下面举例说明在 C 程序中允许的三种整型常量的书写形式：

十进制整数:如 234 ,－333

八进制整数:如 0733,－0732

十六进制数:如 0xffff,0x1111,－0x38

在十进制整型常量中,允许出现的数字是 0,1,2,…,9;在八进制中,允许出现的数字是 0,1,2…7,并且以数字 0 开头;在十六进制中,允许出现的数字是 0,1,2…9,a,b,c,d,e,f (其中字母 a,b,c,d,e,f 可以用大写,分别代表数字 10,11,12,13,14,15),并且以数字 0 和字母 x 开头。下面是一些非法的整型常量的例子:

0813 —— 非十进制数,非八进制数,也非十六进制数

3af —— 非十进制数,非八进制数,也非十六进制数

0x23g —— 非十六进制数,出现非法字符 g

在字长为 16 位的微机系统中,一个整数以两个字节来存储,因此十进制整数的取值范围是 $-2^{15} \sim 2^{15}-1$,即 $-32768 \sim 32767$。如果整数超出上述范围,在 C 语言中可以用长整型来表示,即在该整数后面加字母 L 或 l(L 的小写字母),如

45625L、67812l 等

在字长为 16 位的微机系统中,长整型的数据以四个字节来存储,因此十进制长整型数据的取值范围是 $-2^{31} \sim 2^{31}-1$,即 $-2147483648 \sim 2147483647$。对于像整数常量 50 和 50L,两者在数值上是相等的,但它们占用的存储单元的字节数是不同的。

2. 整型变量

在 C 语言中,整型变量可分为:基本型、短整型、长整型和无符号型。

(1)基本型,以 int 表示;

(2)短整型,以 short int 表示,或以 short 表示;

(3)长整型,以 long int 表示,或以 long 表示;

(4)无符号型,存储单元中全部二进制位(bit)用作存放数据,而不包括符号。无符号型整型变量又细分为无符号整型、无符号短整型和无符号长整型,分别以 unsigned int 、unsigned short 和 unsigned long 表示。无符号型变量只能存放不带符号的整数,如 34 、789 等,而不能存放负数。这六种类型的整型变量的区别主要在于表示整数的范围不同。见表 2.1。

表 2.1 整型数据分类表

数据类型	别称	解释	内存中所占位数	表示数值的范围
int	无	基本类型	16	$-32768 \sim +32767$
short int	short	短整型	16	$-32768 \sim +32767$
long int	long	长整型	32	$-2147483648 \sim +2147483647$
unsigned int	unsigned	无符号整型	16	$0 \sim 65535$
unsigned short	无	无符号短整型	16	$0 \sim 65535$
unsigned long	无	无符号长整型	32	$0 \sim 4294967295$

如前所述,C 语言规定在程序中所有用到的变量都必须指定其类型,即"先定义,后使用"。如何来定义一个整型变量,举例说明:

int a,b;　　　　　(定义了两个整型变量 a 和 b)

long c、d、f;　　　(定义了三个长整型变量 c、d 和 f)

unsigned e;　　　(定义了一个无符号整型变量 e)

一般情况下,变量的定义放在函数的开头部分,如下例。

例 2.2　变量的定义和使用。

```
main()
  { int a,b;
    long c;
    unsigned e;
    a = - 1;b = 33;
    c = 123456;
    e = 88;
    printf("a = % d,b = % d,c = % ld,e = % u",a,b,c,e);
  }
```

运行结果如下:

```
    a = - 1,b = 33,c = 123456,e = 88
```

在特殊情况下,也可以在程序的外部或函数的中间定义变量。这种方式与数据的作用域有关,将在第 5 章详细讲解。

在 C 程序中,经常需要对一些变量预先设置初值,即对变量进行初始化。C 程序规定,可以在定义变量的同时使变量初始化。如对整型变量进行初始化:

　　　　int a = 6;

表示指定 a 为整型变量,初值为 6。

也可以给被定义的变量的一部分赋初值。如:

　　　　int a,b,c = 3;

表示 a,b,c 为整型变量,只对 c 初始化,值为 3。

如果对几个变量同时进行初始化,赋以同一个初值,不能写成:

　　　　int a = b = c = 3;

而应写成:

　　　　int a = 3,b = 3,c = 3;

或者写为:

　　　　int a,b,c;

　　　　a = b = c = 3;

都是正确的。

变量的初始化不是在编译阶段完成的(只有静态存储变量和外部存储变量的初始化是在编译阶段完成的),而是在程序运行过程中,执行本函数时,赋以初值的。

2.2.2　实型数据

1. 实型常量

实型量与整型量不同,整型量是精确的量,而实型量是有一定精确度(一定的有效数字的位数)的量。实数在 C 语言中又称为浮点数。

在 C 程序中,实型常量的书写格式有小数形式和指数形式两种:

日常数据：	32.5	0.00325	−325
小数书写形式：	32.5	0.00325	−325.0
指数书写形式：	3.25e1	3.25e−3	−3.25e2
或	32.5e0	32.5e−2	−0.325e3

在书写实型常量时,要注意以下几点:

(1)对小数部分为 0 的实型量,可以写为 325.0 或依照人们日常的习惯,写为 325。

(2)用小数书写形式时,小数点的两边必须有数,例如不能写.25 或 25.等。

(3)用指数书写形式时,e(或 E)之前必须有数字,且 e 后面指数必须为整数,如 e3.5、e2、e、3.14e 等都是不合法的指数形式。

2. 实型变量

实型变量分为单精度(float)和双精度(double)两种类型。在定义实型变量时用以下的方式:

```
float x;          (定义变量 x 是 float 型数据)
double y,z;       (定义变量 y,z 是 double 型数据)
```

实型变量的初始化:

```
 float     x = 3.24;
double     y = 2.56;
```

在一般情况下,float 型的数据在内存中占 4 个字节的空间,double 型的数据在内存中占 8 个字节的空间。对于 C 程序中的实型数据来说,float 型的数据提供 7 位有效数字,double 型的数据提供 15~16 位的有效数字。float 型数据和 double 型数据的区别见表 2.2。

表 2.2　实型数据分类表

数据类型	别称	解释	内存中所占字节数	表示数值的范围
float	无	单精度类型	4	$10^{-38} \sim 10^{38}$(正负数)
double	无	双精度类型	8	$10^{-308} \sim 10^{308}$(正负数)

需要说明的是,实型常量是不分 float 型与 double 型的。可以将一个实型常量赋给一个 float 型或 double 型变量。可根据变量的类型来截取实型常量中相应的有效数字。假定 x 已被指定为单精度实型变量:

```
float x;
x = 735.1234567;
```

由于 float 型变量只能接收 7 位有效数字,因此实际存储的 x 的值为 x=735.1234。如果将 x 改为 double 型,则能接收上述 10 位数字(即 x=735.1234567)并存储在变量 x 中。

2.2.3 字符型数据

1. 字符常量

人们研究的对象不仅仅是数,有时会是一些名字、符号等。

用一对单撇号括起来的一个字符,如'a'、'c'、'a'、'?'等都是字符常量。注意其中的单撇号不是字符常量的一部分,它只起分割作用,称为字符常量的分隔符。且注意不要把单撇号误写为双撇号,如"a"表示字符串常量 a,而不是字符 a ,其存储形式是不同的,这一点在字符串常量一节中还要详细介绍。此外还要注意,单撇号中的单个字符不能是单撇号或反斜杠。要表示单撇号字符和反斜杠字符,必须用转义字符来表示。除了单撇号和反斜杠字符之外,还有一些控制字符无法直接用字符常量表示,C 语言对此有如下规定:

(1)用反斜杠开头,后面跟一个字母代表一个控制符。

(2)用'\\'代表反斜杠字符,用'\''代表单撇号字符。

(3)用反斜杠\后跟 1 到 3 位八进制数,代表 ASCII 码为该八进制的字符;用\x后跟 1~2 位十六进制数,代表 ASCII 码为该十六进制数的字符。ASCII 码表见附录 1。

按上述规定表示的字符称为转义字符,见表 2.3。之所以称之为"转义字符",意思是将反斜杠(\)后面的字符转变成另外的意思。如'\n'不代表字母 n,而是作为"换行"符。当这些转义字符作为字符常量时,仍要用单撇号前后括起来,如'\n'代表换行符,'\\'代表反斜杠字符等。

这些转义字符经常用的只有几个,如'\n'、'\t'、'\''、'\\'。

表 2.3 转义字符表

字符形式	含　义	字符形式	含　义
\n	换行	\f	走纸换页
\t	横向跳格(跳到下一个输出区域)	\\	反斜杠字符 \
\v	竖向跳格	\'	单引号'
\b	退格	\ddd	1 至 3 位八进制数所代表的字符
\r	回车	\xhh	1 到 2 位十六进制数所代表的字符

利用表中最后两行的表示方法,可以表示任何 ASCII 码字符,如'\101'代表字母'A','\012'代表换行。还可以显示不能直接从键盘上输入的字符。例如"±"是不能作为一个字符输入的,而执行如下的 C 程序,就可以在屏幕上显示"±"号。±号的 ASCII 码是 241,八进制为 361。

例 2.3 在屏幕上显示"±"号。

```
main()
{
 char ch ;              /* 定义字符变量 ch */
 ch = ´\361´;           /* 将 ASCII 码为八进制 361 的字符赋给 ch */
 printf("%c",ch);  /* 输出字符 */
}
```

执行这个程序,在屏幕上显示:

　　±

此外,利用转义字符还可以改变输出格式,如下例。

例 2.4　转义字符的使用。

```
main( )
{ printf("␣ ab\t\bcab ␣ ␣ c\n");
  printf("d ␣ ␣ e\tf ␣ g);
}
```

运行结果如下:

```
␣ a b ␣ ␣ ␣ ␣ c a b ␣ ␣ c
d ␣ ␣ e ␣ ␣ ␣ ␣ f ␣ g
```

该程序中,没有设字符变量,直接用 printf 函数输出双撇号内的各个字符。注意其中的
"转义字符"。第一个 printf 函数先在第一行左端开始输出"␣ a b",然后遇到"\t",它的作用
是横向跳格,即跳到下一个输出位置,在大多数系统中,一个输出区占 8 列,下一个输出位置就
从第 9 列开始。下面遇到"\b","\b"的作用是"退一格",因此使当前的输出位置退到第 8 列,
故在第 8~13 列输出"c a b ␣ ␣ c"。下面是"\n",作用是"回车换行"。第二个 printf 函数开
始输出"d ␣ ␣ e",后面的"\t"使当前的输出位置跳到第 9 列,输出"f ␣ g"。

字符常量在 C 语言中具有数值性质,这个值是该字符的 ASCII 码的代码值。如:字符´a´
的 ASCII 的代码值是 97,´A´的 ASCII 的代码值是 65。可以看出,´a´和´A´是不同的字符。

2. 字符变量

字符变量是用来存放字符常量的,一个字符变量中只能存放一个字符,而不能存放一个字
符串。

在例 2.3 中已经接触了字符变量的定义,其定义形式如下:

char x1, x2;

定义了两个字符型变量 x1 和 x2。

字符型变量的初始化:

char x1 = ´x´;

char x2 = ´y´;

字符型数据(常量和变量)在内存中占一个字节。在 C 语言程序中,当把一个字符常量赋

给一个变量时,实际上是把该字符的 ASCII 码值赋给了该变量,在内存中也是以其 ASCII 码值存放的。如字符′A′的 ASCII 码为 65,在内存中的存储形式是 01000001,如同存放十进制数 65 一样(只是左边少 8 个零)。在 C 语言中,字符数据可以等价为与其相应的 ASCII 码的整数,如′A′与 65 等价。这样,字符数据可以以数值形式输出,也可以像数一样在程序中参与各种运算,如:加、减运算。反之,一个与某一字符的 ASCII 码相对应的整数,也可以用字符形式输出,如下面程序。

例 2.5 关于字符数据。

```
main( )
{
  char ch = 'A';
  printf("%c is %d\n",ch,ch);
  ch = ch + 32;
  printf("%c ",ch);
  printf("%d\n",ch);
}
```

运行结果如下:

```
A is 65
a 97
```

其中 %c 是以字符格式输出,%d 是以整数格式输出。程序第五行的作用是把大写字母 A 转换为小写字母 a,因为′A′的 ASCII 码为 65,而′a′的 ASCII 码为 97。从 ASCII 代码表中可以看出,每一个大写字母比它相应的小写字母的 ASCII 码小 32。即′A′ = ′a′−32。

3. 字符串常量

C 语言中,除了允许使用字符常量外,还允许使用字符串常量。字符串常量是用一对双撇号括起来的零个或多个字符序列。如:

"%d,%d"、"This is my first program!"、"x"、"hello"等都是字符串常量。零个字符的字符串常量称为空串。字符串中的字符数称为字符串的长度。

C 语言规定字符串常量的存储方式为:串中的每个字符(转义字符只能被看成一个字符)以其 ASCII 码值的二进制形式存储在内存中,并且,系统自动在该字符串的末尾加一个"字符串结束标志",这个结束标志就是字符′\0′(ASCII 码值为 0 的字符)。

例如:"Shi_Jin"在内存中的存储表示如下,要占 8 个字节

S	h	i	_	J	i	n	\0

而"x"在内存中的表示为:

x	\0

可以看出字符串"x"在内存中占两个字节,而字符′x′在内存中只占一个字节。所以′x′和"x"是两种不同的数据。假设 ch 被定义为字符型变量:

```
char ch ;
ch = ´x´;
```

是正确的,而

```
ch = ˝x˝;
```

是错误的,因为把一个字符串常量赋给一个字符变量是不允许的。

另外,在 C 语言中没有设置专门的变量来存放字符串,如果要存放字符串,要用字符型数组来存放,这个问题将在第 5 章中介绍。

2.3 运算符

C 语言提供了多种运算符,所以表达能力特别强。C 语言的运算符按其功能分类可分为:算术运算符、关系运算符、逻辑运算符、赋值运算符、逗号运算符、位运算符等等。运算符按其参加运算的操作数的个数可分为:单目运算符、双目运算符和三目运算符。

运算符的优先等级和数据类型的转换这些问题将在本节后半部分介绍。

2.3.1 算术运算符

在 C 语言中进行算术运算的符号共有以下五种,都是双目运算符:

　　　＋ 加法运算符

　　　－ 减法运算符

　　　＊ 乘法运算符

　　　/ 除法运算符

　　　％ 求余运算符

说明:

(1)关于＋、－、＊ 运算

① ＋、－ 还可以分别作正值运算符和负值运算符,如 ＋5,－6 等,此时＋、－为单目运算符;

② 对于＋、－、＊ 运算的操作数,可以是整型或实型的常量、变量和函数;

③ ＋、－、＊ 的运算规则同一般的数学运算相同。

(2)关于/运算

① 其操作数可以是整型或实型的常量、变量和函数;

② x/y 中操作数 y 的值不能为 0;

③ 当两个操作数中有一个是实型时,按普通的除法计算,结果是实型;

④ 当两个操作数都是整数时,先按普通的除法计算,再取其整数部分,结果是整数。

例如:5/2.5 = 2.000000　　　　5/2 = 2　　　　　　7/4 = 1

　　　 －7/4 = －1　　　　　 －5/2 = －2　　　 －7/－4 = 1

(3)关于％运算

取余运算符"％"是求整数除法的余数,余数符号与左边的运算对象符号相同,不能用于实型数据的运算。

① 其操作数必须为整数；

② x％y 中操作数 y 的值不能为 0；

例如：5％2 为 1,8％2 为 0, 7％4 为 3,′a′％ 6 为 1, −9％5 为−4, 9％−5 为 4。

例如："int k＝12345;",求 k 的十位上的数字,可以写作"k％100/10","k％100"得 45,"45/10"得 4 即为变量 k 十位上的数字。同样,要得到 k 个位上的数字可写为"k％10"。

2.3.2　自增、自减运算符

自增、自减运算符的作用是使变量的值增 1 或减 1。自增(减)的运算对象只能是变量,不能是常量和表达式。自增、自减运算符只有一个运算对象,是单目运算符,优先级别比 ＊ 、/、％高,结合性为"从右到左"。

自增、自减运算符各有两种格式：

　　　　＋＋k,k＋＋

　　　　−−k,k−−

＋＋是自增运算符。＋＋k 或 k＋＋都是让变量 k 的值加 1。

−−是自减运算符。−−k 或 k−−都是让变量 k 的值减 1。

把运算符放在操作数之前,称为前置形式；把运算符放在操作数之后,称为后置形式。这两种形式是有差别的,前置形式是变量先递增(递减),后参与其他运算,即先改变后使用；后置形式则是变量先参与其他运算,再进行递增(递减),即先使用后改变。

例如：

　　　　x ＝ 9;　y ＝ x＋＋;

结果是 x ＝ 10;　y ＝ 9;

这是因为 x＋＋是后置形式,x 先以原值赋给 y(y ＝ 9),后 x 递增 1,得 x ＝ 10。

又如：

　　　　x ＝ 9;　y ＝ ＋＋x;

结果是 x ＝ 10;　y ＝ 10;

这是因为＋＋x 是前置形式,x 先递增 1(x ＝ 10),再赋给 y,所以 y ＝ 10。

−−运算符同＋＋运算符一样的使用,如下例。

例 2.6　自增、自减运算符前置、后置形式的差异。

```
main( )
{
    int　k,x,y;
    k = 10;
    x = k++;y = ++k;
    printf("k = %d,x = %d,y = %d\n",k,x,y);
    k = 10;
    x = --k;y = k--;
    printf("k = %d,x = %d,y = %d",k,x,y);
}
```

程序运行结果如下：

```
k = 12,x = 10,y = 12
k = 8,x = 9,y = 9
```

这里要注意三个方面。

(1) 自增运算符(++)和自减运算符(--)都只能用于变量,而不能用于常量或表达式。因为常量的值是不允许改变的,而对于表达式,如(x+y)++,是不可能实现的,假设 x+y 的值为 10,那么自增后得到的 11 放在哪里呢? 无变量可以存放结果。

(2) ++、--和负号运算符(-)的优先级别是一样的,但比正号运算符的优先级别高。对于这个例子:+i++;则先算优先级别高的++,再进行正号运算符的运算。实际上上式相当于+(i++);如果 i 的初始值为 3,那么整个表达式的值为 3,在得出了表达式的值后,i 再自增 1 变成 4。

++、--的结合方向是"自右向左"的。

如果对于这个例子:-i++;因为负号运算符和自增运算符的优先级别是一样的,那么表达式的计算就要按结合方向,负号运算符和自增运算符的结合方向都是"自右向左"的,所以整个式子可以看作-(i++);先从右边开始计算,++和变量 i 结合,再与负号运算符结合。如果 i 的初始值为 5,由于是后置形式,那么整个表达式的值为 -5,i 最终的结果为 6。同样地,对于表达式-(++i),如果 i 的初始值为 5,则整个表达式的值为 -6,i 最终的结果为 6。

(3) 这两个运算符经常用到循环语句中,做循环变量,来控制循环的执行次数。

例 2.7　下列程序运行后变量 x 与 y 的区别。

```
# include <stdio.h>
void main ()
{    int a = 2,b = 2,x,y;
     x = - -a + 2;
     y = b- - + 2;
     printf("x = % d y = % d a = % d b = % d\n",x,y,a,b);
}
程序运行:
x = 3 y = 4 a = 1 b = 1
```

[程序说明]　变量 a 的自减运算是前缀运算,先使变量 a 减 1,此时 a 的当前值为 1,再执行"x=a+2",结果 a 为 1、x 为 3;变量 b 的自减运算是后缀运算,b 的原值为 2,先执行"y=b+2",再使变量 b 减 1,结果 b 为 1、y 为 4。

例 2.8　分析下面程序的运行结果。

```
# include <stdio.h>
void main ()
{ int x = 3, y;
  y = - -x + - -x + x + + ;
  printf("x = % d y = % d\n",x,y);
}
程序运行:
```

x = 2 y = 3

[程序说明] 语句"y=(－－x)+(－－x)+(x++);"的执行步骤是:先执行前缀格式的自增、自减运算,即执行"－－x"和"－－x",x 值为 1;y 被赋值 1+1+1,即为 3;再执行后缀格式的自增、自减运算"x++",使得 x 从 1 变为 2。

建议读者慎用自增、自减运算,尤其不要用自增、自减运算构造复杂的表达式,以免降低程序的易读性,在不同的编译环境下,这种表达式会引起歧义,产生不同的结果。

2.3.3 赋值运算符

在前面已经接触过,如 x = 17;y = 6;r = x % y;其中的"="号就是赋值运算符。

1. 正确区分 C 语言中赋值运算符"="和数学中等号"="的作用与不同

C 语言中赋值运算符不同于数学中的"等于号",这里不是"等同"的关系,而是进行"赋值"的操作。

(1)赋值表达式 x=y 的作用是:将变量 y 所代表的存储单元中的内容赋给变量 x 所代表的存储单元,x 中原有的数据被覆盖;赋值后,y 变量中的内容保持不变。此表达式应理解为"把右边变量中的值赋予左边变量",而不应该理解为"x 等于 y"。

(2)在赋值表达式 x=x 中,虽然赋值运算符两边的运算对象都是 x,但出现在赋值号左边和右边的 x 具有不同的含义。赋值号右边的 x 表示变量 x 所代表的存储单元中的值。赋值号左边的 x 代表以 x 为标识符的存储单元。该表达式的含义是取变量 x 中的值放入到变量 x 中去。当然,这一操作并无实际意义,在这里只是要说明 x=x 这一关系。

在数学上,m=m,不可写成 m=m+1,而 C 语言中的赋值语句可以,这是因为根据赋值运算符的作用,m=m+1 是合法的赋值表达式,其作用是取变量 m 中的值加 1 后再放入到变量 m 中,使变量 m 中的值增 1。而在数学中,m=m+1 是完全不成立的等式。

(3)赋值运算符的左侧只能是变量不能是常量或表达式。如 a+b=c 是不合法的赋值表达式。这是因为 a、b、c 系统已为其分配一一对应的存储单元,而内存中却没有 a+b 单元存在。

2. 复合赋值运算符

在 C 语言中,可以在赋值运算符之前加上其它运算符,构成复合赋值运算符,也称为自反赋值运算符。共有十种复合运算符:

+= -= *= /= %= <<= >>= &= ∧= |=

前五种是算术运算符组成的复合赋值运算符,由算术运算符和赋值运算符结合在一起;后五种是进行位运算组成的复合赋值运算符,由位运算符和赋值运算符结合在一起。

参加算术复合赋值运算的两个运算数,先进行算术运算,然后将其结果赋给第一个运算数,例如:

x+=3   等价于 x=x+3

x-=3   等价于 x=x-3

x*=y+z 等价于 x=x*(y+z) 复合的赋值运算符右侧的表达式是作为一个整体来参与运算的,不能错误地写成:x=x*y+z

x/=y+z 等价于 x=x/(y+z)

x%=3   等价于 x=x%3

赋值表达式也可以包含复合的赋值运算符。如：

假定   x ＝ 6

　　　x＋＝x＊＝x/＝3

这个赋值表达式中有三个复合运算符,首先看一下它们的优先级别和结合方向。优先级别是一样的,结合方向是"从右至左"的,所以从右到左,按下面的步骤来计算这个式子。

① 先进行"x/＝3"的计算,这个式子相当于 x＝x/3,x＝6/3＝2,得到该表达式的值为 2,赋给 x,当前 x 的值为 2。

② 然后进行"x＊＝2"的计算,这个式子相当于 x＝x＊2,x＝2＊2＝4,得到该表达式的值为 4,赋给 x,当前 x 的值为 4。

③ 最后进行"x＋＝4"的计算,这个式子相当于 x＝x＋4,x＝4＋4＝8,得到该表达式的值为 8,赋给 x,当前 x 的值为 8。

④ 结果是整个表达式的值为 8,x 的值也为 8。

2.3.4　关系运算符

关系运算符是运算符中比较简单的一种。关系运算实际上是比较运算,表示两个运算分量之间的大小关系。

C 语言提供了丰富的关系运算符,这些运算符都是双目运算符,见表 2.4。

表 2.4　关系运算符

关系运算符	含义	优先级与结合方向
＜	小于	优先级相同(高) 结合方向(从左向右)
＜＝	小于或等于	
＞	大于	
＞＝	大于或等于	
＝＝	等于	优先级相同(低) 结合方向(从左向右)
！＝	不等于	

说明:

(1)＜＝、＜、＞＝、＞的优先级相同,＝＝、！＝的优先级相同,前者高于后者。

(2)关系运算符的优先级低于算术运算符。

(3)关系运算符的优先级高于逻辑运算符。

(4)结合性都是从左至右,即左结合性。

例如:

C＞A＋B 相当于 C＞(A＋B)

A＞B！＝C 相当于 (A＞B)！＝C

A＝＝B＜C 相当于 A＝＝(B＜C)

A＞B＞C 相当于 (A＞B)＞C

注意:括号的优先级别最高。

算术运算符	高
关系运算符	中
赋值运算符	低

2.3.5　逻辑运算符

逻辑运算就是将关系表达式用逻辑运算符连接起来,并对其求值的一个运算过程。C 语言提供三种逻辑运算符,分别是:&&(逻辑与),||(逻辑或)和!(逻辑非)。"逻辑与"和"逻辑或"是双目运算符,要求有两个运算量,如（A>B）&&（X>Y）。"逻辑非"是单目运算符,只要求有一个运算量,如！（A>B）。

逻辑与的运算规则是,只有当参与运算的两个操作数的值都为真时,逻辑与的结果才为真,其余都为假;逻辑或的运算规则是,只要参与运算的两个操作数中有一个为真,逻辑或的结果就为真;逻辑非的运算规则是,如果参与运算的操作数为真,则逻辑非的结果为假,如果参与运算的操作数为假,则逻辑非的结果为真。见逻辑真值表 2.5,它表示当条件 A 是否成立与条件 B 是否成立,所形成不同的组合时,各种逻辑运算所得到的值。A、B 的值为 0 时表示条件不成立,为 1 时表示条件成立。

表 2.5 逻辑运算真值表

A	B	! A	! B	A&&B	A‖B
0	0	1	1	0	0
0	1	1	0	0	1
1	0	0	1	0	1
1	1	0	0	1	1

表 2.6　几种运算符的优先级

！（逻辑非）	
算术运算符	（高）
关系运算符	↓
&& 和 ‖	（低）
赋值运算符	

说明:

(1) 三种逻辑运算符的优先级别从高到低依次是:!、&&、‖。逻辑非的优先级最高。

(2) 算术运算符、关系运算符、逻辑运算符和赋值运算符的优先级别如表 2.6 所示。搞清这些优先关系,可以简化一些表达式的书写,

如:(a>b)&&(x>y)　　　　　可写成:a>b&&x>y

　(a==b)‖(x==y)　　　　可写成:a==b‖x==y

　(! a)‖b　　　　　　　　可写成:! a‖b

2.3.6　逗号运算符

逗号运算符(,)是 C 语言中一个比较特别的运算符,它的作用是将若干表达式连接起来。它的优先级别在所有运算符中是最低的,结合方向是"自左至右"的。

如:3 * 3,4 * 4

又如:for(i=1,j=10;i<j;i++,j——)

2.3.7　运算符的优先级和结合性

在 C 语言中,除了以上所讲的运算符和多次使用的括号()运算符之外,还有许多运算符,如位运算符(在下一节详细介绍)、条件运算符?、下标运算符[]、取地址符 &、指针操作符 *、求字节数的操作符 sizeof、成员运算符 . 和指向运算符→等等。C 语言总共有 44 个运算符。从前面的讨论已经知道,如果在同一个表达式中,用到多个运算符时,要按照运算符的优先级别顺序计算。但是,如果存在多个运算符优先级别相同时,就要按照运算符的结合性,决定从

左到右还是从右到左进行计算。例如,a＊b/c％d,具有三种运算符,属于同一优先级,结合性是从左到右,所以该表达式等价于((a＊b)/c)％d。至于这 44 个运算符的优先级和结合性,见附录 2。

逗号运算符在所有的运算符中优级别最低,结合性为从左至右。

下面举例来说明表达式的详细执行过程。

例 2.9　若 x＝1,y＝2,z＝3,求下列表达式的值。

(1)　　　　　　　！(x＞＝y)＆＆(y＜＝z)

运算顺序:　　　！0＆＆(y＜＝z)　　　　　　(x＞＝y 的值为 0)

　　　　　　　1＆＆(y＜＝z)　　　　　　(！0 的值为 1)

　　　　　　　1

表达式的值为 1。

分析:在本例中,利用逻辑与运算符的"短路"特点,先对 ＆＆ 左边的括号进行运算,而不是同时进行运算。

(2)　　　　　　　z＋＝－x＋＋ ＋ ＋＋y

运算顺序:　　　z＋＝(－1)＋ 3　　　　　　(前置形式和后置形式的区别)

　　　　　　　z＋＝2

　　　　　　　z＝5

表达式的值为 5,x＝2,y＝3

(3)　　　　　　　x＋＝y－＝z＊＝z

运算顺序:　　　x＋＝y－＝9　　　　　　(按照结合性,从右到左)

　　　　　　　x＋＝－7

　　　　　　　x＝－6

表达式的值为 －6,z＝9,y＝－7

2.4　表达式

表达式是用运算符把操作数连接起来的所构成的式子。操作数可以是常量、变量和函数。由于各种运算符可以使用的操作数的个数、数据类型都有各自的规定,要写出正确的表达式就必须满足这些规定。各种运算符的有关规定和相应的表达式将在下面逐一介绍。

每个表达式不管有多么复杂,最终都会产生一个结果值。这个值就是对操作数依次进行表达式中运算符所规定的运算计算出来的结果。求表达式的值是由计算机系统来完成的,但程序设计者必须明了其运算步骤,特别要注意三个方面的问题:一是运算符的运算方向(结合方向)是从左到右还是从右到左;二是运算符的优先等级;三是数据类型的转换,否则就得不到正确的结果。

2.4.1　算术表达式

用算术运算符和括号将运算对象(操作数)连接起来的、符合 C 语法规则的式子,称为算术表达式。如:

```
3＋4.5＊a－b＊4/3
```

就是一个运算表达式。

如何求得这个表达式的值呢？在 C 语言中规定,对表达式求值时,按运算符的优先级别,从高到低进行运算,先乘除、后加减。在上面所列的表达式中,3＋4.5＊a 就是先进行乘法运算,然后进行加法运算。原因就是 ＊号的优先级别高于＋号的运算级别。再看这个表达式,3＊4/5,在这个式子是先乘还是先除呢？在 C 语言中规定,在运算级别一样的情况下,要按运算符的结合方向进行运算。在 C 语言中,算术运算符的结合方向全部是"自左至右"的,即先左后右,这样 3＊4/5 就要先算 3＊4 再和 5 相乘。

"自左至右的结合方向"又称"左结合性",即操作数先与左面的运算符结合。还有些运算符的结合方向是"自右向左",即"右结合性"(例如:赋值运算符)。关于"结合性"的概念是 C 语言所特有的,所有运算符的优先级和结合性见附录 2。

程序举例如下。

例 2.10　整型数的五种算术运算。

```
main( )
  {   int x,y,r;
     x = 17;y = 6;r = x % y;
   printf("x = % d,y = % d\n",x,y);
   printf("x + y = % d\n",x + y);
   printf("x - y = % d\n",x - y);
   printf("x * y = % d\n",x * y);
   printf("x/y = % d,余数 = % d\n",x/y,r);
  }
```

程序运行结果如下:

```
x = 17,y = 6
x + y = 23
x - y = 11
x * y = 102
x/y = 2,余数 = 5
```

2.4.2　赋值表达式

由赋值运算符将一个变量和一个表达式连接起来的式子就称为赋值表达式,其一般形式为:

　　　变量 = 表达式

它的作用是将赋值运算符右边的表达式的值赋给左边的变量。如:b＝88 就是将常量 88 赋值给变量 b。既然是表达式就肯定有一个值,赋值表达式的值就是变量的最终值。如果赋值运算符两侧的变量和表达式的类型都为数值型时,系统将自动进行类型转换。转换的原则,是尽量保持赋值前后数据的一致性。

在赋值表达式的一般形式中,表达式仍可以是一个赋值表达式,也就是说,赋值表达式是可以嵌套的。同时也说明很重要的一点:赋值表达式可以放在任何可以放置表达式的地方。

如:x=(y=8),括号内的表达式也是一个赋值表达式。其运算过程是这样的,先把常量 8 赋给变量 y,赋值表达式 y = 8 的值为 8,再将这个表达式的值赋给变量 x,因此运算结果 x 和 y 的值都是 8,整个赋值表达式的值也是 8。

C 语言规定,赋值运算是右结合的,即自右至左进行运算,因此表达式

x=(y=8)

中的括号可以省略,写成

x=y=8

再来看几个例子:

```
a=b=c=5             /* 整个表达式的值为 5,a、b、c 的值也为 5 */
a=5+(c=6)           /* 整个表达式的值为 11,a 的值为 11,c 的值为 6 */
x=(y=4)+(z=3)       /* 整个表达式的值为 7,x 的值为 7,y 的值为 4,z 的值为 3 */
x=(y=4)/(z=3)       /* 整个表达式的值为整数 1,y 的值为 4,z 的值为 3 */
```

例 2.11　赋值表达式的应用。

```
main( )
{
  int  x,y,z,a,b,c;
  a = 1;b = 2;c = 3;
  x = a;y = b;z = x%(y = c);
  printf("x = %d,y = %d,z = %d\n",x,y,z);
}
```

程序运行结果如下:

x = 1,y = 3,z = 1

建议读者在编写程序中,复合赋值表达式尽可能简单易于理解,如:i+=2;少用复杂的复合赋值运算,如:x/=2*y-10。

2.4.3　关系表达式

由关系运算构成的表达式称为关系表达式,它的值是 0 或 1。参与关系运算的分量可以是两个数,也可以是两个表达式(算术表达式、关系表达式、逻辑表达式、赋值表达式、字符表达式)。如:

a>b , A + B > B + C , (A = 3) > (B = 5) , 'A' > 'B' , (A>B)<(B>C) 这些都是合法的关系表达式。

关系表达式的作用是用来描述条件的,主要应用在条件判断中。

在 C 语言中,关系表达式的值是一个逻辑值,即"真"或"假"。如:关系表达式 5 = = 3 的值为"假",4 >= 2 的值为"真"。在 C 语言中没有逻辑型的数据,对于"真"值用数字 1 来表示,对于"假"值用数字 0 来表示,即当所表达的关系成立时,值为 1,否则为 0。

若 a=3 , b=2 , c=1 则:

a > b 的值为"真",此表达式的值为 1。

(a>b) = = c 的值为"真",表达式的值为 1。(此处关系表达式 a>b 的值为 1,1= =c

的值为 1)

f = a＞b＞c   f 的值为 0 (先执行优先级别高的 a＞b＞c,相同优先级别则按结合方向, 从左到右,先判断 a＞b 结果为 1 , 再判断 1＞c 结果为 0 。最后执行赋值运算,得到 f 的值为 0)。

例 2.12   关系表达式的运算。

```
main( )
{
  printf("4>3        %d\n",4>3);
  printf("4< = 3       %d\n",4< = 3);
  printf("3/4<3.0/4     %d\n",3/4< = 3.0/4);
  printf("5 % 4> = 4     %d\n",5 % 4> = 4);
  printf("4%2 = = 0     %d\n",4%2 = = 0);
  printf("7/3! = 2      %d\n",7/3! = 2);
}
```

运行结果如下:

4＞3	1
4＜ = 3	0
3/4＜3.0/4	1
5 % 4＞ = 4	0
4%2 = = 0	1
7/3! = 2	0

2.4.4 逻辑表达式

由逻辑运算符及其操作数构成的表达式称为逻辑表达式。逻辑表达式的值应该是一个逻辑量"真"或者"假"。在 C 语言中,用数值"1"表示逻辑真,用数值"0"表示逻辑假。

说明:

(1) 逻辑表达式的值只能有两种,真(1)和假(0)。

(2)在判断一个量(字符、实型、整型数)是否为真时,则 0 为假,非 0 为真,即一个非零的数值认作为"真"。

例如:当 a＝4 时,! a 的值为 0 ,因为 a＝4 ,为非零数值,被认作为"真",然后进行逻辑非操作,因此! a 的值为 0 。

又如:当 A＝4,B＝5 时,A＆＆B 的值为 1 ,A∥B 的值为 1 ,! A∥B 的值为 1 。

下面解释一个复杂的逻辑表达式的计算步骤。

求 5 ＞ 3 ＆＆ 2∥4 － ! 0,其运算步骤如下:

第一步:首先作! 运算,因为它的优先级最高,! 0 的值为 1,那么整个式子变为:

5 ＞ 3 ＆＆ 2∥4 － 1?

第二步:按优先级别,作算术表达式"4 － 1",4 － 1 ＝ 3,整个式子变为:

　　　5 ＞ 3 ＆＆ 2 ¦¦ 3

第三步:接着作关系运算 5 ＞ 3,结果整个式子变为:

　　　1 ＆＆ 2 ¦¦ 3

第四步:进行逻辑与计算 1 ＆＆ 2,结果整个式子变为:

　　　1 ¦¦ 3

第五步:按照逻辑或的规则,最后结果为 1。

　　(3) ＆＆ 和 ¦¦ 是一种"短路"运算符。所谓"短路"运算符是指从左到右进行计算,只要结果能够确定就不再进行下去。也就是说,在对逻辑表达式进行求值过程中,并不是所有的表达式都要被求值,这一点很重要。

　　对于逻辑与 ＆＆ 运算符来说,只有两边的操作数均非 0 时,结果才为 1,否则为 0。因此,在实际的求解过程中,只有当左边表达式的值为 1 的情况下,才继续计算右边表达式的值。而对于逻辑或 ¦¦ 运算符来说,只有两边的操作数均为 0 时,结果才为 0,否则为 1。因此,在实际的求解过程中,只有当左边表达式的值为 0 的情况下,才继续计算右边表达式的值。通过以下的程序来理解。

　　例 2.13　逻辑表达式的应用。

```
main()
{
    int  x,y,z;
    x = y = z = 0;
    + +x && + +y  ¦¦ + +z;
    printf("x = % d,y = % d,z = % d\n",x,y,z);
    x = y = z = 0;
    + +x¦¦ + +y && + +z;
    printf("x = % d,y = % d,z = % d\n",x,y,z);
    x = y = z = 0;
    + +x && + +y && + +z;
    printf("x = % d,y = % d,z = % d\n",x,y,z);
    x = y = z =  -1;
    + +x && + +y && + +z;
    printf("x = % d,y = % d,z = % d\n",x,y,z);
    x = y = z =  -1;
    + +x¦¦ + +y && + +z;
    printf("x = % d,y = % d,z = % d\n",x,y,z);
    x = y = z =  - 1;
    + +x && + +y  ¦¦ + +z;
    printf("x = % d,y = % d,z = % d\n",x,y,z);
}
```

程序执行结果如下:

```
x = 1 , y = 1 , z = 0
x = 1 , y = 0 , z = 0
x = 1 , y = 1 , z = 1
x = 0 , y = - 1 , z = - 1
x = 0 , y = 0 , z = - 1
x = 0 , y = - 1 , z = 0
```

这个程序中,每个输出语句之前都先执行一条由变量 x、y 和 z 组成的逻辑表达式语句。每个逻辑表达式又由 x、y 和 z 变量的＋＋运算表达式构成,那么这些＋＋运算表达式是否执行则依赖于逻辑与和逻辑或的"短路"特性,经过仔细学习,不难得出程序的输出结果。

此外,还要熟悉用逻辑表达式来表达日常生活中的事情,比如:明天休息并且不下雨,这句话表示一个"与"关系。假设用 A 表示休息,用 B 表示下雨,用 C 表示明天,那么这句话可表示为 C&&A&&!B

又如:前面算法中讲过的闰年的两个判断条件:能被 4 整除,但不能被 100 整除的年份;或者能被 100 整除,又能被 400 整除的年份。如果一个年份能满足这个条件,就说明此年份为闰年。假定用 year 来表示年份,可以用下面的逻辑表达式来表示这个条件:

```
( year % 4 = = 0 && year % 100 ! = 0 )
  || ( year % 100 = = 0 && year % 400 = = 0)
```

2.4.5　逗号表达式

用逗号把若干独立的运算表达式结合成为一个运算表达式,就称为逗号表达式。又如:
a = 3 , b = 5 , c = a * b
就是一个逗号表达式,它是有三个独立的表达式结合而成的。

逗号表达式的一般形式是:

表达式 1,表达式 2,表达式 3,…,表达式 n

逗号运算符在所有的运算符中优级别最低,结合性为从左至右。整个逗号表达式的结果为表达式 n(即最后一个表达式)的值。

说明:

(1) 逗号表达式的求解过程是:先计算表达式 1 的值,再计算表达式 2 的值,…,一直计算到表达式 n 的值。整个逗号表达式的值是最后一个表达式 n 的值。如:

```
i=4,j=6,k=8            /* 整个表达式的值是 8 */
x=8*2,x*4             /* 整个表达式的值为 64,x 的值为 16 */
```

(2) 逗号表达式是可以嵌套的,即一个逗号表达式又可以与另外一个表达式组成一个新的表达式,如:

```
(x=8*2,x*4),x*2      /* 整个表达式的值为 32 ,x 的值为 16 */
```

(3) 逗号表达式还可以作为赋值运算的右边表达式来使用,如:

```
x=(i=4,j=6,k=8)       /* 整个表达式为赋值表达式,将逗号表达式 i=4,j=6,k=8 的
                          值赋给 x,x 的值为 8 */
```

(4) 逗号运算符的优先级是最低的,因此,下面两个表达式的作用是不同的。

① x＝(z＝5,5 * 2)

② x＝z＝5,5 * 2

表达式 ①为赋值表达式,将一个逗号表达式的值赋给 x,x 的值为 10,z 的值为 5;表达式②为逗号表达式,它包括一个赋值表达式和一个算术表达式,整个表达式的值为 10,x 和 z 的值都为 5。

(5) 逗号表达式用的地方不太多,一般情况是在给循环变量赋初值时才用到。所以程序中并不是所有的逗号都要看成逗号运算符,尤其是在函数调用时,各个参数是用逗号隔开的,这时逗号就不是逗号运算符。

如:printf(″%d,%d,%d″,x,y,z);

要注意区分清楚。

例如:逗号表达式 i＝3,i＋＋,＋＋i,i＋5

该表达式的值为 10,变量 i 的值为 5。运算过程是:先执行赋值运算,使变量 i 的值为 3,再执行 i＋＋使 i 的值变为 4,再执行＋＋i 使 i 的值变为 5,最后计算 i＋5 得 10,则整个逗号表达式的值为 10,但变量 i 的值为 5。

2.4.6　条件表达式

C 语言另外还提供了一个特殊的运算符——条件运算符,由此构成的表达式也可以形成简单的选择结构,这种选择结构可以表达的形式内嵌在允许出现表达式的地方,使得可以根据不同的条件使用不同的表达式。

(1) 条件运算符

条件运算符由两个运算符组成,它们是 ？：。这是 C 语言提供的唯一的三目运算符,即要求有三个运算对象。

(2) 由条件运算符构成的条件表达式

条件表达式的表达式如下:

表达式 1 ？表达式 2 ：表达式 3

(3) 条件表达式的运算功能

当"表达式 1"的值为非零时,去求"表达式 2"的值,此时"表达式 2"的值就是整个条件表达式的值。当"表达式 1"的值为零时,去求"表达式 3"的值,这时便把"表达式 3"的值作为整个条件表达式的值。

(4) 条件运算符的优先级

条件运算符优先于赋值运算,但低于逻辑运算、关系运算和算术运算。例如:

y＝x＞10 ？100 ：200

由于赋值运算符的优先级低于条件运算符,因此首先求出条件表达式的值,然后赋给 y。在条件表达式中,先求出 x＞10 的值,若 x 大于 10,取 100 作为表达式的值并赋给变量 y,若 x 小于等于 9,则取 200 作为表达式的值赋给变量 y。

又如:printf(″abs(x)＝%d\n″,x＜0 ？(−1) * x :x);

此处输出 x 的绝对值。

2.5 数据类型转换

2.5.1 自动类型转换

在 C 语言中,字符型、整型和浮点型数据可以在同一个表达式中混合使用,C 语言编译系统会按照一定准则自动进行类型转换。

不同类型的数据可以进行混合运算,但是还要遵循一个原则:在运算过程中,不同的数据类型要先转换成同一类型后,才能进行运算。混合运算的规则看下边的类型转换图。

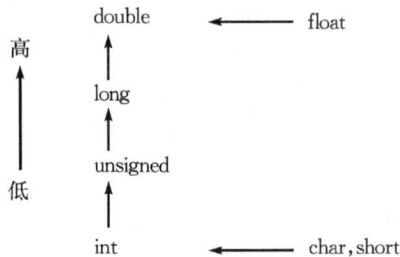

(1) 在运算中,先进行水平方向上的转换。这种水平方向上的转换是在任何时候都要进行的,就算两个 char 类型的数据进行运算,也要先转换成整型数据再运算。

(2) 在进行了水平方向上的转换后,如果仍然存在不同类型的数据,就要进行纵向的类型转换。转换方向为由下向上。

例如:有一个整型数据和一个长整型的数据进行运算,那么要将整型数据先转换为长整型数据后再进行运算。运算结果将是长整型的数据。

这种纵向方向上的转换要将运算式子中低级别的类型向本式中最高级别的类型转换,运算结果的类型和本式子中最高级别的类型是一样的。

看下面这个例子:

$$3+'1'+0.1/3-5.3/3L$$

运算过程为:

① 先将字符'1'换为整型数 49,0.1 转换为 double 型,5.3 转换为 double 型。

② 进行 3+'1'的运算,经过第一步的转换本式中两个数据的类型都是整型,所以不再转换类型。

③ 进行 0.1/3 的运算,本式在经过第一步转换后,0.1 转换为 double 型,所以整型数 3 也必须转换为 double 型。

④ 进行 5.3/3L 的运算,本式经过第一步的转换后,长整型数 3L 必须转换为 double 型。

⑤ 在第②、③、④步中得到三个量,类型分别是整型、实型、实型,再进行最后的运算前,先要将第 1 步的结果转换为 double 型。

⑥ 最后整个式子得到的结果类型为实型 double。

这个例子用的是常量,如果用变量进行混合运算,过程和原则也是一样的。

如果赋值运算符两侧的变量和表达式的类型都为数值型时,系统也将自动进行类型转换。转换的原则,是赋值运算符右边的数据类型转换为左边的类型,尽量保持赋值前后数据的一致性,见表 2.7。

表 2.7　赋值运算的类型转换

源类型	目标类型	转换说明	举　例
实型	整型	舍弃小数部分	int i＝3.6；　/＊i 中只存放整数 3＊/
整型	实型	数值不变,补足有效位数	float x＝3；　/＊x 中存放 3.000000＊/ double y＝12345；　/＊y 中存放 12345.0000000000＊/
字符型	整型	保持数值不变且进行符号扩展	int x＝'0'；　/＊x 中存放整数 30＊/ int y＝'\xFE'；　/＊x 中存放整数－2 或 　　　　　　254＊/
整型	长整型	保持数值不变且进行符号扩展	long x＝3；　/＊x 中存放整数 3＊/ long x＝－3；　/＊x 中存放整数－3＊/
长整型	整型	截断取后半部	int x＝0xFFFFE003；　/＊x 中存放 0xE003＊/
无符号整型	长整型	数值不变,高位补 0	long x＝33；　/＊x 中存放 33＊/
无符号类型	同长度类型	原样赋值	
非无符号类型	同长度无符号类型	原样赋值	

2.5.2　强制类型转换

强制类型转换是利用强制类型转换运算符来实现数据类型转换的,因此,也常把强制类型转换称为显式类型转换,而把自动类型转换称为隐式类型转换。

强制类型转换的格式是:

（类型标识符）操作数

其功能就是把操作数的数据类型暂时地强制转换为圆括号()中指定的类型。其中,类型标识符可以是本章介绍的基本类型标识符,如 int、char、float、double、long 等等,也可以是以后章节介绍的指针、结构体类型标识符等。注意,类型标识符两边的圆括号不可缺少,此圆括号()就是 C 语言中的强制类型转换运算符。

下面是一些强制类型转换的示例:

```
int a,b;
(long)a;          /＊把 a 的类型转换为长整型＊/
(char)b;          /＊把 b 的类型转换为字符型＊/
(int)(1.2＋3.5)；  /＊将 1.2＋3.5 的值转换成整型,结果为:4＊/
```

```
(int)1.2 + 3.5;    /* 将 1.2 转换成整型为:1,再做 1 + 3.5 的运算,最后结果为:4.5 */
(double)n;         /* 若变量 n 为整型,且值为 6,则转换后表达式的值为 6.0,但变量 n
                      仍为整型。 */
```

强制类型转换中的操作数还可以是一个表达式,即

(类型标识符)(表达式)

注意,其中的表达式要用括号括起来。如以下两个式子是有区别的:

① (int)x+y

② (int)(x+y)

表达式 ① 的含义是将变量 x 转换成整型类型后再和变量 y 相加,而表达式 ② 的含义却是将变量 x 和 y 相加的结果转换成为整型。

需要说明的是:在进行强制类型转换时,得到的是一个临时数据,这个临时数据的类型是指定的类型,而原始数据的类型不会发生变化,如下例。

例 2.14 强制类型转换。

```
main()
{
  float x;
  int y;
  x = 33.3;
  y = (int)x;
  printf("x = %f,y = %d",x,y);
}
```

程序执行结果:

```
     x = 33.30000,y = 33
```

可以看出,单精度类型的变量 x 在进行了强制类型转换后,没有发生变化,仍然是单精度类型的,只是转换后得到的数据的值变为了整型。

强制类型转换的作用之一就是防止数据溢出产生的错误,如下例。

例 2.15 溢出错误举例。

```
main( )
{
    int a = 200, b = 300, x;
    x = a * b;
    printf("%d * %d = %d",a,b,x);
}
```

运行结果如下:

```
    200 * 300 = 27232
```

结果显然是错误的,原因是正确结果 60000,超出了 −32768 ～ +32767 的范围,截去高位

部分,结果为 60000~32768 的值,产生溢出错误。如果把程序改为:

```
main( )
{
    int a = 200, b = 300;
    long x;          /*把 x 说明为长整型*/
    x = a * b;
    printf("%d * %d = %ld",a,b,x);/* %ld 为长整型的输出格式*/
}
```

运行结果如下:

```
    200 * 300 = 27232
```

还是错误的。因为 a 和 b 是 int 型,结果 a * b 也是 int 型,这时已经产生溢出错误,结果是 27232,然后赋值给长整型数 x,遵从自动类型转换规则,将 27232 转换为长整型,只是在左边高位补 0,数值大小不变。

要得到正确结果,可以用强制类型转换把程序改为:

```
main( )
{
    int a = 200, b = 300;
    long x;
    x = (long)a * b;
    printf("%d * %d = %ld",a,b,x);
}
```

运行结果如下:

```
    200 * 300 = 60000
```

由于强制类型转换运算符的优先级高于乘法 * 运算符,所以 a 被暂时转换为 long 型,根据自动类型转换规则,b 也转换为 long 型,乘积也为 long 型,就不会产生溢出,把它赋给 long 型变量 x,结果就正确了。

C 语言表达能力强,其中一个很重要的方面就在于它的表达式类型丰富,运算符功能强,因而使用灵活,适应性强。

2.6　位运算

在程序执行过程中,计算机真正执行的是由 0 和 1 信息组成的数据、指令等等,每一个 0 和 1 的状态称为一个"位"状态,位运算就是以二进制位(bit)为单位进行数据加工。C 语言与其他高级语言的一个不同之处就是它具有这种低级语言才具有的位操作功能。具有位运算的功能是 C 语言的一个非常重要的特点。

&——按位与运算符

| ——按位或运算符

∧——按位异或运算符

～——按位取反运算符

＜＜——左移运算符

＞＞——右移运算符

　　其中,～是单目运算符,其余的都是双目运算符。位运算符的操作数可以是整型或字符型的常量、变量和表达式。

　　这六种位运算符中,～的优先级最高,接着是＜＜、＞＞(这两个运算符的优先级相同),然后由高到低依次是 &、∧、|,其结合性都是从左至右。

　　功能说明:

　　(1) &　按位与运算

　　按位与运算符"&"要求有两个操作数(例如 a 和 b),作用是将 a 和 b 中各个位都分别进行与运算,即对应位上两者都为 1 时,结果为 1,否则为 0。例如:若 a = 10101101, b = 11001001,a & b = 10001001,写成竖式:

```
        a = 10101101
   &    b = 11001001
   ──────────────────
        结果 = 10001001
```

　　(2) |　按位或运算

　　按位或运算符"|"要求有两个操作数(例如 a 和 b),作用是将 a 和 b 中各个位都分别进行或运算,即对应位上两者都为 0 时,结果为 0,否则为 1。例如:若 a = 10101101, b = 11001001,a | b = 11101101,写成竖式:

```
        a = 10101101
   |    b = 11001001
   ──────────────────
        结果 = 11101101
```

　　(3) ∧　按位异或运算

　　按位异或运算符"∧"要求有两个操作数(例如 a 和 b),作用是将 a 和 b 中各个位都分别进行异或运算,即对应位上两者状态相同(都为 1,或都为 0)时,结果为 0;状态不同时,结果为 1。例如:若 a = 10101101, b = 11001001,a ∧ b = 01100100,写成竖式:

```
        a = 10101101
   ∧    b = 11001001
   ──────────────────
        结果 = 01100100
```

　　(4) ～　按位取反运算

　　按位取反运算符"～"是单目运算符,只要求有一个操作数,操作数写在运算符之后,如～a,它的作用就是将 a 的各位都取反,即 0 变成 1,1 变成 0。例如,若 a = 10101101,则～a = 01010010。

（5）＜＜　　左移运算

左移运算符"＜＜"要求有两个操作数 a 和 b，如 a＜＜b，作用是将数 a 各个位全部左移 b 位。如 a ＝ 10101101，b＝2，则 a＜＜b ＝ 10110100。高位左移后丢弃，不起作用，而右边低位补 0。

（6）＞＞　　右移运算

右移运算符"＞＞"要求有两个操作数 a 和 b，如 a＞＞b，作用是将数 a 各个位全部右移 b 位。右移出的 b 位数据丢失，左端空出的 b 位补 0 或 1：如果 a 是无符号整型或字符型，则补 0，如果 a 是带符号整型，则补符号位的状态，即符号位为 0 则补 0，符号位为 1 则补 1。

例如，a ＝ 10101101，是无符号整型，b＝2，则 a＞＞b ＝ 00101011。如果 a ＝ 10101101，是带符号整型，则 a＞＞b ＝ 11101011。

另外，位运算符＜＜、＞＞、&、∧、| 还可以和赋值运算符"＝"构成符合运算符，举例如下：

```
a<<=2;        /* a 左移 2 位后，结果又存入 a，等价于 a = a<<2 */
a>>=2;        /* a 右移 2 位后，结果又存入 a，等价于 a = a>>2 */
a &= b;       /* a 与 b 按位与后，结果又存入 a，等价于 a = a&b */
a∧=b;         /* a 与 b 按位异或后，结果又存入 a，等价于 a = a∧b */
a|=b;         /* a 与 b 按位或后，结果又存入 a，等价于 a = a|b */
```

前面所讲的数据都是按字节作为存储单位，但是有时候存储一个信息不必用一个或多个字节，可以用一个或多个位来存储信息，这样在一个字节中就可以存放几个信息。例如，用 0 或 1 表示"真"或"假"，这时只需 1 位即可。显然，用字节和位运算都可以实现上述功能，但使用位段更为有效，更具有通用性。关于位段的概念将在第 7 章介绍。

例 2.16　位操作运算符组成的复合赋值运算符。

```
main ( )
{  int  a = 10, b = 11, c1, c2, n = 1;
   c1 = a, c2 = b;
   a & = b;
   b| = a;
   printf ("a = %d & %d = %d, b = %d| %d = %d \ n",c1, c2, a, c2, c1, b);
   a = c1, b = c2;
   a >> = n+1;
   b << = n+1;
   printf ("a = %d >> %d = %d, b = %d << %d = %d \ n",c1, n+1, a, c2,
           n+1, b);
   a = c1, b = c2;
   a = ~ a;
   b∧ = a;
   printf ("a = ~ %d = %d, b = %d ∧ %d = %d \ n",c1, a, c2, c1, b);
}
```

例 2.17　位操作应用举例。将任意整数 x 的后 6 位全部置 0，其余各位不变。例如，当 x

＝95 时,其二进制表示为 0000000001011111,要使它的后 6 位全部置 0,而其余各位保持不变,应该得到的二进制数是 0000000001000000,即整数 64(八进制 100)。

要将 x 的后 6 位置 0,只要找到一个数 y,它的后 6 位全为 0 而其他各位全为 1,再将 x 和 y 进行按位与(&)运算就可得到所需结果。只要对八进制整数 077 按位取反,就得到符合要求的 y,即 y ＝ ～ 077,这样,对任何整数 x,x ＝ x & y 都能使 x 的后 6 位置 0,而其余位保持不变。程序如下:

```
main ( )
{   int  x;
    scanf ("% d",&x);
    x& = ～ 077;
    printf ("x =  % o\ n", x);
}
```

程序运行时,若从键盘输入 95,则输出为 100(八进制表示)。

如果将程序中的 x& = ～ 077 改成 x| = 077 就能将 x 的后 6 位全部置 1 而其余各位保持不变。

习　题

1. 判断题

(1) C 的 long 类型数据可以表示任何整数。

(2) C 的 double 类型数据在其数值范围内可以表示任何实数。

(3) C 的任何类型数据在计算机内都是以二进制形式存储的。

(4) 任何变量都必须要定义其类型。

(5) printf 函数中的格式"%c"只能用于输出字符类型数据。

(6) 按格式符"%d"输出 float 类型变量时,截断小数位取整后输出。

(7) 在 C 语言程序中,ABC 与 abc 是两个相同的变量。

(8) scanf 函数中的格式符"%d"不能用于输入实型数据。

(9) 格式符"%f"不能用于输入 double 类型数据。

(10) 当格式符中指定宽度时,从缓冲区中读入的字符数完全取决于所指定的宽度。

2. 按照要求写出下列 C 的表达式

(1) 写出 int 型变量 x 为"奇数"的表达式。

(2) int 型变量 x、y、z,写出描述"x 或 y 中有且仅有一个小于 z"的表达式。

(3) 将 float 类型变量 y 保留四位小数的表达式。

(4) 为变量 s 赋值:取变量 x 的符号,取变量 y 的绝对值。

(5) 条件"−5≤x≤3"所对应的 C 的逻辑表达式。

(6) a、b 是字符变量,已知 a 的值为大写字母、b 的值为小写字母,写出判断 a、b 是否为同一字母(不区分大小写)的逻辑表达式。

(7) int 类型变量 a、b 均为两位正整数,写出判断 a 的个位数等于 b 的十位数、且 b 的个位数等于 a 的十位数的逻辑表达式。

(8) 写出取变量 a、b 中较小值的条件表达式。

(9) 写出取变量 a、b、c 中最大值的条件表达式。

(10) 若字符变量 ch 为大写字母,将其转换为对应的小写字母。

3. 求出下列表达式的值

(1) 4&14 (2) 2∧6 (3) 3┆12 (4) 3<<2 (5) 48>>3

4. 填空

(1) 'a' 占__个字节。

(2) "a" 占__个字节。

(3) 字符串"ab\072cdef"的长度是__。

(4) 字符串"\"33abcdef"的长度是__。

(5) 字符串"abc\0defgh"的长度是__。

(6) 字符串"\\033abceL"的长度是__。

(7) 字符串"\\\n33abcd"的长度是__。

(8) 字符串"\033abcdef"的长度是__。

(9) 格式字符%d 表示输出__型数据。

(10) 格式字符%f 表示输出__型数据。

5. 下面常数中,哪些是合法的 C 常量,哪些是非法的 C 常量? 并对非法者说明原因:

3e2.5	−e−3	0.1e−1	'Basic'	'\045'
'\''	0fd	0xfdaL	e8	"\""
c	?	'!'	.3e−2	5e

6. C 语言为什么要规定对所用到的变量要"先定义,后使用"? 这样做的好处是什么?

7. 下面的符号,哪些可以作变量名,哪些不可以,为什么?

auto	_auto_	−auto−	2_and	Tubor_C
char	_123	a2	2a	x * y
a&b	test	register	no	x_1

8. 写出下列表达式的值

(1) x+a%3 * (int)(x+y)%2/4

　　设 x=2.5,a=7,y=4.7

(2) x┆┆(y−z)&&! x

　　设 x=1,y=z=4

(3) (float)(a+b)/2+(int)x%(int)y

　　设 a=2,b=3,x=3.5,y=2.5

(4) (x<<2)&&(∼y&3)

　　设 x=3,y=7

(5) a/b? a+b:b−a, 其中 a=2,b=4

9. 写出下面表达式运算后 a 的值,设原来 a =12。设 a 和 n 已定义为整型变量。

(1) a+=a　　　　　　　　(2) a−=2

(3) a * =2+3　　　　　　　(4) a/=a+a

(5) a％＝(n％＝2),n＝5　　(6) a＋＝a－＝a＊＝a

10. 写出以下程序的运行结果

(1) main( )
```
{
    char c1 = ´a´,c2 = ´b´,c3 = ´c´,c4 = ´\101´,c5 = ´\116´;
    printf("a%cb%c\tc%c\tabc\n",c1,c2,c3);
    printf("a=%d,b=%d,c=%d\n",c1,c2,c3);
    printf("\t\b%c%c\n",c4,c5);
}
```

(2) main( )
```
{
    int a=1,b=2,c=3;
    a = b ;
    b = c ;
    c = a ;
    printf("a=%d,b=%d,c=%d\n",a,b,c);
}
```

(3) main( )
```
{
    int  i,j,m,n ;
    i = 8 ;j = 9 ;
    m = ++i ;
    n = j++ ;
    printf("%d,%d,%d,%d\n",i,j,m,n);
}
```

第3章　C语言程序控制语句与结构化程序设计的三种基本结构

程序是由语句构成,而语句又包含了表达式,表达式又是由常量、变量、运算符组成。语句不仅表达了程序设计者所要达到的目标,也给出了达到这个目标所要经过的路径。后者就是程序的执行流向。程序员掌握了这些控制流向,也就把握了程序的运行过程。在高级程序设计语言中都非常清楚的反映了这一点。

从理论上说,任意一种程序只要有了顺序、选择和循环三种基本结构,就可以完成相应的工作。为了方便用户,无论是选择结构还是循环结构,高级语言都提供了多种语句,C语言也不例外。

3.1　C语句概述

C程序是由若干源程序构成的。一个源程序中包含了编译预处理命令、全局变量的定义和一些用户函数。每个函数又由变量定义和若干语句组成。编译预处理命令将在第9章中介绍,本章主要介绍C语言的语句。

C语句最重要的一个特点就是分号作为每条语句的结束符,不可缺少或省略。C语句根据语句执行是否改变程序流程,可分为以下四类。

1. 顺序语句

顺序语句包括以下语句:

①表达式语句。在表达式的后面加一个分号。

②空语句。只有一个分号。仅由一个分号构成的语句。

例如:;表示这里有一条什么也不做的语句。

③复合语句。用大括号括起来的一组语句。这组语句被看成一个整体。

2. 选择语句

选择语句用来解决实际应用当中的判断选择问题,包括以下语句:

①if (条件) {…} else {…} 条件语句

②switch(表达式){…} 多分支选择语句

3. 循环语句

循环语句用来解决实际应用需要重复执行问题,包括以下语句:

①for (条件){…} 循环语句

②while (条件){…} 循环语句

③do {…} while; 循环语句

4. 转移语句

转移语句用来控制程序执行流向,包括以下语句:

①continue;结束本次循环语句

②break;退出循环语句或结束 switch 语句

③goto 标号;转向语句。

④return(表达式);从被调用函数返回到调用函数语句

以上语句中,{…}表示复合语句。

书写程序时,可以在一行上写多条语句,也可以将一条语句写在多行上。特别要注意,C 语言程序中是区分英文大小写的,而 C 语言的关键字和基本语句都是用小写字母表示。

3.2　顺序结构程序设计

顺序结构的程序由顺序语句组成,所谓顺序语句是指语句执行后不改变程序的执行流程的那些语句。下面分别介绍。

3.2.1 表达式语句

表达式语句的一般格式:

<表达式>;

在任何一个表达式后加一个分号就构成一条表达式语句。

例如:3+4;　　　　　 /*是一条表达式语句*/

　　　int a=5,b=6;

　　　(a>b)? a:b;　/*也是一条表达式语句*/

　　　a=-15;

　　　fabs(a);　　　　 /*又是一条表达式语句*/

但是,我们写语句的目的是要计算机做有意义的操作,上面几个表达式语句虽然在语法上没有错误,但是没有实际意义。这是因为它们的计算结果既没有保存,又没有输出。所以,表达式语句更多的是以赋值语句和函数调用语句的形式出现。C 语言的表达式可以出现在语句任何可以出现表达式的地方,因此,有人说 C 语言是表达式语言。

赋值表达式语句是用得最多的表达式语句。C 语言的赋值语句具有其它高级语言中赋值语句的所有特点和功能。在这里我们再重复赋值语句的概念。

(1) 语句中的"="是赋值号,其意义是:将赋值号右边表达式的值赋到赋值号左边的变量中去;例如:

　　　x=x+y;

这是一个赋值表达式,它表示将 x 变量的内容与 y 变量的内容相加,然后将其结果赋到 x 变量中去。

因此,赋值号的左边一定是变量名,赋值号的右边是表达式。赋值语句的一般格式为:

　　　<变量名>=<表达式>;

(2) 关于赋值表达式。例如:赋值表达式 x=3,在其后面加一个分号,成为 x=3;就构成一条赋值表达式语句。而赋值语句是作为一条语句单独存在。如:if((x=y)>6) y=6;这条

判断语句中,(x＝y)是赋值表达式。意义是将变量 y 的值赋值给变量 x 后,再判断 x 的值是否大于 6。这是正确的。

但是将 x＝y;这条语句放在条件中是不正确的。if((x＝y;)＞6) y＝6;是错误的。

例 3.1 　表达式语句的应用。

```
main( )
{
  int x,y,z;
  x = 1;
  y = 20;
  z = x + y;
  printf("x = % d,y = % d,z = % d\n",x,y,z);
}
```

程序运行结果:

```
x = 1,y = 20,z = 21
```

例子中,我们用到了四条表达式语句。其中 printf( )是标准输入输出函数库中的标准输出函数。函数调用语句也属于表达式语句范畴内。

3.2.2　数据的输出

C 语言中没有专门的输入或输出语句,输入和输出是通过调用标准输入输出函数库的函数来完成。这些标准函数并不是 C 语言的组成部分,但因为各个 C 语言版本都提供这些标准函数,所以也可以把这些标准函数当成 C 语言的一部分。标准输入输出函数库的头文件是"stdio. h"。

一个程序可能没有数据的输入或者有若干数据的输入,而一个程序必须且至少有一个输出。否则,程序运行就没有意义了。由此可见,在一个程序中输出是多么的重要。下面介绍 C 语言中常用的两个输出函数。

1. putchar( )函数

putchar( )函数的作用是将给定的一个字符常量或一个字符变量输出到终端,一般情况下终端可以看成是显示器屏幕。

例如:putchar('A'); 　　/* 将大写字母 A 输出到屏幕 */

　　　putchar(33); 　　　/* 将 ASCII 码为 33 的字符输出到屏幕 */

　　　putchar(x); 　　　　/* 将变量 x 的值当成 ASCII 码值,并将此 ASCII 码对应的字符
　　　　　　　　　　　　　　输出到屏幕,这里 x 可以是字符型或整型变量 */

这个函数在使用时,要在进行调用这个函数的源程序中的开始位置,包含一条编译预处理命令:＃include "stdio. h"

这条预编译指令的作用是告诉编译器,putchar()函数是在 stdio. h 头文件中进行了说明。如果不进行事先说明的话,putchar( )函数将不被编译器所识别。但是在调用 printf()函数和 scanf()函数时,编译预处理命令:＃include "stdio. h"可以省略。

例 3.2 putchar()函数的应用。

```
#include "stdio.h"
main ( )
{
  char a ,b ,c ;
  a = 'h'; b = 'i'; c = '!';
  putchar(a);  putchar(b);  putchar(c);
  putchar('\n');                        /* 输出换行控制字符 */
  putchar(b);  putchar(a); putchar(c);
}
```

程序运行结果

hi!

ih!

用 putchar( )还可以输出其他转义字符,例如:

```
putchar('\101');          /* 输出字符 A */
putchar('\'');            /* 输出单引号 */
putchar('\104') ;         /* 输出字符 D */
```

2. printf( )函数

printf()函数在前面见过很多次了。它的作用是向终端输出任意类型的数据。

1) printf()函数格式

printf()函数的一般格式为:

printf(格式控制字符串,表达式表列);

printf()函数功能为:将表达式表列中的值按照格式控制字符串中说明的方式显示在终端上。

说明:

在 printf()函数的括号中包括两部分内容:格式控制字符串和表达式表列。

(1)表达式表列是由很多个用逗号分隔的表达式组成。例如:x ,y ,z+5 ,3 ,sin(x)等等,可以是任意表达式。

(2)格式控制字符串是用双引号括起来的字符串,它包括两种信息。

①格式说明符,它是由"％"和格式字符组成,如％d,％f,％c 等等。它的作用就是将要输出的数据按指定的格式输出。其中"％"不能省略。

②普通字符,这种字符将照原样输出到终端上。例如:

　　printf("My name is sun_jun!");

在终端上显示:

　　My name is sun_jun!

又如:printf("x=％d,y=％d",x,y);

若 x,y 的值为 3,5 时,则终端显示 x=3,y=5

这里的 x＝和 y＝是普通字符,将原样输出到终端。

2）格式说明符

格式说明字符不能直接显示在终端上。这种字符是起格式说明作用的字符,用来控制对应表达式的输出格式。表 3.1 中给出了所有的格式控制符。在格式说明符与"％"之间可以插入附加格式说明符。

表 3.1　格式说明符表(注意:必须是小写形式)

格式字符	说明
％d	以有符号的十进制形式输出整数
％o	以无符号的八进制形式输出整数
％x	以无符号的十六进制形式输出整数
％u	以无符号的十进制形式输出整数
％c	以字符形式输出,只输出一个字符
％s	输出字符串
％f	以小数形式输出单、双精度数
％e	以标准指数形式输出单、双精度数
％g	选取％f 或％e 格式中输出宽度较短的一种格式
％％	输出百分号

3）附加格式说明符

附加格式说明符可以和大部分格式符进行联合使用以进一步精确描述数据的显示方式。表 3.2 给出了所有的附加格式说明符。

表 3.2　附加格式说明符表

字符	说明
字母 l	用于输出长整型类型
m(正整数)	数据输出的最小宽度
.n(n 为正整数)	输出 n 位小数或截取 n 位字符
—(负号)	数据在本输出域内左对齐

4）格式说明字符和附加格式说明符的进一步说明

(1)％d 格式符

它的作用是将其对应的表达式的值按照十进制整数方式输出。

① ％d 格式符。这个格式符将按照值的实际长度进行输出。(不管表达式的值是不是整型的,如果不是整型的值,一般情况下要进行自动类型转换)。例如:

printf("x = ％d, y = ％d",83,3);

显示结果：

x = 83, y = 3

② % md 格式符。它的作用是按照 m 指定的宽度进行输出。且在 m 这个宽度内显示输出的数据靠右对齐。如果数据的实际宽度大于 m 规定的宽度,则按数据的实际宽度进行显示输出。例如：

x = 1234;y = 12345;
printf("x = % 5d,y = % 3d",x,y);

运行结果：

x = ␣ 1234,y = 12345

(␣ 表示一个空格)

③ %ld 格式符。它的作用是将其对应的表达式的值按照长整数方式输出。
例如：long int x＝76543;
　　　printf("x＝%ld, x＝%d",x,x);
运行结果：
　　　x＝76543, x＝11007

例子中,第一个 x 按照长整型进行输出,显示正确。第二个 x 按照整型输出,被显示的数据为长整型,而输出格式为整型,此时系统要进行自动类型转换。将长整型的后半部截取,并按整型显示输出。所以出现了显示错误。

这个例子提醒我们,对于长整型的数据一定要使用%ld 的方式进行输出(尤其是长整型的数据值只能用四个字节表示时)否则得到的显示数据不会正确的。

④ %mld 格式符。这个格式符的作用和上面的作用一样,只不过对要显示的数据规定了它的显示宽度 m,这个 m 的作用和②中的一样。例如：
long int x＝76543;
printf("x＝%7ld",x);
运行结果:x＝ ␣ ␣ 76543

我们在第一个%d 格式符中介绍了四种不同的使用方法,主要是和附加格式说明符联合使用。这些附加格式说明符不只和%d 联合使用,它们也可以和其它格式说明符一起使用,发挥的作用基本类似(对不同类型数据有一些小区别)。

(2) %o 格式符
它的作用是将其对应的表达式的值按照八进制整数方式输出。这个格式符不会输出负数形式。它将符号也作为八进制数的一部分进行输出。例如：
int x＝－1;
　　　printf("x＝%o,x＝%d",x,x);
运行结果：
　　　x＝177777, x＝－1

为什么会这样? 我们知道整数是按照补码形式存放在计算机中,十进制数－1 的补码形式是 11 11 11 11 11 11 11 11,这样的二进制数要翻译成八进制数只可能是 177777。这些涉及到一些基础知识,如果不想深究,记住这一点就行了。在实际应用中,一般地是什么样类型的数据就使用什么样的格式说明符,这样肯定不会出错。

附加的格式说明符也可以和%o一起使用,请看下面几个例子。

例如:printf("x＝%5o",077);　　　　　运行结果:x＝□□□77

　　　printf("x＝%lo",0xfffff);　　　　运行结果:x＝3777777

　　　printf("x＝%11o",0xfffff);　　　运行结果:x＝□□□□□177777

　　　printf("x＝%－11o",0xfffff);　　运行结果:x＝177777□□□□□

由此可见,－ 这个附加符是使输出数据左对齐。

(3)%x 格式符

它的作用是将其对应的表达式的值按照十六进制整数方式输出。这个格式符也不会输出负数形式。它将符号做为十六进制的一部分进行输出。

例如:

　　　printf("x＝%x",0x7ffff);　　　　运行结果:x＝ffff

　　　printf("x＝%8x",0x7ffff);　　　运行结果:x＝□□□□ffff

　　　printf("x＝%lx",0x7ffff);　　　运行结果:x＝7ffff

　　　printf("x＝%8lx",0x7ffff);　　　运行结果:x＝□□□7ffff

　　　printf("x＝%－8lx",0x7ffff);　　运行结果:x＝7ffff□□□

(4)%u 格式符

它的作用是将其对应的表达式的值按照十进制无符号整数方式输出。也可以和上面的m,l,－这三种附加格式符组合使用。

例如:

　　　printf("x＝%u",－1);　　　　　运行结果:x＝65535

　　　printf("x＝%d,%o,%x,%u\n",－2);

　　　printf("y＝%d,%o,%x,%u",(unsigned int)65535);

运行结果:

　　　x＝－2,177776,fffe,65534

　　　y＝－1,177777,ffff,65535

这里要说明一下,\n 等转义字符也可以用在格式说明符中,作用和我们前面学习字符型数据时学习转义字符的含义一样。

(5)%c 格式符

它的作用是将其对应的表达式的值按照字符方式进行输出。如果一个整数的数值范围在0～255之间,也可以用字符方式输出其对应的 ASCII 码字符。例如:

　　　printf("x＝%c",'A');

运行结果:x＝A

　　　printf("x＝%c",66);

运行结果:x＝B

　　　printf("x＝%5c",66);

运行结果:x＝□□□□B

(6)%s 格式符

它的作用是输出一个字符串。可以和 m,.n,一这三种附加符组合使用。例如:

　　printf("%s","GU_JUN");

运行结果:GU_JUN

　　printf("%10s","SUN_JUN");

运行结果:␣␣␣SUN_JUN

　　printf("%−10s%s","Ge_fei","is␣good!");

运行结果:Ge_fei␣␣␣␣is␣good!

　　printf("%5.3s","SHI_JIN");

运行结果:␣␣SHI

这里 5.3 的意义是,输出宽度为 5 列,取字符串中前 3 个字符右对齐输出。

　　printf("%−5.3s","SHI_JIN");

运行结果:SHI␣␣

这里−5.3 的意义是,输出宽度为 5 列,取字符串中前 3 个字符左对齐输出。

(7)%f 格式符

它的作用是将其对应的表达式的值按照实数方式进行输出。这个格式符将对应表达式的值的整数部分全部输出,并且输出 6 位小数。例如:

　　float x=123456.123;

　　printf("x=%f",x);

运行结果:x=123456.125000

注意:这个运行结果和我们给出的值不完全一样。这是因为单精度数的有效位数是 7 位。所以在显示结果中,只有前 7 位是有效的,而后面的数字部分对于我们来说没有什么用处,可以忽略。

%f 它也可以和 m,.n,一这三个附加格式符一起使用。当附加符和%f 格式符一起使用时,m 的作用是规定整个输出数据占几列的宽度,.n 的作用是规定输出几位小数,一的作用是靠左对齐。例如:

　　printf("x=%7f",333.444);

运行结果:x=333.444000

　　printf("x=%7.2f",333.444);

运行结果:x=␣333.44

　　printf("x=%−7.2f",333.444);

运行结果:x=333.44␣

(8)%e 格式符

它的作用是将其对应的表达式的值按照指数方式进行输出。这种方式输出的数据,小数位数占 6 位,字母 e 占 1 位,指数的符占 1 位,指数占 3 位。整数部分只有 1 位且不能为 0(不同系统的规定略有不同)。下面的例子是在 Turbo C 2.0 版本运行下的结果:printf("x=%e",123.456);

运行结果:x=1.23456e+02

这个格式符也可以和 m,.n,一三种附加格式符一起使用。含义与%f 格式符中这三种附加格式符的含义一样。例如:

```
    printf("x=%7e",333.444);
```
运行结果:x=3.33444e+02
```
    printf("x=%8.2e",333.444);
```
运行结果:x=␣3.3e+02
```
    printf("x=%-8.2e",333.444);
```
运行结果:x=3.3e+02␣

(9)%g 格式符

它的作用是将其对应的表达式的值按照实数与指数方式中较短的一种方式进行输出。

(10)%% 格式符

它的作用是输出一个百分号。例如:
```
    printf("这个月的产量占总产量的 12%%");
```
运行结果:这个月的产量占总产量的 12%

printf()是 C 语言中最基本的格式输出函数。它的格式符较多,不好记忆,我们可以先记住最常用的那些,然后在今后的使用过程中,逐步熟悉各种格式符和附加格式符。

3.2.3　数据的输入

数据输入是变量获得值的重要途径之一,本节介绍两种从键盘输入数据的函数 getchar( )和 scanf( )。

1. getchar( )函数

getchar( )函数的作用是从键盘读取用户输入的一个字符。并将该字符的 ASCII 码值作为函数返回值。

例 3.3　getchar( )函数的应用。

```
#include"stdio.h" / * 在程序使用库函数时,必须将包含此函数的头文件在此说明 * /
main( )
{
char x;
x = getchar( );
putchar(x);
}
```

运行结果:

y↙（由用户从键盘输入字母 y 并按回车键,↙表示回车键）

y（程序输出）

注意:

(1)用户在输入字符后,再按回车键,输入的内容才能被 getchar( )输入函数处理。

(2)getchar( )函数不仅可以将函数的返回值赋给任何一个变量,而且可以直接作为一种表达式来使用。

例如,上面的程序可以改写成:

```
# include "stdio. h"
main( )
{putchar(getchar( ));}
```

一条语句就可以了。这个程序在运行的时候,先执行 getchar( )函数,并获得它的返回值,当用户输入字符并按回车键后,putchar( )函数再将 getchar( )函数的值显示在终端上。这样运行结果和上面的程序是一样的。

getchar( )函数只能处理字符。下面将介绍格式输入函数 scanf( )

2. scanf( )函数

scanf( )函数用于接收键盘输入的各种类型的多个数据。

(1) scanf( )的一般格式

　　scanf(格式控制字符串,变量地址表列);

在 scanf( )函数中格式控制字符串的含义与 printf( )函数中的相同。变量地址表列则是由逗号分隔的若干变量地址组成。

例 3.4　scanf( )函数的具体的应用。

```
main( )
{
   int x,y;
   scanf("%d%d",&x,&y);
   printf("%d,%d",x,y);
}
```

运行结果:

8 ⊔ 9✔(由用户从键盘上输入两个整数并用空格分隔和回车)

8,9(程序按 printf 函数规定的格式输出 x,y 的值)

在这个程序中,&x,&y 是变量 x,y 的地址。& 是取地址运算符。&x 代表变量 x 在内存中的地址。%d%d 表示按十进制整数的方式从键盘读取数据,在输入时在两个数据之间要用一个或多个空格分隔,或用回车符、跳格符分隔。这三种符号,我们称为分隔符。例如在输入时,下面三种输入是系统承认的。

⊔ 3 ⊔ ⊔ ⊔ 9 ⊔ ⊔ ✔

⊔ 3 ✔

　9 ✔

⊔ 3 ⊔ 9 ✔

而下面的输入,系统将不承认。

3,9 ✔

(2) 格式说明字符串

在 scanf( )函数的格式字符串中,也用格式控制字符来规定从键盘读取数据的方式。但和

printf( )函数中格式字符串的用法有一些区别。表 3.3 给出了输入格式控制字符。表 3.4 给出了附加格式说明字符。

表 3.3　输入格式控制字符

格式字符	说　明
%d	从键盘输入十进制整数
%o	从键盘输入八进制整数
%x	从键盘输入十六进制整数
%c	从键盘输入一个字符
%s	从键盘输入一个字符串
%f	从键盘输入一个实数
%e	与 %f 的作用相同

表 3.4　附加格式说明字符表

字　符	说　明
l	输入"长"数据
h	输入"短"数据
m	指定输入数据所占宽度
*	空读一个数据

在格式控制字符串中还可以包括

① 空白字符(空格、制表符或换行符);它们无意义,被忽略。

② 域宽:在强调字符 % 与转换字符中间出现的选用数字,指明输入数据的位数。

例 3.5　scanf( )中格式说明字符的作用。

```
main( )
{
    int x,y,z;
    float a,b,c;
    char ch1,ch2,ch3;
    scanf("%d%d%d",&x,&y,&z); /* 从键盘读取三个用分隔符分隔的整数 */
    scanf("%f%f%f",&a,&b,&c); /* 从键盘读取三个用分隔符分隔的实数 */
    scanf("%c%c%c",&ch1,&ch2,&ch3) /* 从键盘读取三个字符 */
    printf("x = %d,y = %d,z = %d\n",x,y,z);
    printf("a = %f,b = %f,c = %f\n",a,b,c);
    printf("ch1 = %c,ch2 = %c,ch3 = %c\n",ch1,ch2,ch3);
}
```

程序运行结果：

    3 ⌴ 4 ⌴ 5 ↙

    12.5 ⌴ 33.6 ⌴ 17.8 ↙

    abc ↙

    x = 3, y = 4, z = 5

    a = 12.5, b = 33.6, c = 17.8

    ch1 = a, ch2 = b, ch3 = c

注意：

输入字符时不能用分隔符将各字母分隔开,必须紧接在一起。如果输入时输入：

  a ⌴ b ⌴ c ↙

那么执行完 scanf("%c%c%c", &ch1, &ch2, &ch3)后, ch1 的内容是'a', ch2 的内容是'⌴', ch3 的内容是'b'。

例 3.6　各种附加格式符的作用。

```
main( )
{
    long int a,b,c;
    int x,y,z;
    scanf("%3d%3d",&x,&y);
    printf("x = %3d,y = %3d\n",x,y);
    scanf("%ld%lo%lx",&a,&b,&c);
    printf("a = %ld,b = %lo,c = %lx\n",a,b,c);
    scanf("%hd%ho%hx",&x,&y,&z);
    printf("x = %3d,y = %3o,z = %3x\n",x,y,z);
    scanf("%3d%*2d%3d",&x,&y);
    printf("x = %3d,y = %3d\n",x,y);
}
```

程序运行时

 输入：123456 ↙

 结果：x = 123, y = 456　　　(在规定了输入数据的宽度以后, scanf 就只按规定的宽度去读
                            取数据,这是分隔符的作用。)

 输入：123456 137 ffff　　↙(输入十进制、八进制,十六进制整型数)

 结果：a = 123456, b = 137, c = ffff

 输入：12 17 ff ↙　　　　(输入十进制、八进制,十六进制表示的短整型数)

 结果：x = 12, y = 17, z = ff

 输入：12345678 ↙

 结果：x = 123, y = 678

（3）scanf( )函数在使用时应注意的问题

①从键盘给变量赋值时最好用 scanf( )函数，并将变量的地址写在 scanf( )中，而不能只写变量名。

②scanf( )中的格式控制字符串只能用来控制要读入的数据的格式，不会显示到终端上的。

例如，我们想在输入前有一个提示信息，这样写：

scanf("Input the number %d",&x);

在运行的时候，Input the number 是绝对不会显示到终端上的，虽然也能运行，但如果想将数字 3 输入到 x 中，那么就必须这样输入。

Input ␣ the ␣ number 3 ↙

只有这样才能将 3 输入到变量 x 中。

这说明：如果在 scanf( )的格式控制中有非格式控制字符，则在输入数据时必须对应输入与这些字符相同的字符。我们再看一个例子。

scanf("%d,%d",&x,&y);

运行时输入：

3,4

这样才能正确地将 3 和 4 输入到变量 x 和 y 中。如果这时输入：

3 ␣ 4

则只能将 3 输入到 x 中。

如果想在输入数据时得到一些提示信息，然后再输入数据，应采取如下的方法：

printf("Input the number");

scanf("%d",&x);

值得提醒的是：在 scanf( )的格式字符中，最好只有格式控制符，不要有其它非格式控制符。

③在输入数据时，遇到下列输入则认为当前输入结束。

* 遇空格、回车、跳格键
* 到达指定宽度时结束，如%3d,只取 3 列
* 遇非法输入时，下面的例子

  scanf("%d,%d",&x,&y);

输入：3 ␣ 4

这种情况下，系统希望输入的是逗号，而用户输入的是空格，则属于非法输入。此时，只将 3 赋给 x，然后要求用户继续输入 y 的值。

再看一个例子：

scanf("%d%c%f",&x,&y,&z);

输入：

1234k543o.22

变量 x 的值为 1234；变量 y 的值为 k；而在对变量 z 进行赋值时，从 5 开始向右遇到一个

非法输入字母 o(因为现在读入的应该是实数)所以只将 543 赋给变量 z。

C 语言的格式输入输出的规定繁多,用得不当就得不到预期的结果。对初学者来说比较难掌握。但是数据的输入输出是基本操作,几乎每一个程序中都包括有数据的输入输出语句。死记硬背输入输出规定格式是不可取的,因此,建议读者多上机实践,逐步掌握。当积累一定的上机经验时,你会发现数据输出语句不但可以输出数据,还可以用来调试程序,帮助程序设计者发现程序中的错误,提高调试程序的效率。

例 3.7   scanf()和 printf()的应用。

这个程序主要有三个功能,第一,输入两个字符,然后将它颠倒先后顺序输出;第二,输入三个整数,然后求出总和,并将它输出;最后一个是输入两个浮点数,然后将平均浮点数值输出。

```c
#include <stdio.h>
void main()
{   int i,j,k,sum;
    char ch1,ch2;
    float x1,x2,ave;
    printf("Please enter 2 characters: \n");
    scanf("%c %c",&ch1,&ch2);
    printf("The reverse of these 2 characters are: \n");
    printf("%c %c\n",ch2,ch1);
    printf("Please enter 3 integer numbers: \n");
    scanf("%d %d %d",&i,&j,&k);
    sum = i + j + k;
    printf("The sum of your input is:     %d\n",sum);
    printf("Please enter 2 floating numbers:\n");
    scanf("%f %f",&x1,&x2);
    ave = ( x1 + x2 )/2.0;
    printf("The average of your input is :    % 6.2f\n",ave);
}
```

程序执行结果:

```
Please enter 2 characters:
r t
The reverse of these 2 characters are:
t r
Please enter 3 integer numbers:
3 9 13
The sum of your input is:     25
Please enter 2 floating numbers:
23.3 77.9
```

The average of your input is：　　50.60

例 3.8　字符的输入和输出函数 getchar()和 putchar()的基本应用。

```
# include <stdio.h>
void main()
{    char ch1, ch2;
     printf("Please enter 2 characters:\n");
     ch1 = getchar();
     ch2 = getchar();
     printf("\n");
     printf("The first character is:\n");
     putchar(ch1);
     printf("\n");
     printf("The second character is:\n");
     putchar(ch2);
}
```

程序执行结果：

```
Please enter 2 characters：
po
The first character is：
p
The second character is：
o
```

当以 getchar()函数读取字符时,所输入的字符将显示在屏幕上。从上面程序的执行结果,我们可以看到,读者所输入的字符在屏幕上显示。

3.2.4　复合语句

在 C 语言中复合语句也称为分程序,它是用一对花括号{}括起的 0 个或多个语句。它在语法上相当于一个语句(这一点在后面还会介绍)。复合语句包括两部分内容:变量定义和语句。

如：{t=x;
　　x=y;
　　y=t;
　　}
这是一个复合语句,它共有三条语句,每个语句都以分号结尾。
　　又如:main( )
　　　　{ int a,b=10;
　　　　　a=b * 2;

```
    { int c;
       c=a;
       b=c;
    }
       ⋮
       ⋮
    }
```

在{ int c;
　　 c=a;
　　 b=c;
　　}

复合语句中,由变量定义 int c;和两个赋值语句 c=a;和 b=c;组成。

注意:复合语句的右大括号后面没有分号。如果复合语句中只有一条语句,那么大括号可以省略。

3.2.5　顺序程序设计

前面介绍了表达式语句、复合语句和数据输入输出。它们的共同特点是:执行这些语句后,不会改变程序的执行流程,称这些语句为顺序语句。顺序语句的执行流程如图 3.1 所示。如果一个程序中的所有语句都是由顺序语句组成,则称该程序为顺序程序。那么设计顺序程序的过程就称为顺序程序设计。

下面举几个顺序程序设计的例子。

例 3.9　已知一个长方形的长和宽,求此长方形的面积。

算法基本思想:由数学知识,求长方形的面积公式

$$长方形的面积 = 长 \times 宽$$

设计从键盘输入长方形的长和宽,计算出面积后输出。可以用两种方法实现。

程序如下:

(1) main()

```
    {
      float a,b,area;
      a=3.4;
      b=2.5;
      area = a * b;
      printf("area= %7.2f\n",area);
    }
```

程序运行结果:

area=␣␣␣8.50

(2) main()

```
    {
```

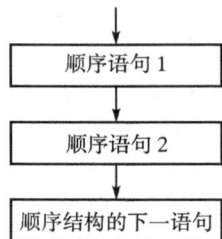

图 3.1　顺序语句执行流程

```
    float a,b,area;
    printf("Please input two number:");
    scanf("%f %f",&a,&b);
    area = a * b;
    printf("area=%7.2f\n",area);
    }
```

程序运行结果：

```
Please input two number:3.4 ⊔ 2.5
area= ⊔ ⊔ ⊔ 8.50
```

比较上面两个程序，发现两个程序运行结果是一样的。但是，程序(1)缺乏通用性，只能计算特定数值的长方形的面积；程序(2)具有通用性，当用户输入不同的数据时，程序就会计算出不同长方形的面积。事实上，程序设计者在进行程序设计时，就是要追求程序的通用性。

例 3.10　编写一个能将三位整数颠倒过来输出的程序。

算法基本思想：先取出个位数，再取出十位数，最后取出百位数，然后按个位、十位、百位的顺序输出。

程序如下：

```
main( )
{
  int   n = 789;
  int   units,tens,hundreds;
  units = n%10;
  tens = (n%100) / 10;
  hundreds = n / 100;
  printf("The reverse of  %3d is  %1d%1d%1d\n",n, units,tens,hundreds);
}
```

程序运行结果：

```
The reverse of  789  is:987
```

例 3.11　读入两个整数，编写程序输出它们中较大的。

程序如下：

```
main( )
{
  int a,b;
  printf("Input two number:");
  scanf("%d%d",&a,&b);
  printf("max = %d\n",(a>b)? a :b);
}
```

程序运行结果：

```
Input two number:56    98
max = 98
```

在上面的例子中,我们用已学过的语句来解决简单问题,编写简单程序,在实际应用中需要解决的问题往往很复杂,仅仅掌握顺序语句是远远不能满足实际的需要的。要想解决实际问题,必须掌握其它几种程序结构,以及更丰富的数据类型。

3.3 分支程序设计

在实际生活中,我们经常会遇到许多需要判断的问题。例如:乘火车,旅客随身携带的行李为 20 公斤。当一名旅客随身携带的行李超过 20 公斤时,则需要交纳超出部分的行李费。又如:交纳个人收入所得税,如果一个人月收入超出 2000 元,则超出部分需按国家有关规定交纳个人所得税,等等。计算机程序设计中将这一类问题归结为分支问题。

在 C 语言中,用 if 和 switch 语句来实现分支结构。这种语句的特点是:根据所给出的条件,决定从给定的操作中选择一组去执行。

3.3.1 if 语句

if 语句的三种格式

(1) 格式 1:if (条件) 语句 ;

if 语句格式 1 的执行流程如图 3.2(a) 所示。

语句功能:当条件成立时,执行语句。

例如:

if(w>20)printf("= %5.2f\n",(w-20)*3.5);

if (y>0) printf("%d",y);

(2) 格式 2:if(条件) 语句 1;

　　　　else 语句 2;

if 语句格式 2 的执行流程如图 3.2(b) 所示。

语句功能:当条件成立时,执行语句 1,否则执行语句 2。

例如:

if (x>y) printf("%d,x); else printf("%d",y);

或者写成如下形式:

if (x>y)
　printf("%d",x);
else
　printf("%d",y);

注意:在 printf("%d",x)的后面有一个分号,这是由 if 语句格式定义得出的。由 if 语句格式 2 定义知道:如果条件成立,则执行语句 1,否则执行语句 2,而 C 语言规定每一个语句都是

(a)if 语句格式 1 的执行流程　　　　　(b)if 语句格式 2 的执行流程

(c)if 语句格式 3 的执行流程

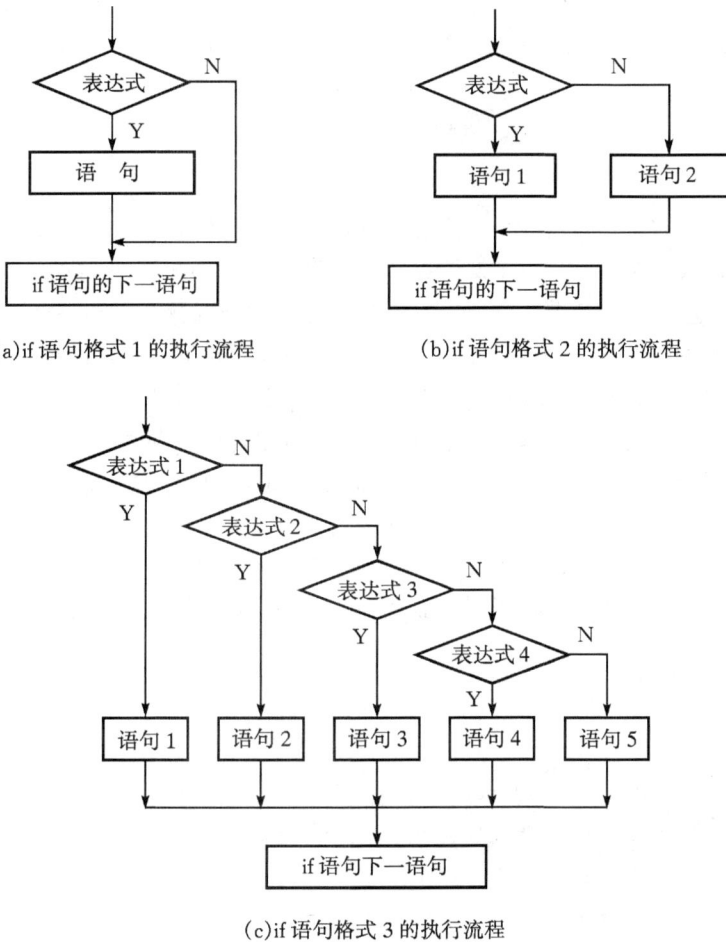

图 3.2　if 语句的执行流程

以分号结束,所以 printf("%d",x)后面的分号必须有,不能缺省。这一点与其它高级语言有所区别。

（3）格式 3:if（条件 1）语句 1；

　else　if（条件 2）　语句 2；

　　else　if（条件 3）　语句 3；

　　　　⋮

　　　　else　if(条件 n)语句 n；

　　　　　　else　语句 n+1；

if 语句格式 3 的执行流程如图 3.2(c)所示。

语句功能：当条件 1 成立时,执行语句 1；否则如果条件 2 成立,则执行语句 2,⋯,直到当条件 n 成立时,执行语句 n,否则执行语句 n+1。由此可见,这是一个多项分支结构的语句。

例如:判断 ch 变量中的值是否与字符′a′、′b′、′c′相等,然后输出对应的大写字母,程序段如下:

```
if(ch = = ′a′) printf(″A″);
else if (ch = = ′b′) printf(″B″);
        else if (ch = = ′c) printf(″c″);
                else  printf(″Invalid value.″);
```

说明：

① 格式 1，表示当条件成立时（条件表达式的值非 0），则执行语句 1。

② 格式 2，表示当条件成立时（条件表达式的值非 0），则执行语句 1；否则执行语句 2。

③ 条件指的是一个逻辑表达式，它必须用一对括号括起来。

④ 在 if 语句中的所有语句（即：语句 1，语句 2，…，语句 n＋1）是内嵌在 if 语句中的，并不独立于 if 语句存在，所以整个 if 语句在程序中被看作是一条语句。

⑤ if 语句中的各语句可以是一条语句，也可以是由{}构成的一个复合语句，意为如果想在该语句处需要写多条语句，才能完成所必要的功能时，就使用复合语句的形式。

⑥ else 总是和它上面的，离它最近的 if（未曾配对过）配对。

⑦ 格式 3 称为的 if 语句的嵌套格式。

例 3.12 if 语句的应用。判断某年是否为润年。请输入任一年份，本程序将会判断该年份是否为闰年。

```
# include <stdio.h>
void main()
{    int year, rem4, rem100,rem400;
    printf(″Please input the year for testing：″);
    scanf (″% d″,&year);
    rem400 = year % 400;
    rem100 = year % 100;
    rem4 = year % 4;
    if (((rem4 = = 0)&&(rem100! = 0))||(rem400 = = 0))
        printf(″It is a leap year. \n″);
    else
        printf(″It is not a leap year. \n″);
}
```

程序执行结果：

```
Please input the year for testing：1982
It is not a leap year.
```

3.3.2 switch 语句

从功能上讲，上述三种格式的 if 语句可以解决所有的分支判断问题。但是，当嵌套的层数过多时，程序的可读性差，并且容易产生二义性。因此，C 语言提供了解决多项分支问题的语句：switch 语句。

switch 语句的一般格式：

```
switch(表达式)
  { case 常量表达式 1:语句序列 1;
    case 常量表达式 2:语句序列 2;
     ⋮
    case 常量表达式 n:语句序列 n;
    default:        语句序列 n+1;
  }
```

说明：

（1）switch 后的表达式，可以是整型或字符型，也可以是枚举类型的。在新的 ANSI C 标准中允许表达式的类型为任何类型。

（2）每个 case 后的常量表达式只能是常量组成的表达式，当 switch 后的表达式的值与某一个常量表达式的值一致时，程序就转到此 case 后的语句开始执行。如果没有一个常量表达式的值与 switch 后的值一致，就执行 default 后的语句。

（3）每个 case 后的常量表达式的值必须互不相同，否则程序就无法判断应该执行那个语句序列了。

（4）case 的次序不影响执行结果，一般情况下，尽量将使用几率大的 case 放在前面。

（5）在执行完一个 case 后面的语句后，程序流程转到下一个 case 后的语句开始执行。千万不要理解成执行完一个 case 后，程序就转到 switch 后的语句去执行了。switch 语句的执行流程如图 3.3 所示。

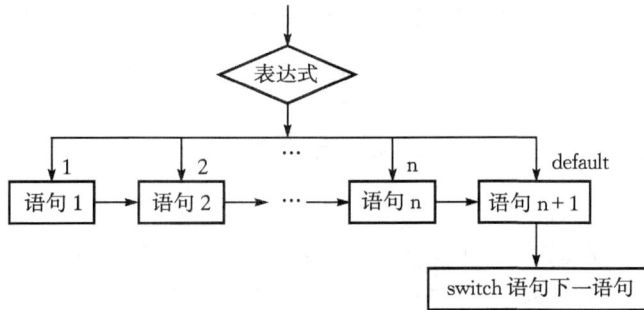

图 3.3　switch 语句的执行流程示意图

例如：有一程序段如下：

```
x = ´A´;
switch(x)
{
  case ´A´:printf("Grade is A\n");
  case ´B´:printf("Grade is B\n");
  case ´C´:printf("Grade is C\n");
  case ´D´:printf("Grade is D\n");
```

```
}
```

程序运行结果:

Grade is A

Grade is B

Grade is C

Grade is D

从这个程序运行结果可以看出:程序中变量 x 的值为′A′,本想让程序输出一行″Grade is A″就行了,可是,它却把每个 case 后的语句全部执行了一遍。

(6) 如果只想执行某个 case 后的语句序列,那么就要在这个 case 的语句序列后面使用 break 语句,使程序流程跳出 switch 语句,结束 switch 语句的执行。

3.3.3　break 语句

break 语句的一般格式:

```
break;
```

break 语句的作用是从最内层的 switch、for、while 或 do-while 语句中跳出来,终止这些语句的执行,把控制转到被中断的循环语句或 switch 语句之后去执行。通过使用 break 语句,可以不必等到循环语句或 switch 语句执行结束,而是根据情况,提前结束这些语句的执行。这样做在很多情况下是非常必要的。

单独使用 break 语句是没有意义的,一般地,它都与循环语句或 switch 语句连用。图 3.4 给出了 switch 语句与 break 语句连用时,语句的执行流程(注:图中 1,2,…,n 分别代表常量表达式 1,常量表达式 2,…,常量表达式 n),这时 switch 语句的一般格式如下:

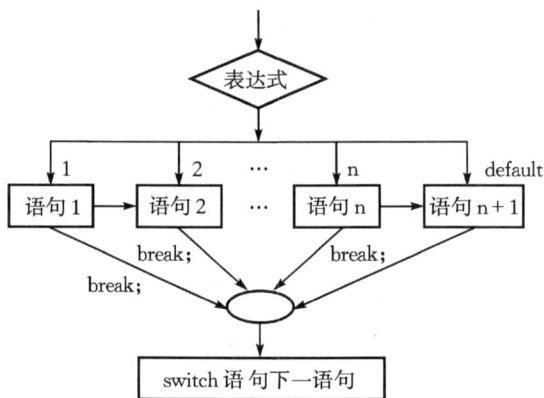

图 3.4　switch 语句与 break 语句连用的执行流程示意图

```
switch(表达式)
{ case 常量表达式 1:语句序列 1; break;
  case 常量表达式 2:语句序列 2; break;
  ⋮
```

```
    case 常量表达式 n：语句序列 n；break；
    default：语句序列 n+1；
}
```

例 3.13　switch 和 break 语句的混合应用。读者可从该语句中，了解 break 在 switch 中的功能。(若某一个 case 的执行语句结束前没有加上 break;则 C 语言在执行完此 case 语句后,会继续往下执行。)

```
# include <stdio.h>
void main()
{ int i;
  for( i=1;i<=5;i++)
    switch (i)
    {
        case 1：printf("If you plan to \n");
            break;
        case 2：printf("get a good job,You must\n");
        case 3：printf("WORK HARD!");
            break;
        case 4：printf("\n Believe it");
        case 5：printf("Or not! \n");
    }
}
```

程序执行结果：

```
    If you plan to
    get a good job,You must
    WORK HARD! WORK HARD!
    Believe it Or not!
    Or not!
```

3.3.4　条件运算符

条件运算符要求有 3 个操作对象,是 C 语言中唯一的三目运算符。

用条件运算符构成的条件表达式的一般格式：

〈表达式 1〉?〈表达式 2〉:〈表达式 3〉

它的执行流程如图 3.5 所示。

例如:a=3;b=5;

c=a>b? a:b;

该条件表达式的计算结果为:将变量 b 的值

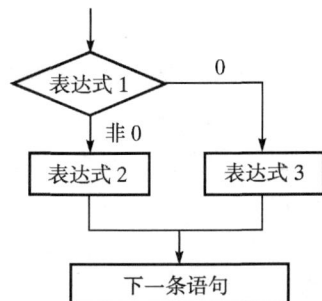

图 3.5　条件表达式求值示意图

5 赋给了变量 c。

说明:

(1)条件运算符的执行顺序是:计算表达式 1 值,若为非 0(真),则计算表达式 2,其整个表达式的值是表达式 2 的值;若表达式 1 的值为 0(假),则计算表达式 3,其整个表达式的值是表达式 3 的值。

(2)条件运算符的优先级比关系运算符和算术运算符低,但比赋值运算符的优先级高,它的结合方向是自右至左的。

例如:

优先级:(x>y)? x:y+2 相当于(x>y)? x:(y+2)而不相当于((x>y)? x:y)+2

结合方向:x>y? x:z>d? z:d 相当于 x>y? x:(z>d? z:d)

(3)条件表达式的求解顺序及值的类型。若表达式 1 的值为非 0,则计算表达式 2 的值。若表达式 1 的值为 0,则计算表达式 3 的值。条件表达式值的类型是表达式 2 和表达式 3 的类型中级别较高的那种。

例 3.14 条件表达式的应用。输入任意两个数,输出较大的值。

```
# include <stdio.h>
void main()
{    int a,b,z;
     printf("Please input any 2 numbers:");
     scanf("%d %d",&a,&b);
     z = (a>b) ? a : b;
     printf("The larger number is: %d\n",z);
}
```

程序执行结果:

```
Please input any 2 numbers: 54 67
The larger number is:67
```

3.3.5 分支程序设计

如果程序中有了分支语句,就称该程序为分支程序。设计分支程序的过程就称为分支程序设计。

有了分支语句,我们解决实际问题的能力就提高了。下面分支程序设计的例子是为了帮助读者进一步理解分支语句意义和作用。

例 3.15 编写程序,求分段函数。

$$Z = \begin{cases} e^{x+y} & x<0, \ y<0 \\ e^{2x-y} & 0 \leqslant x<1, \ y \geqslant 0 \\ \ln x & x \geqslant 1 \end{cases} 的值$$

程序如下:

```
# include <math.h>
```

```
# include <stdio.h>
main()
{ int x,y;
  float z;
  scanf("%d %d",&x,&y);
  if((x<0)&&(y<0))
    z = exp(x + y);
  if((x> = 0)&&(x<1)&&(y> = 0))
    z = exp(2 * x - y);
  if(x> = 1)
    z = log(x);
  printf("z = %5.2f\n",z)
}
```

这个例子很简单,但是我们应该注意这样几个问题:

(1) 在程序中由于用到了标准数学函数库,因此在程序的首部要写上

　　　# include <math.h>。

(2) 在 if((x>=0)&&(x<1)&&(y>=0))的条件表达式中,可以写成:

　　　if(x>=0&&x<1&&y>=0)

它与前一种写法是等价的,究其原因是关系运算符的优先级高于逻辑运算符。

但是我们更提倡第一种写法,因为它层次分明,便于程序的阅读。

例 3.16　分支程序设计举例。编程序,输入 x,y,计算下面分段函数的值。

$$f(x,y) = \begin{cases} x^2 + y^2 & x > 0, y > 0 \\ x^2 - y^2 & x > 0, y \leqslant 0 \\ x + y & x \leqslant 0, y > 0 \\ x - y & x \leqslant 0, y \leqslant 0 \end{cases}$$

程序如下:

```
# include <stdio.h>
void main()
{   float x,y,z;
    printf("Please input x,y:\n");
    scanf("%f %f",&x,&y);
    if(x>0)
        if(y>0)   z = x * x + y * y;
        else      z = x * x - y * y;
    else
        if(y>0)   z = x + y;
        else      z = x - y;
    printf("f(%.1f,%.1f) = %.1f",x,y,z);
```

```
}
```

该程序中使用了双分支的嵌套形式计算函数值。

例 3.17　铁路规定的购票标准为:1 米以下的儿童免票,超过 1 米不足 1.4 米的儿童购买半票,超过 1.4 米儿童购买全票。编写一个购票程序。

设三个变量分别为:儿童的身高 h,全程票价 price,购票款为 paying。

程序如下:

```
main( )
{   float h,price,paying;
    printf("Input high,price:");
    scanf("%f %f ",&h,&price);
    printf("\n");
    if (h<=1) paying=0;
     else if (h<=1.4) paying=price/2;
            else paying=price;
    printf("paying=%5.2f\n",paying);
}
```

例 3.18　将 3 个整数输入计算机,编写程序,将居中的值显示出来。

程序如下(这段程序将用到语句的嵌套格式):

```
main()
{ int a,b,c;
  scanf("%d %d %d",&a,&b,&c);
  if(a>b)
            if(b>c)
                printf("mid=%d\n",b);
            else  if(a>c)
                      printf("mid=%d\n",c);
                  else printf("mid=%d\n",a);
  else if(a>c)
          printf("mid=%d\n",a);
       else if(b>c)
                printf("mid=%d\n",c);
            else   printf("mid=%d\n",b);
}
```

程序运行结果:

```
25 8 30
mid=25
```

例 3.19　编写程序,要求输入一个角度的大小(度数),输出该角度所在的象限。

　　程序的基本思想:首先将输入的角度取整,如果角度为正,则除 360 取余直接化成 0°～360°范围内的角;如果角度为负,则取余后还须进一步转化为 0°～360°范围内的角;最后,利用 switch 语句判断出该角度所在象限。

　　程序如下:

```
main()
{ int intangle;
  float angle;
  scanf("%f",& angle);
  printf("The given angle is:%f degrees\n",angle);
  printf("and lies in");
  intangle = (int)angle;
  if(intangle> = 0)intangle % = 360;
  else {
        intangle = ( - intangle)%360;
        intangle = 360 - intangle;
      }
  switch (intangle / 90)
   { case 0:printf("the first"); break;
     case 1:printf("the second");break;
     case 2:printf("the third"); break;
     case 3:printf("the fourth");
   }
  printf("quadrant\n");
}
```

例 3.20　关于条件表达式的例子。

程序如下:

```
main( )
{
   char x;
   scanf("%c",&x);
   x = (x> = 'A'&&x< = 'Z')? (x + 32):x;
   printf("%c",x);
}
```

程序运行结果:

　　　A ↙

　　　a

　　这个程序由用户输入一个字母,如果这个字母是大写字母就将它转换成小写字母。大写字母与小写字母的 ASCII 码值正好相差 32,参见 ASCII 编码字符集。

3.4 循环程序设计

通过前面的学习,我们已经能够利用顺序结构和分支结构来处理一些简单的问题了。但是生活中还有一类情况,例如,计算 100 个 6 相加,列出式子为:$6+6+\cdots+6+6=600$。要是用程序求解,怎么编写这个程序呢?经过分析,发现在这个式子里每次都加 6,很有规律。怎么利用这个规律呢?数学上我们可以用乘法 100×6 表示 100 个 6 相加。计算机上我们用循环结构,让加 6 这个操作重复执行 100 次,即可得到结果。

C 语言中提供了三种循环语句。

(1)for 语句;

(2)while 语句;

(3)do — while 语句 。

3.4.1 for 语句

for 循环用于循环次数已知的情况。

for 循环的一般格式:

　　for(<表达式 1>;<表达式 2>;<表达式 3>) 循环体语句

for 循环的执行流程过程见图 3.6。

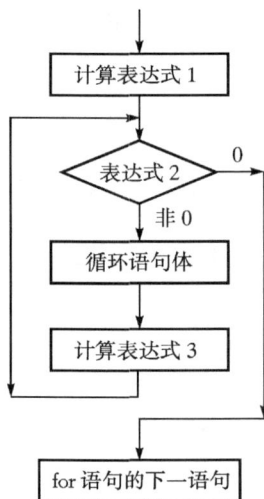

图 3.6　for 语句执行流程示意图

for 循环的执行流程如下:

第一步:计算<表达式 1>。

第二步:计算<表达式 2>,若结果为 0 则结束循环;若结果为非 0 则执行第三步。

第三步:执行循环体语句,它是一个语句,如果循环体内需要多个语句,则需要一个复合语句。

第四步:<计算表达式 3>。

第五步:转到第二步去执行。

例 3.21　for 循环语句的应用。输出从 97～122 的所有的 ASCII 字符。

```
# include <stdio.h>
void main()
{    int i;
     for (i = 97;i< = 122;i + + )
         printf("% d = % c\t",i,i);
     printf("\n");
}
```

程序执行结果:

97＝a	98＝b	99＝c	100＝d	101＝e	102＝f
103＝g	104＝h	105＝i	106＝j	107＝k	108＝l
109＝m	110＝n	111＝o	112＝p	113＝q	114＝r
115＝s	116＝t	117＝u	118＝v	119＝w	120＝x
121＝y	122＝z				

例 3.22　用 for 循环语句编写计算 100 个 6 相加的程序。

程序如下:

```
main()
{
   int i,sum = 0;
   for (i = 1;i< = 100;i + + )
     sum = sum + 6;
   printf("The sum is % d",sum);
}
```

程序运行结果:

```
The sum is 600
```

在这个程序中<表达式 1>是一个赋值表达式,<表达式 2>是一个关系表达式,<表达式 3>是自增运算表达式,循环体是一个赋值语句。按照 for 语句的执行流程,先计算<表达式 1>,使变量 i 的值为 1,然后判断变量 i 是否小于等于 100,如果条件成立,则使变量 sum 增加 6,然后 i++;当变量 i 小于等于 100,那么就让变量 sum 再增加 6;变量 i 经过 100 次自增后,其值变为 101,此时,条件 i<=100 不成立,则退出循环,执行输出函数。

下面对 for 语句作进一步的说明。

(1) 在 for 语句中,<表达式 1>和<表达式 3>可以省略。例如:

```
for (;i<100;i + + )
for(i = 1;i<100;)
for (;i<100;)
```

　　在这三例子中,分号是不能省略的;若省略了<表达式 1>和<表达式 3>,程序设计者要注意,在循环体中要有改变循环条件的语句,使<表达式 2>能够取到 0 值,以避免形成死循环。

　　例 3.23　利用省略格式来完成 100 个 6 相加的任务。

　　程序如下:

```
main()
  {
        int i = 1,sum = 0;
        for (;i< = 100;i + +)
        sum = sum + 6;
        printf("The first sum is % d\n",sum);
        sum = 0;
        for (i = 1;i< = 100;)
    {
      sum = sum + 6;
       i + + ;
    }
        printf("The second sum is % d\n",sum);
        i = 1;sum = 0;
        for (;i< = 100;)
    {
        sum = sum + 6;
        i + + ;
    }
        printf("The third sum is % d\n",sum);
  }
```

　　程序运行结果:

```
  The first sum is 600
  The second sum is 600
  The third sum is 600
```

　　(2)<表达式 2>也可以省略,省略之后系统认为此处的值永远为 1,即永"真",这样循环将永远不能结束,形成死循环。因此,<表达式 2>省略后,在循环体语句中一定要加上使循环结束的语句。我们仍然以 100 个 6 相加为例:

```
    main()
{
 int i = 1,sum = 0;
 for (;;)
```

```
  { sum = sum + 6;
    i + + ;
    if(i>100)
       break;
  }
  printf("The sum is  % d\n",sum);
}
```

在上例中,我们是通过 if 语句的判断,来结束循环的。break 语句在这里表示跳出 for 循环,流程转到 for 语句的下一语句处去执行。

事实上,使用 for(;;)形式,在循环体内一定要有判断语句与之连用,这样,才能保证循环能正常结束。

(3) for 语句的三个表达式可以是任何类型的表达式,最常用的是逗号表达式,这样,可以同时对多个变量赋初值,下例中,在<表达式 1>处执行地是 sum＝0,i＝1;,在<表达式 3>处执行地是 sum＋＝6,i＋＋。程序同样是完成 100 个 6 相加。程序如下:

```
main()
{
  int i,sum;
  for (sum = 0,i = 1;i< = 100;sum + = 6,i + + );
  printf("The sum is  % d",sum);
}
```

程序运行结果:

```
  The sum is 600
```

这个程序完成的功能和前面一样,不过看起来简洁得多了。在<表达式 1>和<表达式 3>处是两个逗号表达式。循环语句部分是一条空语句。

在<表达式 2>也可以是任何类型的式子,系统只看它的值,"非 0"就执行循环体语句,"0"就退出循环。

例 3.24　从键盘接收字符并显示字符的个数。

程序如下:

```
# include <stdio. h>
main()
  {
    int i;
    char c;
    for(i = 0;(c = getchar())! = ´\n´;i + + );
    printf("The sum is  % d",i);
  }
```

程序运行结果:

abcdefg ↙

The sum is 7

在表达式 2 处,首先由 c＝getchar()构成一个赋值表达式,它的值就是 c 的值,然后由这个赋值表达式与后面的! ＝'\n'构成一个逻辑表达式。意义是由 getchar()函数从键盘读入一个字符,将此字符的 ASCII 码赋给变量 c,然后判断这个赋值表达式的值是否是回车符号。这样只要键盘上输入的不是回车,循环就一直执行,每读入一个字符,变量 i 就自增 1,当循环结束的时候,变量 i 中的值也就是读入的字符个数。

这里要注意一个地方,变量 i 计数的时候不是输入一个字符就记一次,这就又涉及到 getchar()函数的工作方式。getchar()在工作的时候,让用户从键盘输入一个字符,只有用户输入了回车键后,getchar()函数才能开始工作。所以上面的这个程序是在用户输入了回车键盘后才开始执行循环。对这个特性,我们再来看一个程序:

```
main()
{
  int i;
  char c;
  for(i = 0;(c = getchar())! = '\n';i + +)
    printf("%c",c);
  printf("\n The sum is %d",i);
}
```

程序运行结果:

abcdefg ↙

abcdefg

The sum is 7

这个例子,读者可以上机实践,就可以看出:输出字符 c 是等用户输入了回车键后,printf("%c",c);语句才开始执行。

for 语句格式灵活多变,它可以代替 while 语句,解决各种循环问题。读者应该认真阅读上述例子,深刻理解 for 语句的意义和作用。在本章的综合举例中,还会举 for 语句的例子,以帮助读者更好的理解它,掌握它。

3.4.2 while 语句

while 语句又称当循环语句。

while 语句的一般使用格式:

while(<表达式>) 循环体语句;

while 语句的执行流程见图 3.7。

while 语句的执行过程如下:

第 1 步:计算<表达式>的值,若<表达式>的值为"非 0"则执行第 2 步,若<表达式>的值为"0"则转第 4

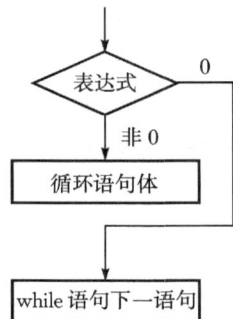

图 3.7　while 语句执行流程示意图

步执行。

　　第 2 步:执行循环体语句,循环体语句或者是一条语句,或者是由多条语句构成的复合语句。

　　第 3 步:转第 1 步执行。

　　第 4 步:执行 while 语句后的语句。

　　while 语句一般用于事先不知道循环次数,在循环执行的过程中,根据条件来决定循环是否结束。

　　例 3.25　while 循环语句的应用。

　　利用辗转相除法,求最大公因子(gcd)。

```c
#include <stdio.h>
void main()
{   int i,j,temp;
    printf("Please input 2 positive  numbers:\n");
    scanf("%d %d",&i,&j);
    while(j! = 0)
    {
        temp = i % j;
        i = j;
        j = temp;
    }
    printf("The gcd is: %d\n",i);
}
```

程序执行结果:

```
Please input 2 positive  numbers:
14 4
The gcd is:2
```

　　例 3.26　用 while 语句来实现 100 个 6 相加。

　　程序的 N-S 图如图 3.8 所示。

　　程序如下:

```c
main()
{
  int i = 1,sum = 0;
  while(i< = 100)
    {
    sum = sum + 6;
    i + + ;
    }
```

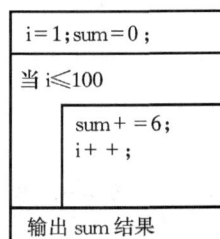

i=1;sum=0;	
当 i≤100	
	sum + =6; i + + ;
输出 sum 结果	

图 3.8　用 while 语句实现 100 个 6 相加的 N-S 图

```
        printf("The sum is  %d",sum);
    }
```

程序运行结果：

The sum is 600

注意：

(1)当循环体中包含一个以上语句时，则应该用花括号括起，构成复合语句。如果 while 后面不用复合语句，那么只执行 while 后面的一条语句。

(2)在循环体语句中，一定要有改变循环条件的语句，使循环能够终止。在上面的这个程序中，循环变量 i 自增 1 的语句就是改变循环条件的语句。经过执行 100 次 i 自增后，最终使 i ＞100 条件成立，从而使循环结束。如果程序中没有 i 自增语句，则 i 的值永远不会改变，循环也就永不终止。

3.4.3　do-while 语句

do-while 语句的一般格式：

do 循环体语句 while(＜表达式＞)；

do-while 语句的执行过程：(图 3.9 是 do-while 语句的执行流程图)

第 1 步：执行循环体语句，循环体语句或者是一条语句，或者是由多条语句组成的一个复合语句。

第 2 步：计算＜表达式＞的值，若＜表达式＞的值为"非 0"则执行第 1 步，若＜表达式＞的值为"0"，则执行第 3 步。

第 3 步：执行 do-while 语句后面的语句。

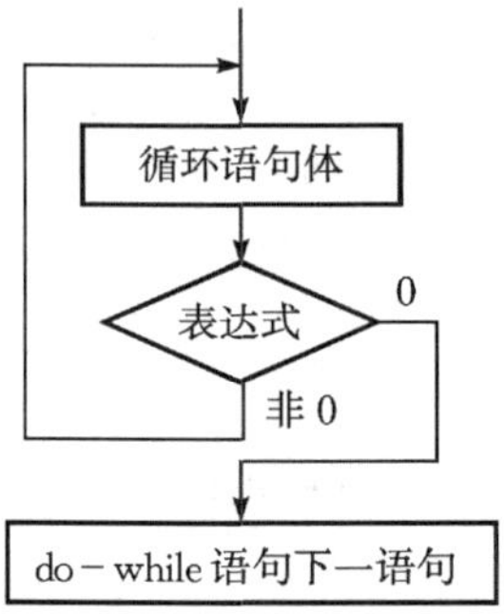

图 3.9　do-while 语句执行流程示意图

特别要注意的是：在 while(＜表达式＞)的后面一定要有一个分号，它用来表示 do-while 语句的结束。

例 3.27　do-while 循环语句的应用。利用 do-while 循环语句绘制楼梯。

```
# include <stdio.h>
void main()
{
    int i, j;
```

```
i = 1;
do
{
    j = i;
    do {
        printf(" ");
    } while(j + + < = 9);
    j = 1;
    do {
        printf("%c%c",97,97);
    } while(j + + < i);
    printf("\n");
} while (i + + < = 9);
}
```

程序执行结果：

```
                aa
              aaaa
            aaaaaa
          aaaaaaaa
        aaaaaaaaaa
      aaaaaaaaaaaa
    aaaaaaaaaaaaaa
  aaaaaaaaaaaaaaaa
aaaaaaaaaaaaaaaaaa
aaaaaaaaaaaaaaaaaaaa
```

例 3.28 用 do-while 语句来实现 100 个 6 相加（如图 3.10 所示）。

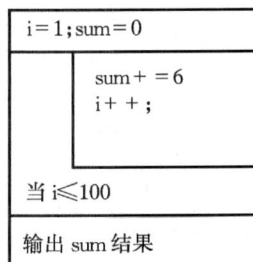

图 3.10 do-while 语句求 100 个 6 相加程序的 N - S 图

程序如下：

```
main()
```

```
{
 int i = 1,sum = 0;
 do
 {
  sum + = 6;
  i + + ;
 } while(i< = 100);
 printf("The sum is % d",sum);
}
```

程序运行结果：

　　The sum is 600

do-while 语句的特点是在判断条件是否成立前,先执行循环体语句一次。而 while 语句则是先判断条件是否成立,如果条件成立,执行循环体,否则就不执行循环体,因此 while 语句的循环体有可能一次都不被执行;而 do-while 语句的循环体至少被执行一次。这一点是 while 语句与 do-while 语句的根本区别。

例 3.29　while 语句和 do-while 语句的比较。

程序如下：

(1) main()
```
    {
    int i,sum = 0
    scanf(" % d",&i);
    do
        {
        sum + = 2;
        i + + ;
         }while(i< = 5);
    printf("sum = % d,i = % d",sum,i);
    }
```
程序运行结果：

1↙
sum = 10,i = 6
10↙
sum = 2,i = 11

(2) main( )
```
    {
        int i,sum = 0;
        scanf(" % d",&i);
        while(i< = 5)
```

```
        {
        sum + = 2;
        i + + ;
        }
    printf("sum = % d,i = % d",sum,i);
}
```

程序运行结果:

1 ↙

sum = 10,i = 6

10 ↙ sum = 0,i = 10

从这两个对比程序中我们可以看到,当循环条件在第一次判断就为"非 0"时,while 和 do-while 语句在执行过程中没有什么区别;而当循环条件在第一次判断时就为"0"时,while 的循环语句一次也不执行,do-while 的循环语句则要执行一次。

3.4.4　循环嵌套

在循环体语句中又包含另一个循环语句时,我们称其为循环嵌套。事实上前面介绍的三种循环语句(for、while、do-while)本身就是一条语句,程序中凡是有语句的地方,就可以是循环语句。在多重循环中,处于内部的循环称为内循环,处于外部的循环称为外循环。按循环嵌套的层数,可分别称作二重循环、三重循环,等等。

C 规定,内循环必须完全嵌套于外循环中,内、外循环不能交叉,并且内、外循环的循环控制变量不能重名。

下面几种循环嵌套的格式都是合法的:

```
(1)  while()            (2)  do {  ⋮
     {  ⋮                         do
     while()                       {···}while();
       {···}                   } while();
     }

(3) for (;;)            (4) while( )
       {  ⋮                    {  ⋮
       for(;;)                 do
         {···}                   {···}
       }                       while();
                               }

(5)for (;;)             (6) do
       {  ⋮                    {  ⋮
       while()                 for(;;)
       {···}                     {···}
       }                       }while;
```

实际上循环可以嵌套很多层,并且程序中凡是可以出现语句的地方,就可以出现循环语句。

例 3.30　这是多重循环(循环嵌套)的例子,打印九九乘法表。

程序如下:

```
#include <stdio.h>
main()
{ int i,j,k;
  printf("%15d",1);
  for(i=2;i<=9;i++)
    printf("%4d",i);
  printf("\n\n\n");
  for(i=1;i<=9;i++)
    { printf("%7d%4c",i,' ');
      for(j=1;j<=9;j++)
      {
        k = i*j;
        printf("%4d",k);
      }
      printf("\n\n");
    }
}
```

程序运行结果:

	1	2	3	4	5	6	7	8	9
1	1	2	3	4	5	6	7	8	9
2	2	4	6	8	10	12	14	16	18
3	3	6	9	12	15	18	21	24	27
4	4	8	12	16	20	24	28	32	36
5	5	10	15	20	25	30	35	40	45
6	6	12	18	24	30	36	42	48	54
7	7	14	21	28	35	42	49	56	63
8	8	16	24	32	40	48	56	64	72
9	9	18	27	36	45	54	63	72	81

从程序中可以看出,内循环是输出列的,而外循环是输出行的,程序共循环9×9次。

例 3.31　读入一个正整数,计算并输出它的各个因子,直到输入一个非正整数为止。

程序如下:

```
main()
{
```

```
    int number,divisor;
    do{
        printf("Input data please!");
        scanf(" % d",& number);
        if(number>0)
          {
            printf("The divisors of number:");
            for(divisor = 2;divisor< = number;divisor + + )
             if(number % divisor  = =  0)
                printf(" % 3d\n", divisor);
          }
    }while(number>0);
  }
```

程序中,改变 do-while 语句循环条件的语句是 scanf("%d",&number);

当用户输入一个负整数时,循环就会结束。内循环是 for 语句,它是用来求 number 的所有因子的。

例 3.32　计算 $\sin(x) = x - x^3/3! + x^5/5! - x^7/7! + \cdots\cdots$
直到最后一项的绝对值小于 10^{-7} 时,停止计算。x 由键盘输入。

解题基本思想:计算 $\sin(x)$ 可以利用系统提供的标准函数库得到结果。但是标准函数是如何计算 $\sin(x)$ 的呢? 通过这个例子,使我们对此有所了解,并且作为使用 do-while 语句和多重循环的例子。

如公式所指出的,这是一个级数求和问题。其项数决定于最后一项的绝对值是否小于 10^{-7}。如果大于 10^{-7},则继续求下一项,累加到和上,否则结束求和,得出 $\sin(x)$ 的结果。

设自变量为 x,和为 sum,每一项为 term,定义常量为 eps,取值为 10^{-7}。

由计算公式可知,第 N 项为

$$(-1)^{N+1} \frac{x^{2N-1}}{(2N-1)!}$$

第 N−1 项为

$$(-1)^{N} \frac{x^{2N-3}}{(2N-3)!}$$

它们之间相差一个因子,即

$$\frac{-x^2}{(2N-2)(2N-1)}$$

这对于所有的 N(N>1)都是成立的。

因此,计算下一项 term 的公式为

$$term = term * (-x * x)/((2 * N - 2) * (2 * N - 1))$$

程序如下:

```
# include<math. h>
#define  eps  10e - 7
```

```
main()
{
 char ch;
 int n;
 float x,term,sum;
 do{
     printf("Please input x value:")
     scanf("%f",&x);
     n=1;
     sum = term = x;
     do{
        n++;
        term *= (-x*x)/((2*n-2)*(2*n-1));
        sum += term;
      }while(fabs(term)>=esp);
     printf("sin(%f) = %f\n",x,sum);
     printf("\n continue? y/n\n")
     scanf("%c",&ch);
  } while(ch! ='n');
  printf("\n Program end. \n");
}
```

3.4.5　continue 语句

在前面的循环中,只能在循环条件不成立的情况下才能退出循环。可是有时候我们希望从循环中直接退出来,而不是等到循环条件不成立的时候才退出。实现这样的功能就要用到 3.3.3 节所讲的 break 语句。

有时在程序中需要提前结束本次循环,进入下一次循环,这是就需要用 continue 语句。

continue 语句的一般格式:

continue;

它的作用是结束本次循环。continue 语句不造成强制性的中断循环,而是强行执行下一次循环。

例 3.33　关于 continue 语句的例子。

```
main()
{int x;
 do{
     scanf("%d",&x);
     if(x<0)continue;
     printf("%3d",x);
```

```
  } while(x! = 100);
 }
```

这个程序只显示正数,如果用户输入了负数,程序就结束本次循环,进入下一次循环,要求用户输入数据,当输入的数是正数时,程序就输出该数据。

在 while 和 do_while 循环中,continue 语句使得控制直接转移到条件检验,并且继续循环过程。在 for 循环情况下,首先执行循环的增量部分,然后执行条件检验,最后继续循环。上面的例子可以改写,它最多只允许显示 100 个正数。

```
main()
{
  int t,x;
  for(t = 0;t<100;t + + )
    { scanf("% d",&x);
      if(x<0)continue;
      printf("% 3d",x);
    }
}
```

在下面的这个例子中,用 continue 来加速执行条件检验,从而迅速的退出循环。

```
main()
{
  char done,ch;
  done = 0;
  while(! done)
   {
     ch = getchar();
     if(ch = ='$')
       { done = 1;
         continue;
        }
     putchar(ch + 1);          /* 将输入的字符变成下一个字符输出 */
   }
}
```

程序运行结果:

A ↙
B $

当程序读到 $ 时中断,并不输出任何信息。因为条件检验(由 continue 语句引发的)发现 done 为真了,因此退出循环。

例 3.34 for 语句和 continue 语句的混合应用。

求 2＋4＋6＋8＋…＋100 的值。

```
＃include ＜stdio.h＞
void main()
{    int i,sum;
     sum = 0;
     for(i = 2;i＜ = 100;i + +)
     {
         if( (i % 2)! = 0 )
             continue;
         sum + = i;
     }
     printf("The sum is: % d\n",sum);
}
```

程序执行结果：

```
The sum is:2550
```

3.4.6 break 语句的进一步说明

在 3.3.3 节我们已经介绍过了 break 语句,它用来从 switch 语句中跳出。现在介绍 break 语句从循环语句中跳出。从而结束循环,控制转移到循环语句后的语句去执行。

例 3.35 用 break 语句结束循环的例子。

```
main()
{ int t;
  for(t = 0;t＜100;t + +)
    { printf(" % 3d",t);
      if(t = = 10)break;
    }
}
```

这个程序在屏幕上显示 0～10,然后终止,因为 break 语句使循环终止,而条件检验 t＜100 远远地超过这个值。

break 语句只是退出最内层的循环,例如：

```
for(t = 0;t＜100; + +t)
{ count = 1;
  for(;;)
    {   printf(" % 3d",count);
        count + + ;
        if(count = = 10)break;
    }
```

```
}
```

该程序在屏幕上显示 100 次 1～10 的值。每次执行 break 语句时,程序返回到外层的 for 循环。

3.4.7　循环程序设计

用循环语句构成的程序称为循环程序,设计循环程序的过程称为循环程序设计。有了循环语句后,提高了我们处理实际问题的能力 。下面我们举几个有关循环的例子。

例 3.36　编写整元换零钱的程序。用 1 元人民币兑换 1 分、2 分、5 分的硬币,问共有多少种不同的换法?

解题的基本思想:设 5 分的硬币个数为 i,则 i 的取值范围应为 0～20;设 2 分的硬币个数为 j,则 j 的取数范围应为 0～(100−i * 5)/2;而 1 分的硬币个数应是 100−5×i−2×j。设 m 为兑换法的总数,并且打印出每种兑换法中 5 分、2 分和 1 分的硬币数,为了便于计数,每 10 种兑换法中间空一行。

程序如下:

```
main()
{
  int i,j,m;
  m = 0;
  for(i = 0;i< = 20; + + i)
   { for (j = 0;j< = (100 − i * 5)/2; + + j)
    { if(m % 10 = = 0)printf("\n");
       + + m;
      printf(" % 3d\t % 3d\t % 3d",i,j,100 − 5 * i − 2 * j);
     }
    }
  printf("\n m = % d\n",m);
}
```

本程序用到了两重循环.由于循环变化是有规律的所以用 for 循环比较合适。在程序中采用的方法是"穷举法"。即列出兑换的所有可能的组合。

例 3.37　拼数。模拟编译程序,将以字符形式读入的数字序列转换成对应的实数。例如,由键盘输入'1'、'2'、'3'、'.''4'、'5'要转换成对应的实数 123.45。

解题的基本思想:输入的字符'1',转换成对应的实数 1 的公式是:
result='1'−'0'
再输入字符'2',转换成对应的实数为:
result= result * 10+'2'−'0'
　　　　=1 * 10+2
　　　　=12

如此依次进行,遇到小数点后,要开始计小数部分的位数,但是仍按整数处理,即按'1'、

'2'、'3'、'4'、'5' 处理，最后结果除以小数部分的最高权的幂，在此例中即除 $10^2 = 100$，相当于小数点向左移 2 位，即 $12345/10^2 = 123.45$。

设每个读入的字符放在字符变量 ch 中，结果变量 result 和遇到小数点后应除的权幂变量 scale 均为实型变量。

程序如下：

```
main()
{
    char ch;
    float result,scale;
    result = 0.0;
    scanf("% c",&ch);
    do { result = result * 10 + ch - '0';
         scanf("% c",&ch);
       }while((ch> = '0') && (ch< = '9'));
    if(ch = = '.')
      { scale = 1;
        scanf("% c",&ch);
        do { result = result * 10 + ch - '0';
             scale = scale * 10;
             scanf("% c",&ch);
           }while((ch> = '0') && (ch< = '9'))
        result = result/scale;
      }
    printf("result = % f\n" result)
}
```

例 3.38 编写程序求级数 e^x 的前 m+1 项之和，级数 e^x 的前 m+1 项之和的计算公式为：
$$e^x = 1 + x + x^2/2! + x^3/3! + \cdots + x^m/m!$$

解题的基本思想：由 e^x 的计算公式可知，公式中的各项之间有递推关系。设 $t_n = x^n/n!$，则有 $t_n = t_{n-1} * x/n$。

程序如下：

```
main()
{
    int m,n;
    float x,term,ex1;
    scanf("% f % d",&x,&m);
    ex1 = 1.0;
    term = 1.0;
    for(n = 1;n< = m;n + +)
```

```
    { term = term * x/n;
      ex1 = ex1 + term;
    }
  printf("exforward = % f\n",ex1);
  }
```

例 3.39　数列 1,1,2,3,5,8,13,21,…是著名的菲波那契数列,其通项递推公式为:$U_n = U_{n-1} + U_{n-2}$。其中 n 是项数($n \geqslant 3$),即从第三项起,每一项都是其前两项之和。求第 n 项的值是多少。

解题的基本思想:根据通项公式,我们取 a,b 两个变量,设其初值为 1。第三项由 a+b 得到,第四项由 b+a 得到,第五项又可由 a+b 得到,……如此下去,即可求出第 n 项是多少。并且若 n 是奇数,则结果在 a 中,若 n 是偶数,则结果在 b 中。

程序如下:

```
main()
{
    long int a,b;
    int i,c,n;
    char ch;
    for(;;)
      { printf("Input n: \n");
        scanf("% d",&n);
        c = n;
        if(c % 2 = = 0) - - c;
        a = 1;
        b = 1;
        for(i = 1;i< = c/2;i + + )
          {
             a + = b;
             b + = a;
          }
        printf("NO. % d is",n);
        if(n % 2 = = 0)
          printf("% ld\n",b);
        else
          printf("% ld\n",a);
        printf("End please Input $");
        scanf("% c",&ch);
        if(ch = = '$')break;
      }
```

```
    }
```

程序中,外循环是一个无限循环,我们用了一个变量 ch, 用来控制循环的结束,当用户输入字符'＄'时,则退出循环。

3.5　综合举例

本章围绕着结构化程序设计的三种基本结构,系统地介绍了顺序结构、分支结构和循环结构在 C 语言中是用哪些语句来实现的。从而分别介绍了三种基本结构的程序设计,并且列举了一些例子。通过这些例子,帮助读者理解 C 语言中的语句,以及这些语句在程序中的应用。

在解决实际问题时,所编写的程序中程序设计的三种结构,即顺序结构、分支结构和循环结构,并不是相互独立存在的,它们总是有机的结合在一起,共同完成一个任务。因此,在今后的程序中,我们不再分顺序程序设计、分支程序设计和循环程序设计,而是将它们混合在一起,统称为程序设计。下面我们再举一些综合例子。

例 3.40　由正整数产生回文数。回文数就是正、反读都相同的数,如:484;4884 等等。由正整数产生回文数的方法是:输入一个正整数,若不是回文数,将它同它的逆数相加,如果结果还不是回文数,将其相加的结果数与其相加的结果的逆数再相加,直至产生了一个回文数。例如 249 不是回文数,249＋942＝1191,不是回文数,再做 1191＋1911＝3102;还不是回文数,再做 3102＋2013＝5115 是回文数。若反复相加多次仍得不出回文数,则要考虑机器数据上溢问题。

程序如下:

```
#define maxint   9999
main()
{
    int original, reverse,org, n,k;
    char ch;
        do{
            printf("Please input a positive integer:");
            scanf("%d",&n);
            do{
                original = n;
                org = n;
                reverse  = 0;
                while(org ! = 0)
                 { reverse  = reverse * 10 + (org % 10);
                    org = org/10;
                  }
                 n = original + reverse;
                }while((original! = reverse) && (n! = maxint));
```

```
        if(original = = reverse)
            printf(″%5d\n″,original);
        else
            printf(″overflow! \n ″);
        printf(″again? (y/n)\n″);
        scanf(″%c″,&ch);
    }while((ch! =′N′)&&(ch! =′n′));
}
```

例 3.41 将由键盘输入的若干个十六进制数转换成等价的十进制数,每个数无非是 0～9,A～F。字母 A～F 分别表示 10～15。

程序如下:

```
#define base 16
main()
{
  char ch;
  int number, decimal;
  printf(″Please input data of hex″);
  scanf(″%c″,&ch);
  number = 0;
  while((ch> =′0′)&&(ch< =′9′)||(ch> =′A′)&&(ch< =′F′))
  {
    if((ch> =′0′)&&(ch< =′9′))
        decimal = ch−′0′;
    else
        decimal = ch−′A′+10;
    number = number * base + decimal;
    scanf(″%c″,&ch);
  }
  printf(″The decimal equivalent of hex is %d″,number);
}
```

例 3.42 验证哥德巴赫猜想:任一充分大的偶数,可以用两个素数之和表示。例如:

$4 = 2 + 2$

$6 = 3 + 3$

$8 = 3 + 5$

$98 = 19 + 79$

解题基本思想:哥德巴赫猜想是一个古老而著名的数学难题。它的理论证明很麻烦,迄今为止未得出最后的证明。在这方面,我国著名数学家陈景润的研究成果处于世界领先地位。

我们只对有限范围内的数,用计算机加以验证,不算严格的证明。

读入偶数 N,将它分成 P 和 Q,使 N ＝ P ＋ Q。P 从 2 开始(每次加 1),Q ＝ N－P。若 P、Q 均为素数,则输出结果,否则将 P+1 再试。

程序如下:

```
# include <stdio. h>
# include <math. h>
main()
{
    int n,p,q,j;
    int flagp,flagq;
    printf("Input a number:");
    scanf("%d",&n);
    p = 1;
    do {
        p + + ;
        q = n－p;
        flagp = 1;
        for(j = 2;j< = (int)(sqrt(p));j + + )
          if(p % j = = 0)
            flagp = 0;
        flagq = 1;
        for(j = 2;j< = (int)(sqrt(q));j + + )
          if(q % j = = 0)
            flagp = 0;
    }while(! flagp || ! flagq);
    printf("\n %d = %d + %d\n",n,p,q);
}
```

程序中,外循环由 do_while 语句实现,其循环的重复次数是不固定的,它依赖于条件 flagp 和 flagq 是否同时为真。由于哥德巴赫猜想总是正确的,对任何大于 3 的偶数 N,总可以找到两个素数,其和等于 N。即条件 flagp 和 flagq 同时为真,循环结束。

在外循环内包含了两个并列的内循环,它们是用 for 循环语句实现的,循环的终值分别与 P 和 Q 的值有关,也可以说是依赖外循环的,因为外循环的每次重复,P 和 Q 的值都会发生改变。

判断一个数是否是素数时,不一定必须从 2 试到它的开方。如果中途发现它已被一个数除尽了,可以立刻终止循环,确定它不是素数。另外,在确定了 P 已不是素数时,没必要再判断 Q 是否是素数,可以马上将 P 加上 1,再判断。以上改进的实现请读者自己去完成。

习　题

1. 表达式与表达式语句有什么区别? 什么时候用表达式? 什么时候用表达式语句?

2. 已知摄氏温度与华氏温度的换算公式：

　　C＝5/9 * (f－32)

编写一个程序求华氏温度为 30,70,100,150 度时的摄氏温度。

3. 已知地球半径为 6371.0km,编写一个程序计算地球表面积的近似值,并打印输出地球的半径、π 的近似值、地球的表面积等项。

4. 已知三角形的三条边 a,b,c,求三角形面积的公式为：

$$F=\sqrt{s(s-a)(s-b)(s-c)}, \text{其中 } s=(a+b+c)/2$$

编写一个程序读入 a,b,c 的值,计算出面积 F,并输出三条边及面积的值。

5. 绝对温度为 T 的黑体,对波长为 λ 的辐射功率为：

$$E=\frac{2\pi ch\lambda^{-5}}{e^{ch/\beta\lambda T}-1}$$

其中 c 是光速 2.997924×10^{8},h 是普朗克常数 6.6252×10^{-34},β 为波耳兹曼常数 5.6687×10^{-8}。编写一个程序,读入 T 和 λ 的值,计算并输出 E 的值。

6. 设圆半径 r＝1.5,圆柱高 h＝3,求圆周长、圆面积、圆球表面积、圆柱体积。编写程序,用 scanf 输入数据,输出结果,输出要求有文字说明,取小数点后两位数字。

7. 下面两个程序片段,它们表示的逻辑关系是什么？执行结果是什么？

(1) if(a＜b)
　　{
　　　if(c＝＝d)
　　　x＝1;
　　}
　　else x＝2;

(2) if (a＜b)
　　　if(c＝＝d)
　　　　x＝1;
　　　else
　　　　x＝2;

(3) 将上述两段程序改写成条件表达式。

8. 编写程序,根据输入的 x 值,计算 y,z 的值。

$$y=\begin{cases} x^2+1 & x\leqslant 2.5 \\ x^2-1 & x>2.5 \end{cases} \qquad z=\begin{cases} -2\times x/\pi & x<0 \\ 0 & x=0 \\ 2\times x/\pi & x>0 \end{cases}$$

9. 有三个数据 a,b,c,它们由键盘输入,编写程序将它们按从小到大排序。

10. 对一批货物征收税金. 价格在 1 万元以上的货物征收 5% 的税金;在 5000 元以上,1 万元以下的货物征收 3% 的税金;在 1000 元以上,5000 元以下的货物征收 2% 的税金,1000 元以下的货物免税。编写程序,读入货物价格,计算并输出税金。

11. 给出一个不多于 5 位的正整数,要求:(1)求出它是几位数;(2)分别输出每一位数字;(3)按逆序输出每一位数字,例如:原数是 321,输出为 123。

12. 编写程序,从 0°到 180°每隔 5°输出该角度的正弦和余弦函数值。

13. 编写程序,将 20 个数读入计算机,并统计出其中正数、负数和零的个数。

14. 打印如下图形。

A	B	C	D	E
B	C	D	E	A
C	D	E	A	B
D	E	A	B	C
E	A	B	C	D

15. 编写程序,计算 N! 的值,要求 N 的值由键盘输入。

16. 编写程序,找出 1~999 之间能被 3 整除且至少有一位数字是 5 的所有整数。

17. 编写程序,打印出所有的"水仙花数",所谓"水仙花数"是指一个三位数,其各位数字立方和等于该数本身。例如:153 是一个水仙花数,因为 153＝13＋53＋33。

18. 编写程序,输出下面图形。

$$A$$
$$A\ B$$
$$A\ B\ C$$
$$\cdots$$
$$ABC \cdots XYZ$$

19. 某工厂 1990 年的年产值为 2 千万元,计划以后年增长率为 9%,编写程序计算并输出其后任意一年该厂的年产值。

20. 任给一个自然数,将其分解为各个因子的乘积,并按规定的格式显示。例如:输入 24,输出应为:24＝1＊2＊2＊2＊3。

第4章 数 组

前面介绍的用基本类型定义的变量在计算机中都是用来存放单个数据的,用这种方式描述生活中的单个事物还是比较得心应手的。比如我们可以用一个变量来描述一个梨子的重量,用另一个变量来描述另一个梨子的重量,依此类推,用某个变量来描述某个梨子的重量。但是在这种方式下这些变量对计算机来说是互相独立的、互不相干的,它不能体现数据之间存在的联系。在实际应用中往往是要对一批数据相关,并且数据类型相同的数据进行处理,例如数学中的向量、矩阵问题;又如一个年级的学生成绩(一批实数),一个班级的学生名单(一批字符串),一个单位的职工工龄(一批正整数)等等。数组就是为了解决这类问题而引入的。

4.1 数组概述

数组相当于是由若干类型相同的变量组成的一个有前后顺序的变量集合,给数组起一个名字,用户就可以利用数组名和一个序号(称为下标变量),按照第一个、第二个……的方式访问数组中的数据元素。同一个数组中不同元素的下标变量仅仅是由不同的下标值来区分,所以通过下标值来识别不同的元素比由变量名识别来得方便,更重要的是下标值可以经过某种运算或按某一个规律变化来控制。有了数组以后,我们就可以用它来描述生活中具有相关关系的数据了,而且从数组的结构上就可以自然地表示数据间的顺序关系了。数组是一种构造类型,即数组是由基本类型按一定的方式组合而成的。

本章中,我们主要学习一维数组、多维数组、字符数组三种类型的数组。

4.2 一维数组

4.2.1 一维数组的定义

一维数组的定义格式如下:

　　　　<类型说明符> <数组名>[<常量表达式>];

例如:

int a[5];　　　定义了一个含有五个整型元素、数组名为 a 的一维数组。

float x[10];　　定义了一个含有十个单精度型元素、数组名为 x 的一维数组。

说明:

(1)<类型说明符>用来定义数组中各个数据元素的类型。在任何一个数组中,数据元素的类型都是一致的。

(2)<数组名>用来定义数组名称。<数组名>的命名规则与变量名的命名规则(标识符的命名规则)相同。

　　(3)＜常量表达式＞用来表示数组中元素的个数(又称数组大小)。＜常量表达式＞被放在一对中括号[]中。

　　(4)＜常量表达式＞必须是整型常量、符号常量或由常量或符号常量组成的表达式,而不允许是变量。因为在 C 语言中,不允许对数组的大小做动态定义,所以数组的大小一旦被确定,就绝对不允许改变。

　　(5)一维数组中的各个元素在内存中是按顺序存放的。我们知道,内存是以字节为基本单位来表示存储空间的,并且内存是按顺序存放数据。

　　(6)C 语言运行时不检查数组的边界,即下标值超界时(上下两个方向),系统不指出其错误。由数组定义时所分配的内存情况可知,下标值越界时可能侵犯其它变量所占的单元,甚至程序代码所在的空间。而对数组越界的检查是由程序员自己掌握。

4.2.2　一维数组的存储结构

　　当在程序中定义了一维数组,相当于在内存中开辟了一片连续的内存空间,系统会根据数组的类型决定这片连续空间的大小(字节数)。

　　例如:定义一个整型的一维数组:int a[5];那么这个数组中的每个元素都将占用 2 个字节,数组共占用 10 个字节。表 4.1 给出从内存地址 2000 开始的 a 数组存放方式。

表 4.1　数组存放方式

各元素起始地址	2000	2002	2004	2006	2008
各数组元素	a[0]	a[1]	a[2]	a[3]	a[4]

4.2.3　一维数组的引用

　　定义了一个数组以后,如何使用数组中的元素呢? C 语言规定只能一个元素一个元素地引用数组元素,而不能一次性引用数组中的全部元素。

　　数组元素引用的一般格式:

　　　　＜数组名＞[＜下标表达式＞]

　　说明:

　　(1)＜数组名＞表示要引用哪一个数组,要求数组必须已经定义。

　　(2)＜下标表达式＞用一对中括号[]括起来,它可以是整型表达式也可以是整型常量表达式。下标表达式的值表示要引用数组中的第几个元素。

　　(3)程序中是通过下标对数组进行操作。

　　例如:可以写出如下表达式

　　　　a[3]=a[1+1]+a[0]-a[2*5];

　　这条语句是将数组 a 中的第 2 个元素和第 0 个元素相加,然后减去第 10 个元素,结果送入数组 a 的第 3 个元素中。

　　(4)C 语言中,下标的下限是 0,上限是数组元素个数减 1。假设我们定义了一个数组,含有 N 个元素(N＞0 的整常量),那么下标的取值范围为[0,N−1]。

　　例如:int a[3];定义了一个含有 3 个整型元素的数组。我们在引用这 3 个元素时,下标只能取 0、1、2 三个值:

a[0]表示 3 个元素中的第一个元素,在 C 语言中称为第 0 个数组元素;

a[1]表示 3 个元素中的第二个元素,在 C 语言中称为第 1 个数组元素;

a[2]表示 3 个元素中的第三个元素,在 C 语言中称为第 2 个数组元素;

a[3]的这种使用方式是不正确的,它表示数组中的第四个元素,而我们定义的这个数组只含有 3 个元素。但是,在程序中出现这种使用方法,C 语言的编译系统不会报错,这就要求程序设计者要牢记你定义的数组的大小,不要随便访问到数组以外的存储空间上(如:a[3]),否则,系统会出现意想不到的错误。

4.2.4 一维数组的输入输出

C 语言规定只能逐个地引用数组元素,而不能一次引用数组中的全部元素。所以,一维数组的输入输出只能是一个元素一个元素的输入,一个元素一个元素的输出。

例 4.1 编写一个程序,要求向一个数组中由小到大存入 9 个数,然后按由大到小的顺序将这 9 个数显示在屏幕上。

程序如下:

```
main()
{
    int i;
    int a[9];
    for (i = 0;i<9;i + + )
     a[i] = i;
    for(i = 8;i> = 0;i - - )
     printf("%3d",a[i]);
}
```

程序运行结果:

```
8  7  6  5  4  3  2  1  0
```

程序中,定义了数组后,对计算机来说只相当于开辟了一个连续的存储空间,数组名就代表了这一片连续的存储空间。此时,这个一片连续的存储空间的值是不确定的。也就是说,数组在定义后其中的内容是不确定的。必须向其中赋值后,再使用数组元素。

在上述程序第一个循环中,变量 i 的取值范围为从 0 至 8。循环体语句 a[i]=i;就是将变量 i 的值赋给第 i 个数组元素。第一个循环结束后,数组 a 中的值如下(表 4.2)。

表 4.2　数组 a 中的值

a[0]	a[1]	a[2]	a[3]	a[4]	a[5]	a[6]	a[7]	a[8]
0	1	2	3	4	5	6	7	8

在第二个循环中,变量 i 的取值从 8 到 0 递减的。循环体中输出函数将 a[i]的值输出到屏幕上。所以按变量 i 的取值,将数组中的元素从后向前输出。

例 4.2 从终端输入 5 个正数,在屏幕上将其显示出来。

程序如下：

```
main()
{ int a[5], i;
  for(i = 0;i<5; + + i)
   scanf("% d",&a[i]);
  printf("\n\n");
  for(i = 0;i<5; + + i)
   printf("% 3d",a[i]);
}
```

程序运行结果：

　　　　输入:1　3　5　7　9
　　　　输出:1　3　5　7　9

由这个例子,我们知道了数组的输入输出要通过循环语句,逐个元素进行输入输出。特别要指出的是在输入语句 scanf()中的 &a[i],由于数组元素是一个简单变量,所以在数组元素 a[i]前冠以地址运算符 &,表示将从终端输入的数据送到数组元素 a[i]的地址当中去。

4.2.5　一维数组的初始化

C 语言允许在定义数组的同时,对数组进行初始化。这个初始化的过程是在源程序编译的过程中由编译程序完成的。它在程序运行前就已经确定好数组中各元素的取值。对数组进行初始化操作,可以节省程序运行时间。在 ANSI C 中规定只有静态存储(static)数组和外部存储(extern)数组才可以进行数组初始化。但是,目前计算机上实现的大部分 C 编译系统不但允许对静态存储数组和外部存储数组进行数组初始化,而且还允许对自动数组也可以进行数组初始化。

对数组的初始化操作可以采取如下方式：

static int a[5]={11,12,13,14,15};

说明：

(1)对数组的初始化操作在定义数组的同时进行。

(2)大括号中的内容即为数组的初值。11 将赋给第 0 个元素,12 将赋给第 1 个元素等等,赋初值后数组内容(以 a 数组为例)如表 4.3 所示。

表 4.3　a 数组内容

a[0]	a[1]	a[2]	a[3]	a[4]
11	12	13	14	15

(3)可以只给最前一部分数组元素赋初值。如下：

static int a[9]={0,1,2,3};数组有九个元素,但只对前四个(a[0]到 a[3])赋初值,其余的元素(a[4]到 a[8])自动被赋值为 0。

注意,只能从前向后依次赋值,不能直接给后面的数组元素赋值。

(4)如果想使数组中的元素全部被赋为 0 时,可以这样:

static int a[10]={0,0,0,0,0,0,0,0,0,0}; （要写 10 个 0）

或者写成:

static int a[10]={0}; （只写一个 0）

只给第 0 个元素赋初值,系统自动会将剩余的数组元素赋成 0。

或者写成:

static int a[10]; （一个 0 也不用写）

因为用关键字 static 定义的任何变量的初值都为 0。

(5)当给数组元素全部赋初值时,可以不指定数组的大小。

   static int a[]={1,2,3,4,5};

这个数组定义语句等价于下面的定义:

   static int a[5]={1,2,3,4,5};

省略数组的大小后,系统可以根据初值的个数来决定数组的大小。

4.2.6 一维数组程序举例

例 4.3 输入一串数字,以回车结束,判断该数是否是回文数。如 79488497 或 7948497 是回文数,即正读、反读都相同。

解题思想:设两个变量 i,j,分别记忆正读、反读数字的个数。如:

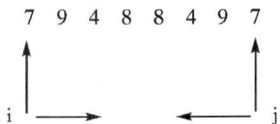

将数字字符串放入数组中,反复测试 num[i]与 num[j],当 num[i]=num[j]时,i+1 赋给 i,j-1 赋给 j,循环结束的条件为:

(1) num[i]< >num[j],即不是回文数。

(2) i>j 或 i=j,即是回文数。

程序如下:

```
main()
{
  char num[80];
  int i,j;
  char ch;
  j = 0;
  scanf("%c",&ch);
  while((ch> = '0')&&(ch< = '9'))
  { j+ + ;
    num[j] = ch;
```

```
    scanf("%c",&ch);
  }      /* j指向字符串的最后一位 */
i = 1;
while((i<j)&&(num[i] = = num[j]))
  {
    i + + ; j- - ;
  }
if(i> = j)
  printf("is a palindrome.");
else
  printf("is\'t a palindrome.");
}
```

例 4.4 数组排序。

数据排序(也称分类)是计算机科学中的典型问题之一。排序的算法很多,这里介绍经常使用的两种。

设数组 a 中有 8 个正整数,将它们从小到大排序:

a[0]	a[1]	a[2]	a[3]	a[4]	a[5]	a[6]	a[7]
34	45	14	32	84	21	8	57

(1) 冒泡排序法,算法思想如下:

① 从 a[0]到 a[7],把相邻两个数两两进行比较。

② 每次比较中,若前一个比后一个大,对调位置,这样一趟扫描后,最大的数落在比较范围内的最后位置上。

从以上思想看,每一趟的扫描至少使一个重的气泡下降到它应该到的地方,即确定了比较范围内的最大元素。也可以不先确定最大元素而先确定最小元素,即从数组的最后开始朝前两两比较,每比较一次把小的数据放在前,大的数据放在后,犹如把数组竖起来看,气泡从水底向上浮起。对数组的每一趟扫描使一个气泡上升到按它"重量"应该到的地方。最小数据上升到最前面位置,如图 4.1 所示。(有下划线的数据表示要成为气泡冒上去的数据。)

a[0]	34	8	8	8	8	8	8
a[1]	45	34	14	14	14	14	14
a[2]	14	45	34	21	21	21	21
a[3]	32	14	45	34	32	32	32
a[4]	84	32	21	45	34	34	34
a[5]	21	84	32	32	45	45	45
a[6]	8	21	84	57	57	57	57
a[7]	57	57	57	84	84	84	84
	第一趟	第二趟	第三趟	第四趟	第五趟	第六趟	第七趟

图 4.1 冒泡排序

由此看来,第一遍扫描将最小元素 8 放入 a[0]中,第二遍扫描将较小元素 14 放入 a[1]

中,……,第七遍扫描将 a[6]与 a[7]较小的数放入 a[6]中。因此,对于 n 个数,最多需 n−1 次扫描。另外每重复一次两两比较,比较的起点就后移一个位置,第 1 趟比较 7 次,第 2 趟比较 6 次,第 n−1 趟比较 1 次,比较的次数与扫描的趟数有关。设 i 控制扫描趟数,j 控制比较次数,那么程序中应该用如下结构的二重循环来实现:

```
for(i = 0;i< n−1;i+ +)
  for(j = n−1;j> = i+1;j− −)
    a[j]与 a[j−1]比较
```

下面编写冒泡排序法程序。

程序如下:

```
main()
{
  int a[8];
  int i,j,t;
  printf("Please input 8 number:\n");
  for(i = 0;i< 8; + +i)
   scanf("% d",&a[i]);
  printf("\n");
  for(i = 0;i< n−1;i+ +)
   for(j = n−1;j> = i+1;j− −)
     if(a[j] < a[j−1])
     {
      t = a[j];
      a[j] = a[j−1];
      a[j−1] = t;
     }
  printf("The sorted numbers:\n");
  for(i = 0;i< 8; + +i)
   printf("% 4d",a[i]);
  printf("\n");
}
```

程序运行结果:

```
Please input 8 number:
34  45  14  32  84  21  8  57
The sorted numbers:
8  14  21  32  34  45  57  84
```

从例子可以看出,在冒泡排序过程中需七遍扫描的数据经过五遍扫描后就已排好序,以后扫描不再有交换,因此可设一个变量 done 控制提前退出循环。上述程序可改写为:

```
main()
{
   int a[8];
   int i,j,t,done;
   printf("Please input 8 number:\n");
   for(i=0;i< 8;++i)
    scanf("%d",&a[i]);
   printf("\n");
   i=0;
   do{
      done=1;
      for(j=7;j>=i+1;--j)
       if(a[j]<a[j-1])
        { done=0;
          t=a[j];
          a[j]=a[j-1];
          a[j-1]=t;
         }
      i++;
      }while((i< 8)&&! done);
      printf("The sorted numbers:\n");
   for(i=0;i< 8;++i)
    printf("%4d",a[i]);
   printf("\n");
}
```

（2）选择排序法，它的指导思想是不急于调换位置。从 a[0]到 a[n−1]逐个检查，找出最小值，记下位置 k，一遍扫描完后，将 a[0]与 a[k]对调，将最小值放在最前面。下一步从 a[1]到 a[n−1]范围内找出最小值放在 a[1]中，……，一般地，在 a[i]与 a[n−1]中找出最小值位置 k，将 a[k]与 a[i]交换，如此重复 n−1 次。

程序如下：

```
main()
{
  int i,j,k,temp;
  int a[8];
  printf("Please input 8 number:\n");
  for(i=0;i< 8;++i)
   scanf("%d",&a[i]);
  printf("\n");
```

```
  for(i = 0;i< 8;+ + i)
  〔 k = i;
     for(j = i + 1;j< 8;+ + j)
      if(a[j]<a[k]) k = j;
     if(k! = i)
        〔 temp = a[i];
          a[i] = a[k];
          a[k] = temp;
          〕
  〕
  printf("The sorted numbers:\n");
  for(i = 0;i< 8;+ + i)
    printf(" % 4d",a[i]);
  printf("\n");
〕
```

程序运行结果:

```
Please input 8 number:
34  45  14  32  84  21  8  57  26
The sorted numbers:
8  14  21  26  32  34  45  57  84
```

　　比较两种排序方法,对于 n 个数,冒泡排序法每完成一趟比较,最多可能进行 n−1 次交换,而选择排序法是每完成一趟比较,才可能进行一次交换。但是,上述两个程序中,用冒泡排序法,当数据在比较过程中如果已排好序,则排序程序可以提前结束;而选择排序法则一定要等外循环结束,才能完成排序。哪一种方法好,要视具体的情况而定。在《数据结构》课程中,将会讲到评价一个算法的方法。

　　例 4.5　　一个数如果恰好等于它的因子和,则称这个数为"完全数"。例如:6 的因子为 1,2,3,而 6＝1＋2＋3,所以 6 是一个"完全数"。编写程序找出 1000 以内的所有"完全数",并且按下面的格式输出

　　　　6 it's factors are 1,2,3

　　解题思想:设外循环用来找 2～1000 之间的所有"完数",其循环变量是 j,j 的取值范围是2～1000;设内循环,循环变量是 i,i 从 1 到 i<j,用来测试是否是 j 的因子,如果是因子,则将因子存放在数组 k 中;找出所有的因子后,再判断因子和是否等于要测试的数,若等于则要测试的数是"完数",否则不是"完数"。

　　程序如下:

```
# define N 20
main()
{
  int i,j,n,s;
```

```
int k[N];
for (j = 2;j< = 1000;j + +)
  { n = - 1; s = j;
    for (i = 1;i<j;i + +)
    {
        if (j % i = = 0)
          { n+ + ;
            s = s - i;
            k[n] = i;/ * 将因子存到数组 k 中 * /
          }
    }
    if(s = = 0)   / * 判断 s 是否等于因子和 * /
    {
    printf("% d is a number,it\'s factors are :",j);
    for (i = 1;i<n;i + +)
        printf(" % 3d,",k[i]);
    printf("% 3d\n",k[n]);
    }
  } / * end of for(j = 2 …   * /
}   / * end of main      * /
```

程序运行结果:

```
6   is a number,it's factors are :1,2,3
28   is a number,it's factors are :1,2,4,7,14
496 is a number,it's factors are :1,2,4,8,16,31,62,124,248
```

例 4.6 荷兰国旗问题。

这个问题是荷兰科学家 E. W. Dijkstra 于 1974 年提出的。这个问题是:设有排成一排的 N 个桶,每个桶里装有一块小石,每块小石为红、白、蓝三种颜色之一。要求将这些小石重新排列,使所有红的在前,白的居中,蓝的在后。重排时,对于每块小石的颜色只能查看(测试)一次,而且只允许用两两交换的办法来调整小石的位置。

由于红、白、蓝是荷兰国旗的颜色,因此称该问题为荷兰国旗问题。

解决该问题的思想方法是:设数组 bucket 为这个桶,用 0、1、2 分别代表红、白、蓝三种颜色,bucket 中的每个元素为 0、1、2 三值之一。开始值是杂乱放置。经过重排,其目的是 bucket 的值应该如表 4.4 所示。

表 4.4 bucket 中的值

0	0	…	0	1	1	…	1	2	2	…	2
red	red		red	white	white		white	blue	blue		blue

为了实现这个目的,在重排的过程中,bucket 的值得划分为四个区:

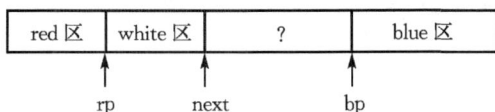

red 区	white 区	?	blue 区

$$\uparrow \qquad \uparrow \qquad \uparrow$$
$$\text{rp} \qquad \text{next} \qquad \text{bp}$$

其中? 表示此区中的元素待测试。可设置三个下标:rp 指向红区最右边的元素,next 指向下一个要查看的元素,bp 指向蓝区最左边的元素。显然当 next＝bp 时,数组中的值已全部排好。

设 rp,next,bp 的初值为 0,1,N+1,主要算法为:

```
while next<>bp
  if(next 标记的是红色)
     则 rp 下标移向待查的元素
        将 next 与 rp 标记的元素交换
        next 移向下一个元素
 否则  if(next 标记的是白色)
           则  白色小石不动
              next 移向下一个
          否则  该元素是蓝色
              bp 下标移向待查的元素
              将 next 与 bp 标记的元素交换
```

程序如下:

```
#define N 11
main()
{
  static int bucket[]={0,2,1,1,0,1,2,2,1,0,0};
  int i,rp,next,bp;
  rp=-1; next=1; bp=N;
  while(next!=bp)
  {
     switch(bucket[next])
     { case 0：rp=rp+1;
              bucket[next]=bucket[rp];
              bucket[rp]=0;
              next++;
              break;
         case 1：next++;
              break;
         case 2：bp--;
```

```
            bucket[next] = bucket[bp];
            bucket[bp] = 2;
            break;
         }
      }
   for(i = 0;i<N;i + +)
      printf("%1d", bucket[i]);
   printf("\n\n");
}
```

这个程序反映了用数组解决实际问题时的编程技巧性。

4.3　二维数组

在实际生活中,人们还会遇到诸如:矩阵、表格等问题。它们在计算机中就用二维数组来描述,二维数组是一维数组的推广,二维数组可以看成是以一维数组为元素构成的数组。

4.3.1　二维数组的定义

二维数组定义的一般形式为:

　　　　<类型说明符> <数组名>[<常量表达式 1>][<常量表达式 2>];

说明:

(1)<类型说明符>定义了数组元素的类型,也称为数组的基类型。

(2)<常量表达式 1>定义了数组行数。

(3)<常量表达式 2>定义了每行有几个元素,也称为数组的列数。

例如:

int a[4][5];定义了具有 4 行 5 列的 a 数组。可以将这个 a 数组看成由 4 个一维数组组成的,每一个一维数组中又含有 5 个元素。这 4 个一维数组的名称是 a[0]、a[1]、a[2]、a[3],第一个一维数组 a[0]的各个元素表示为 a[0][0]、a[0][1]、a[0][2]、a[0][3]、a[0][4]。a 数组如表 4.5 所示。

二维数组对应的是一张二维表,这张表是由 4 行 5 列组成。如果将每一行看成一个整体,那么这张表相当于是由四个类型相同的元素组成的一维表。若给这张表起名为 a,这张表就是由 a[0]、a[1]、a[2]、a[3] 四部分组成。a[0]、a[1]、a[2]、a[3]被看成是每一部分的名称。而每一部分又可以被看成由五个类型相同

表 4.5　a 数组

a[0][0]	a[0][1]	a[0][2]	a[0][3]	a[0][4]
a[1][0]	a[1][1]	a[1][2]	a[1][3]	a[1][4]
a[2][0]	a[2][1]	a[2][2]	a[2][3]	a[2][4]
a[3][0]	a[3][1]	a[3][2]	a[3][3]	a[3][4]

的元素组成,那么每一部分又可以看成是一个一维数组。这样对二维数组的描述在用指针对数组进行处理时是非常有用的。

当然二维表仅仅是一种逻辑上的组织,目的是为了便于用户对问题的理解。而内存在存放数据时只能按照线性方式存放,所以二维数组中各元素存放到内存中时,也只能按线性方式存放。至于它们的位置转换是由系统来做的,这也正是任何高级语言的特性之一(使用户摆脱与硬件有关的问题)。

C 语言规定,二维数组中的元素在存储时先存放第一行的数据,再存放第二行的数据,……,每行数据按下标规定的顺序由小到大的存放。因此可以这样来计算第 i 行、第 j 列上的下标变量相对于该数组起始位置的地址,即:

(i * (列数)+j) * (类型字节数)

上面的 a 数组就是按照下面的方式存放在内存中,假设 a 数组在内存起始地址为 1000。

表 4.6　a 数组的存放方式

1000	1001	1002	1003	1004	1005	1006	1007	1008	1009
a[0][0]		a[0][1]		a[0][2]		a[0][3]		a[0][4]	
1010	1011	1012	1013	1014	1015	1016	1017	1018	1019
a[1][0]		a[1][1]		a[1][2]		a[1][3]		a[1][4]	
1020	1021	1022	1023	1024	1025	1026	1027	1028	1029
a[2][0]		a[2][1]		a[2][2]		a[2][3]		a[2][4]	
1030	1031	1032	1033	1034	1035	1036	1037	1038	1039
a[3][0]		a[3][1]		a[3][2]		a[3][3]		a[3][4]	

例如:计算 a[2][1]的地址为:a[2][1]的地址=1000+(2 * 5+1) * 2=1022

　　　a[2][1]相对于 a[0][0]的相对地址为:(2 * 5+1) * 2=22

对于二维数组要说明一点,二维数组的数组名是该二维数组的起始地址,而每一行可以看成是一个一维数组。例如:int a[4][5],可以将它们看成是由四个一维数组作为元素组成的一维数组,这四个元素可以记作:a[0]、a[1]、a[2]、a[3]。其分配情况如图 4.2 所示。

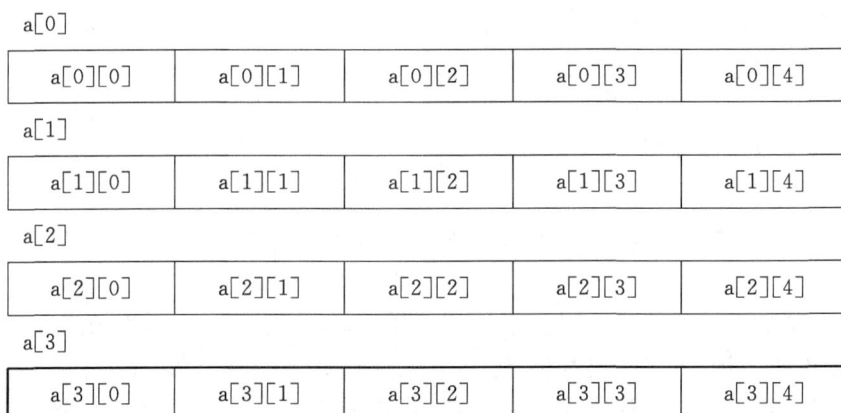

a[0]

a[0][0]	a[0][1]	a[0][2]	a[0][3]	a[0][4]

a[1]

a[1][0]	a[1][1]	a[1][2]	a[1][3]	a[1][4]

a[2]

a[2][0]	a[2][1]	a[2][2]	a[2][3]	a[2][4]

a[3]

a[3][0]	a[3][1]	a[3][2]	a[3][3]	a[3][4]

图 4.2　二维数组被看成是由一维数组组成

由图 4.2 可以看出 a[0]、a[1]、a[2]、a[3]实际上是表示四个一维数组,在一维数组中讲过,其数组名代表一维数组的起始地址。因此,这里的 a[0]、a[1]、a[2]、a[3]实际是表示四个一维数组的起始地址。当二维数组是字符型时,可用它们直接作为一维字符串数组的首地址参加操作。

例 4.7　从终端上输入五个人的姓名,存入二维数组中,然后再显示出来。

```
#define MAX 5
#define NAME 20
#include <stdio.h>
main()
{
 int i;
 char name[MAX][NAME];
 for(i = 0;i<MAX;i + +)
  gets(name[i]);
 for(i = 0;i<MAX;i + +)
  puts(name[i]);
}
```

程序中,使用了两个函数 gets( )和 puts( ),它们是专门用于字符串的输入输出的。具体详细内容,将在后面的章节中介绍。

在 C 语言中还可以定义多维数组。

例如:定义一个四维数组,可以这样定义:

　　　int a[3][2][2][2];

多维数组在内存中存放如图 4.3,以右箭头表示先后关系。

```
a[0][0][0][0]->a[0][0][0][1]->a[0][0][1][0]->a[0][0][1][1]->
a[0][1][0][0]->a[0][1][0][1]->a[0][1][1][0]->a[0][1][1][1]->
a[1][0][0][0]->a[1][0][0][1]->a[1][0][1][0]->a[1][0][1][1]->
a[1][1][0][0]->a[1][1][0][1]->a[1][1][1][0]->a[1][1][1][1]->
a[2][0][0][0]->a[2][0][0][1]->a[2][0][1][0]->a[2][0][1][1]->
a[2][1][0][0]->a[2][1][0][1]->a[2][1][1][0]->a[2][1][1][1]
```

图 4.3　多维数组内存存储示意图

4.3.2　二维数组的引用

二维数组引用的一般格式为:

　　　<数组名>[<下标表达式 1>][<下标表达式 2>]

说明:

(1)二维数组的引用与一维数组的引用基本相同,区别在于二维数组的引用要使用两个下标。对多维数组的引用,方式也是相同,定义成几维数组,引用时就要写几个下标。

(2)int a[4][5];与 a[4][5]是有区别的,前者是定义了一个 4 * 5 的二维数组,对这个数组元素的引用最多到 a[3][4](因为下标的下界是从 0 开始)。而后者是对数组元素的引用。能包含后者的最小数组应定义为：int a[5][6]；要注意定义数组和引用数组元素的差别。

4.3.3 二维数组的初始化

与一维数组一样，二维数组在定义的同时，可以进行初始化。如下几种对二维数初始化的方法都是正确的。

（1）分行初始化。

static int a[3][4]={{1,2,3,4},{4,3,2,1},{1,2,3,4}};

这种初始化是最常用的对二维数组的初始化。二维数组有几行，就有几个用逗号分隔的大括号；有几列，每个大括号中就有几个用逗号分隔的数值；最后将所有的初始化内容用一对大括号括起来。

（2）线性初始化。

static int a[3][4]={1,2,3,4,4,3,2,1,1,2,3,4};

将所有的数值写在一对大括号中，系统自动按照二维数组规定的行列值对数组元素进行初始化。但这种赋值方法如果数据多了，容易遗漏数据，并且不容易检查。

（3）对二维数组的部分元素赋初值。

static int a[3][4]={{1},{4,3},{1,2}};

这种赋值方式相当于

static int a[3][4]={{1,0,0,0},{4,3,0,0},{1,2,0,0}};

系统自动将没有赋值的元素赋值成 0。

static int a[3][4]={{1},{4}};

相当于

static int a[3][4]={{1,0,0,0},{4,0,0,0},{0,0,0,0}};

对于没有写出的大括号，系统自动将此行元素赋值成 0。

又如：

static int a[3][4]={{1},{ },{1}};

相当于

static int a[3][4]={{1,0,0,0},{0,0,0,0},{1,0,0,0}};

（4）如果对数组的所有元素赋初值，定义二维数组时可以省略第一维的长度。

static int a[][4]={1,2,3,4,5,6,7,8,9,10,11,12};

系统会四个数据四个数据的数，数了几个四个数，则第一维的长度就是几。上例中，第一维的长度为 3。

还可以用下面的方式通知系统，要定义的二维数组第一维的长度是多少。

static int a[][4]={{1},{ },{1},{2}};

用逗号分隔开了四个大括号，因此第一维的长度是 4。

前面主要讲了二维数组的引用及初始化，对多维数组也可以依据上面所讲的内容类推，这里我们不再赘述。

4.3.4 二维数组程序举例

例 4.8 编写程序，将 4 阶方阵转置。如图 4.4 所示。

$$
\begin{vmatrix} 4 & 6 & 8 & 9 \\ 2 & 7 & 4 & 5 \\ 3 & 8 & 16 & 15 \\ 1 & 5 & 7 & 11 \end{vmatrix} \Rightarrow \begin{vmatrix} 4 & 2 & 3 & 1 \\ 6 & 7 & 8 & 5 \\ 8 & 4 & 16 & 7 \\ 9 & 5 & 15 & 11 \end{vmatrix}
$$

图 4.4   4 阶方阵转置

```c
main( )
{int i,j,t;
 static int a[4][4]={{4,6,8,9},{2,7,4,5},{3,8,16,15},{1,5,7,11}};
 printf("Array a:\n");
 for(i=0;i<4;i++)
 {
   for(j=0;j<4;j++)
   printf("%3d",a[i][j]);
   printf("\n");
 }
 printf("\n");
 for(i=0;i<4;i++)
 for(j=i+1;j<4;j++)
   {
    t=a[i][j];
    a[i][j]=a[j][i];
    a[j][i]=t;
   }
for(i=0;i<4;i++)
 {
   for(j=0;j<4;j++)
    printf("%3d",a[i][j]);
   printf("\n");
 }
}
```

程序运行结果:

```
Array a:
2 6 8 9
2 7 4 5
3 8 16 15
1 5 7 11

4 2 3 1
```

```
5 7 8 5
8 4 16 7
9 5 15 11
```

程序中要注意的是：①由于转置矩阵行列交换但对角元素不变，为了防止已交换过的两个元素再次被交换，程序中控制列号的变量 j 是从 i +1 循环到 4；②两个变量互换时，要用到一个临时变量，互换使用了三条语句；③访问数组中的所有元素，需要二重循环；④当二维数组的内容输出时，需要用二重循环，一个元素一个元素的逐个输出。

例 4.9　矩阵相乘 **C**=**A**×**B**。

设：**A**、**B**、**C** 分别为 $m \times p$、$p \times n$ 和 $m \times n$ 的矩阵。按矩阵乘法定义有：

$$C_{ij} = \sum_{k=1}^{p} a_{ik} b_{kj} \quad (i = 1, 2, \cdots, m; j = 1, 2, \cdots, n)$$

程序如下：

```
#define m   4
#define n   3
#define p   2
main( )
{ int i,j,k,sum;
  int a[m][p];
  int b[p][n];
  int c[m][n];
  printf("Input matrix a");
  for(i = 0;i<m,i + +)
   { for(j = 0;j<p;j + +)
      scanf("%d",&a[i][j]);
     printf("\n");
   }
  printf("Input matrix b");
  for(i = 0;i<p,i + +)
   { for(j = 0;j<n;j + +)
      scanf("%d",&b[i][j]);
     printf("\n");
   }
  for(i = 0;i<m,i + +)
   for(j = 0;j<n;j + +)
    { sum = 0;
      for(k = 0;k<p,k + +)
       sum + = a[i][k] * b[k][j];
      c[i][j] = sum;
```

```
    }
  printf("matrix c is following\n");
  for(i = 0;i<m,i + + )
   {
     printf("[");
     for(j = 0;j<n;j + + )
       printf(" % 3d",c[i][j]);
     printf("]\n");
   }
}
```

程序运行结果:

```
Input matrix a
   1   1   1
   2   2   2
   3   3   3
   4   4   4
Input matrix b
      1   1
      2   2
      3   3
matrix c is following
      [ 6   6 ]
      [ 12 12 ]
      [ 18 18 ]
      [ 24 24 ]
```

例 4.10 求一个二维数组中最大值和其所在的行、列,并输出最大值,以及最大值所在的行、列值。

解题基本思想:先将数组中的第一个数当作最大的数放到一个变量中,然后我们将数组中的元素全部访问一次,依次和存放最大值的变量进行比较,若发现某个数组元素比这个变量大,则记下它的值和它所在行列值。

程序如下:

```
main( )
{int i,j,max,col,row;
 static int a[5][4] = {{10,11,12,13},{14,15,16,17},
                       {18,19,11,12},{24,25,27,26},
                       {35,37,36,30}};
 printf("Array a:\n");
 for(i = 0;i<5;i + + )
```

```
{
  for(j = 0;j<4;j + +)
  printf("%3d",a[i][j]);
  printf("\n");
}
printf("\n");
max = a[0][0];row = 0;col = 0;
for(i = 0;i<5;i + +)
for(j = 0;j<4;j + +)
{
  if (max<a[i][j])
   {
     row = i;
     col = j;
     max = a[i][j];
   }
}
printf("The max number %3d at %d,%d",max,row,col);
}
```

程序运行结果:

```
Array a:
    10 11 12 13
    14 15 16 17
    18 19 11 12
    24 25 27 26
    35 37 36 30
The max number 37 at 4,1
```

以上的例子比较简单,读者通过阅读这些程序,进一步理解二维数组是如何进行定义、初始化、引用、访问和输入输出的。

4.4 字符数组

计算机所处理的数据分数值数据和非数值数据,前面我们讲了许多对数值数据的存储和处理的方法。对于非数值数据只讲了对单个字符的存储和处理。实际上,计算机处理更多的是一串非数值数据,称其为字符串。C 语言中,字符串是存放在字符数组中的。由于处理字符串有它特殊性,因此,需要用专门的一节介绍字符数组。字符数组本身就是一个数组,所以,它具有数组的全部特性,只不过字符数组的数组元素类型是字符型的而已。

4.4.1　字符数组的定义

定义字符数组的一般格式：

char <数组名>[<常量表达式>];

例如：char a[3];

　　　a[0]='Y';a[1]='O';a[2]='U';

例 4.11　用字符数组存放字符串"Hello"，然后输出字符数组，可用两种方法实现。

程序如下：

方法 1

```
main( )
{ char ch[5];
  int t;
  ch[0]='H';  ch[1]='e';
  ch[2]='l';  ch[3]='l';
  ch[4]='o';
  for(t=0;t<5;++t)
   printf("%c",ch[t]);
 }
```

程序运行结果：Hello

方法 2

```
main()
{ char ch[6];
  ch[0]='H';  ch[1]='e';
  ch[2]='l';  ch[3]='l';
  ch[4]='o';  ch[5]='\0';
  printf("%s",ch);
}
```

程序运行结果：　Hello

通过上面例子，我们会发现字符数组的定义、字符数组的引用与前面介绍的数组是一样的，所不同的是数据类型是字符类型，字符数组的输出在方法 1 中是按单个字符输出，方法 2 中是按字符串输出。

4.4.2　字符数组的初始化

按照我们前面学过的初始化方法，字符数组可以进行初始化。

(1)static char a[15]={'H','a','p','p','y','.'};

我们这个初始化语句中，共写了六个字符，还有九个数组元素没有给出初值，系统自动对它们赋值 0(或'\0')。上面 a 数组初始化后，如表 4.7 所示。

表 4.7 初始化后 a 数组

a[0]	a[1]	a[2]	a[3]	a[4]	a[5]	a[6]	a[7]	a[8]	a[9]	a[10]	a[11]	a[12]	a[13]	a[14]
H	a	p	p	y	.	\0	\0	\0	\0	\0	\0	\0	\0	\0

（2）初始化时省略数组长度，如：

char a[]={"Macao"};

系统认为这个 a 数组的长度或大小为 6，系统自动在字符串的后面加'\0'。

（3）还可以用如下方式对字符数组初始化：

char a[]="How do you do?";

a 数组初始化的结果如表 4.8 所示。

表 4.8 a 数组初始化后的结果

a[0]	a[1]	a[2]	a[3]	a[4]	a[5]	a[6]	a[7]	a[8]	a[9]	a[10]	a[11]	a[12]	a[13]	a[14]
H	o	w		d	o		y	o	u		d	o	?	\0

此时，a 数组的大小为：15，这是因为当按字符串的形式给字符数组初始化时，系统会自动给这串字符的后面加一个字符串结束符'\0'。这个'\0'字符就是字符串结束标志，它的 ASCII 码为 0。系统在对一个字符串进行操作时，最根本的操作是要知道这个字符串的长短，有了这个字符串结束标志后，可以对字符串边处理边判断字符串是否结束。有了这个概念后，那么任意一个字符串都可以被看成由若干字符和一个字符串结束标志组成的。这一点是 C 语言特点之一。

例如："Macao"相当于由 'M','a','c','a','o','\0'六个字符组成。

值得注意的是，只有在程序中对字符串进行处理时，才考虑字符串结束标志的问题。系统在处理字符串时，如果程序中有一个字符串，那么就将其翻译成若干字符和一个'\0'字符；如果某段程序要处理一个字符串，首先系统要找到字符串的第一个字符，然后依次向后，在遇到'\0'字符时认为当前这个字符串结束了。

字符数组：char a[4]={'B','O','Y','\0'};a 数组中存放的是字符串"BOY"。如果执行语句 a[1]='\0'后，a 数组的内容为'B','\0','Y','\0'。此时系统认为 a 数组中存放了一个字符串"B"。不要认为现在数组中的内容只有'B'和'\0'了，只不过按系统对字符串的处理方式来看就是这样的。但实际上我们仍然可以通过下标来引用 a 数组中的所有元素，如 a[2]中的内容依然是'Y'。

（4）对二维字符数组初始化的例子：

char a[][4]={{'M'},{'a'},{'c'},{'a'},{'o'}};

初始化结果如表 4.9 所示。

表 4.9 初始化结果

M	0	0	0
a	0	0	0
c	0	0	0
a	0	0	0
o	0	0	0

4.4.3　字符数组的引用

字符数组的引用和前面几节数组的引用没有什么区别,只是数据元素的类型是字符型而已。下面举例说明。

例 4.12　任意给定一个字符串,从该串中删除指定的字符后输出。

程序如下:

```
main( )
{
  char str[80],c;
  int i,j;
  printf("Input a string:");
  scanf(" % s",str);
  printf("Input delete char:");
  c = getchar( );
  j = 0;
  for(i = 0;str[i]!  = '\0', + + i)
    if(str[i]! = c)
     str[j + + ] = str[i];
  str[j] = '\0';
  printf("Output a string: % s",str);
}
```

应该指出,程序中的倒数第三行

　　　　str[j]='\0';

是不能缺省的。这是因为原字符串删除了部分字符后,已经变短了,所以必须在剩余的字符串的后面设置结束标志,而原来的字符串结束标志就可不予理睬了。

4.4.4　字符数组的输入输出

1. 字符数组的输出

输出字符数组的内容有两种方法。

(1)按%c 的格式,用 printf( )函数与循环语句连用将数组元素一个一个输出到屏幕。

(2)按%s 的格式,用 printf( )函数将数组中的内容按字符串的方式输出到屏幕(要判断'\0'字符)。如:

static char a[]={"Book"};

printf("%s",a);

此时,只需将存放字符串的数组名写上。函数在输出的时候,将从 a 数组的第一个元素开始,一个元素接一个元素地输出到屏幕,一直到遇到'\0'字符为止。'\0'字符将不会被输出到屏幕上。

注意：

(1)输出是用存放字符串的数组名来进行输出。

(2)系统在输出时只有遇到′\0′字符时才停止输出,否则,即使输出的内容已经超出数组的长度也不会停止输出的。

2.从键盘输入字符串

(1)按%c 的格式,用循环和 scanf()函数读入键盘输入的数据。

(2)按%s 的格式,通过 scanf()函数来进行字符串的输入。

例如:char a[80];

在程序里可以写如下输入语句:

> scanf(″%s″,a);

其意义是:将键盘输入的内容按字符串的方式送到 a 数组中,这里注意数组名 a 就代表了 a 数组的地址。输入时,在遇到分隔符时认为字符串输入完毕,并将分隔符前面的字符后加一个′\0′字符一并存入数组中。

例如：scanf(″%s″,a);

输入 abc↙,则 a 数组中存入′a′,′b′,′c′,′\0′四个字符(这里要求 a 数组的长度大于输入字符串的长度加 1 时才能正确执行)。

scanf(″%s%s″,a,b);

输入 ab cde↙,则 a 数组中存入三个字符 ab\0,b 数组中存入四个字符 cde\0。

实际上,对字符串操作时主要是对存放字符串数组的数组名进行操作。在这样的前提下,我们也可以将存放字符串的字符数组名简单地看成字符串变量。

4.4.5 字符串处理函数

程序中,除了对字符串数组进行输入输出操作外,还经常对字符串进行其他一些操作,如将一个字符串赋到另一个字符串中,统计一个字符串的长度,取一个字符串中的部分等等,这些操作 C 语言用标准字符串处理函数完成。标准字符串处理函数的头文件是:″string.h″。下面介绍几个常用的对字符串进行处理的函数。

1.字符串的连接函数

strcat(<字符数组 1>,<字符数组 2>)将存放在<字符数组 1>和<字符数组 2>的两个字符串联接起来,并存入<字符数组 1>(要求<字符数组 1>足够大)。例如:

static char a[11]=″I ″;

static char b[11]=″am a boy″;

strcat(a,b);

执行结果如表 4.10 所示。

表 4.10 执 行 结 果

执行前数组 a	I	␣	0	0	0	0	0	0	0	0	0
执行前数组 b	a	m	␣	a	␣	b	o	y	0	0	0
执行后数组 a	I	␣	a	m	␣	a	␣	b	o	y	0

也可以这样:

strcat(a,"am a man");<字符数组 2>直接用一个字符串表示。注意第一个参数位置上不能这样使用,为什么呢? 请读者认真思考一下。

2. 字符串拷贝函数

strcpy(<字符数组 1>,<字符数组 2>)字符串拷贝函数,将<字符数组 2>中的字符复制到<字符数组 1>中去,<字符数组 1>中的原有字符串将被覆盖。值得注意的是<字符数组 1>的长度要大于等于<字符数组 2>的长度,参数<字符数组 2>也可以是字符串。

3. 字符串比较函数

strcmp(<字符串 1>,<字符串 2>)字符串比较函数。如果两个字符串中的字符对应相等,函数返回 0 值,否则返回非 0 值。函数中的两个参数<字符串 1>,<字符串 2>可以是字符数组名,也可以是字符串。所谓字符的比较是指字符的 ASCII 编码的比较,例如:设 str1 和 str2 是已定义过的字符数组,则下面对函数的使用都是正确的。

    strcmp("abs", "abs");
    strcmp(str1, "xian");
    strcmp(str1,str2);

注意,如果 a、b 为两个字符数组时,下面的写法是不正确的:

    if (a == b) printf("OK!"); 而应写成
    if (strcmp(a,b) == 0) printf("OK!");

4. 求字符串长度函数

strlen(<字符数组>)求字符串长度函数。函数返回字符串中原有字符的个数,不包括'\0'。函数中的参数<字符数组>可以是字符数组名,也可以是字符串。例如:

    char ch[]= "Good! ";
    printf("strlen=%d",strlen(ch));

结果为:strlen=5,由此可见求出的字符串的长度不包括'\0'。

5. 字符串的输入输出函数

C 的标准输入输出库中还专门设置了两个用于字符串的输入输出的函数gets( )与 puts( ),这两个函数都带有一个字符型指针变量或字符数组的参数,其一般形式为:

    gets(str);
    puts(str);

它们的使用方法很简单,下面举例说明。

例 4.13 字符串输入/输出函数的使用。

```
# include <stdio.h>
main( )
{ char str[80];
  gets(str);
  put(str);
}
```

运行时输入：C programming language ↙

运行结果：C programming language

对于 puts( )函数，参数还可以直接是一个字符串常量，即用双引号引起的任意字符序列。例如可以这样写：

puts("C programming language");

gets( )/puts( )函数完全可以通过循环和 getchar( )/putchar( )函数连用来实现，而 puts( )也可以用 printf( )来替代。那么 gets( )是否完全可以用 scanf( )函数替代呢？回答是否定的，因为，它们两个在接收字符串时，分隔符有差别的，gets( )把回车符作为分隔符，而 scanf( )函数是将空格，tab 键和回车符都作为分隔符，所以你要输入一个带空格的字符串时，就必须使用 gets( )函数。

例 4.14　将例 4.13 用 scanf( )方法改写。

```
#include <stdio.h>
main( )
{ char str[80];
  scanf("%s",str);
  printf("%s",str);
}
```

运行时输入：C programming language ↙

运行结果：C

因为，将空格也看成是分隔符，所以不接收 C 后面的内容。

例 4.15　下面例子说明字符函数的用法。

```
main( )
{
 char s1[80],s2[80];
 gets(s1);
 gets(s2);
 printf("lengths：%d,%d\n",strlen(s1), strlen(s2));
 if(! strcmp(s1,s2))
  printf("two string is equal\n");
 strcat(s1,s2);
 printf("%s\n",s1);
}
```

程序运行输入：Hello ↙

　　　　　　　Hello ↙

程序运行结果：lengths：5,5

　　　　　two string is equal

　　　　　HelloHello

4.4.6　程序举例

例 4.16　编写程序,将一个字符串颠倒过来。

程序如下:

```
#include <string.h>
#include <stdio.h>
main( )
  {
  char s[] ="abcdefgh";
  int i,j,c;
  puts(s);
  for(i = 0,j = strlen(s) - 1;i<j;i + + ,j - -)
    {
        c = s[i];
        s[i] = s[j];
        s[j] = c;
     }
   printf("\n % s\n",s);
}
```

程序运行结果:

```
abcdefgh↙
hgfedcba
```

例 4.17　将一个字符串复制到另一个字符串中。

程序如下:

```
main( )
{ char str1[80],str2[80];
  int i = 0,j = 0;
  gets(str2);
  while(str2[j])
    str1[i + +] = str2[j + +];
  str1[i] = '\0';
  puts(str1);
}
```

程序运行时输入:

```
    This is a book of C programming language ↙
```

程序运行结果:

```
    This is a book of C programming language
```

上面的程序中的循环部分还可以改写成如下几种形式。

① while(str1[i++]=str2[j++]);
    puts(str1);

循环体为空语句,不需要 str1[i]='\0';语句,请读者想一想为什么?

②可以用 for 语句实现。

    for(;str1[i++]=str2[j++];);

③for(i=0,j=0;str1[i++]=str2[j++];);

例 4.18 将电文翻译成密码。

电文用大写字母和空格组成,如

THE TRAIN IS LEAVING FOR SHANGHAI TOMORROW

翻译时,任给密码钥匙 key($-26 \leqslant key \leqslant 26$),输出规则如下。

①对每一个大写字母,先计算出该字母在大写英文字母表中的序号(如 A 的序号为 1,B 的序号为 2),然后将序号与密码钥匙相加,并作适当的修正后输出。修正的规则为:若相加的结果在 1~26 之间,则直接输出;若相加的结果小于或等于 0,则加上 26 后输出;若相加的结果大于 26,则减去 26 后输出。

②如果一个字母的后面紧随另一个字母,则两个密码之间用逗号隔开。

③对于空格符,则输出一个圆点。

④密码钥匙写在密码的最后,与密码用逗号或圆点隔开。

对于上述电文,假设给定的密码钥匙是 8,则发送的密码结果为:

2,16,13.2,26,9,17,22.17,1.20,13,9,4,17,22,15.14,23,26.1,16,9,22,15,16,9,17.2,23,21,23,26,26,23,5,8。

编写程序,对任给的电文和密码钥匙,按上述规则翻译并输出密码结果。

程序如下:

```c
# include <stdio.h>
main( )
{
  char str[160];
  int key,code,i;
  printf("Input text:");
  gets(str);                      /*  输入电文  */
  printf("\n Input key:");
  scanf("%d",&key);               /*  输入密码钥匙  */
  printf("\n");
  for(i=0;str[i]!='\0';++i)
   if(str[i]!=' ')
   {
     code= str[i]-64+key;         /*  计算密码  */
     if(code<=0)                  /*  修正密码  */
      code=code+26;
```

```
        else if(code>26)
                code = code − 26;
        printf('%d',code);/* 如果某字母的后续字符不是空格就输出逗号 */
        if(str[i+1]! = ' ')
          print(",");
      }
      else
        printf(".");
    printf("%d\n",key);
  }
```

4.5　数组应用综合举例

例 4.19　本程序用来计算正整数 m(m>2)的除自身外所有不同因子的和,并把各不同因子按从小到大依次存放在数组 fac 中,因子个数存在变量 cp 中。

程序如下:

```
#include <stdio. h>
#define N 100
main()
{
  int m, int fac[N];
  int cl, c2, i, k;
  long s;
  printf("Please input 1 number(number>0):\n");
  scanf("%d",&m);
  fac[0] = 1;
  for(c1 = s = 1, c2 = N−1,i=2;;)
  { k = m/i;
    if ( m % i = = 0)
      if ( i ! = k)
      { fac[c1 + +] = i;
        fac[c2 − −] = k;
        s  += i + k;
      }
      else {
            fac[cl + +] = i;
            s += i;
        }
```

```
      i + + ;
      if (i > = k) break;
   }
  for (c2 + + ; c2< = N - l, c2 + + )
    fac[c1 + + ] = fac[c2];
  cp = cl;
  printf("Factor Number:");
  for(i = 0;i<  c1; + + i)
    printf("% 4d", fac[i]);
  printf("\n Sum of Factor = % 4ld\n", s);
  printf("\n The Number of Factor = % 4d\n", c1);
}
```

程序利用数组 fac 记录所求整数的因子,由于因子肯定会与另一个因子相乘得到所给的整数,所以实际上因子可以一对一对地求得。根据程序要求,整数本身不算在因子中,所以在求因子时要注意将这一因子排除。另外,若是该整数是另外一个整数的平方(如 3×3=9)则只能算一个因子 3,在求因子的过程中也注意了这一点。

程序首先将 1 作为 m 的第一个因子存在数组 fac 中,然后从 2 开始寻找因子,这样就避免了将整数本身算成因子。寻找因子的过程即寻找两个整数,使之乘积等于 m 的过程,程序中用一个循环变量 i 作为其中一个候选因子,从程序

fac[c1++]=i;

fac[c2--]=k;

这两句可以看出,i,k 为 m 的两个因子,则一定有 i * k=m,所以第一个条件语句判断的条件为判断 m 是否能被 i 整除:

m%i = = 0

从语句 k=m/i;可知,若 m 可以被 i 整除,则一定有 i * k=m。

当 i 与 k 不等时,i 和 k 都为 m 的因子,而它们相等时,只需记录一个,第二个条件语句判断的条件为判断 i,k 是否相等:

i! = k

寻找因子时应从 2 开始 ,所以循环变量 i 应从 2 开始。

程序中 for 循环开始的赋值:c1=1,c2=N-1 和下面的语句:

fac[cl+ +]=i;

fac[c2 --]= k;

可以知道,cl 和 c2 分别为数组指针,fac 中记录的因子是从数组的两端向中间存放的,小因子从 fac[0] 开始,大因子从 fac[N-1] 开始,由此必然导致数组中间一些项是空白的。为了除去这一空隙,需要将后面的因子移到紧接在前面因子的后面,这涉及到数组元素的移动,算法很简单:

for(c2++;c2<=N-1;c2++)

fac[cl++]=fac[c2];

函数返回值是所有因子的和,所以 s 在程序开始被初始化为 1,且在每次查找到因子后都

将其值加到 s 中。cp 中存放的是因子的个数。

例 4.20 有 n 个班级参加 ns 个项目的比赛。程序从文件 t. in 中读入 n(n<=30),ns(ns <=10)和全部班级各项目的得分,计算出各班的总分,并按总分降序的次序将每个班级总分及各项目的得分输出到文件 t. out 中。

为了避免排序时可能要交换 score[i][k]和 score[j][k](0<=k<=ns),程序另外引入数组 order[],改上述交换为 order[i]和 order[j]的交换。

程序如下:

```c
#include <stdio.h>
#define Number 30
#define Terms 10
#define INF "t.in"
#define OUTF "t.out"
int score [Number][Terms];
int total [Number], order[Number];
main ( )
{ int i, j,n,ns,t;
  FILE *fpt;
  if ((fpt = fopen (INF, "r")) == NULL) {
    printf ("Can\'t open file %s\n", INF);
    exit (1);
  }
  fscanf (fpt, "%d %d", &n, &ns);
  for (i = 0; i<n; i++)
    { for (j = 0; j <ns; j++)
      fscanf (fpt, "%d", &score [i][j]);
      for (t = j = 0; j <ns; j++)
        t += score [i][j];
      total[i] = t;
      order[i] = i;
    }
fclose(fpt);
for( i = 0; i< n-1; i++)
 for (j = i; j<n;j++)
  if (total[order[i]] < total[order[j]])
    { t = order[i];
      order[i] = order [j];
      order[j] = t;
    }
fpt = fopen (OUTF,"w");
```

```
for(i = 0; i<n; i+ + )
{ fprintf (fpt," % 4d % 7d:", i + 1, total [order[i]] );
  for(j = 0; j <ns; j + + )
  fprintf (fpt," % 3d ",score[order[i]][j]);
  fprintf (fpt," \n" );
}
  fclose (fpt );
}
```

程序分析:程序中用到有关文件的操作,这些概念在第 8 章中详细介绍,本题中读者只需做一般性的了解。

FILE * fpt;　定义文件指针 fpt。

fpt = fopen (OUTF,"w");　　写打开输出文件。

fpt = fopen (INF,"r");　　读打开输入文件。

fscanf (fpt, "% d", &score [i][j]);　从文件中读数据到数组元素 score [i][j] 中去。

fprintf (fpt, " % 3d ",score[order[i]][j]);　将数组元素 score[order[i]][j]的内容写到文件中去。

fclose (fpt);　　　　　　　　将打开的文件关闭掉。

程序从文件 t.in 中读出 30 个班级,每个班级参加 10 个项目比赛的成绩,存放在 30×10 的二维数组 score 中,当读每班的数据时,程序是边读数据边计算每班的总成绩,并将结果存放一维数组 total 中。根据题目要求还要按总成绩的高低排序,因此程序中又引如存放次序的一维数组 order,用于存放按成绩高低排好序的班级在原成绩表中的位置。最后程序将排好序的数据按班级,按成绩的高低从高到低写到文件 t.out 中。程序中的排序算法用的是冒泡排序法。

下面用图 4.5 示意程序处理的数据结构。

① 读入的数据文件数据顺序为:

5 4 4 7 3 5 7 2 1 0 3 5 0 7 5 3 4 1 9 4 7 4

② 从文件读入数据时三个数组中数据存放的情况如下:(为了说明问题我们假设五个班,四个比赛项目)

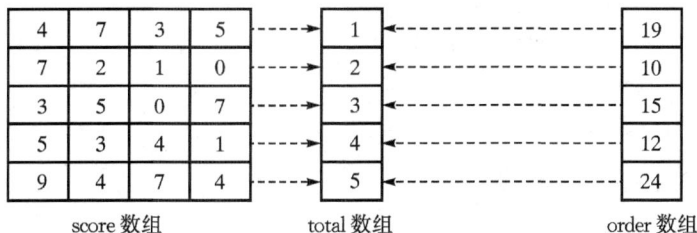

score 数组					total 数组		order 数组
4	7	3	5		1		19
7	2	1	0		2		10
3	5	0	7		3		15
5	3	4	1		4		12
9	4	7	4		5		24

③ 程序执行后,三个数组中数据存放的情况如下:

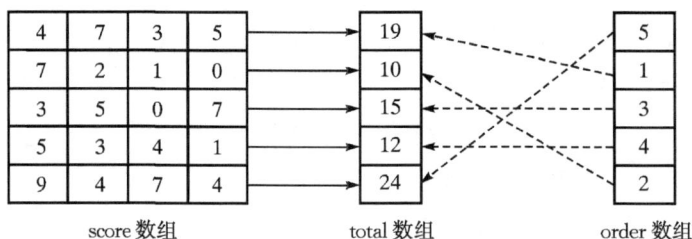

④ 写入文件的数据顺序为：

```
1    24      9    4    7    4↙
2    19      4    7    3    5↙
3    15      3    5    0    7↙
4    12      5    3    4    1↙
5    10      7    2    1    0↙
```

图 4.5　程序中数据结构示意图

例 4.21　本程序对给定的 n(n≤80)，计算并打印 i! (i=1,2,…,n)的全部有效数字。

算法基本思想：因为 i! 的值可能很大，故采用一维数组形式存储计算的结果。例如：
14！＝87178291200，将其存储在数组中，则储存结果示意如下：

0	1	2	3	4	5	6	7	8	9	10	11	12	…	79
0	0	2	1	9	2	8	7	1	7	8	0	0	…	0

计算阶乘时采用以加法代替乘法的方法。例如：5！＝120，计算 6! 时采取把原 120 再加 5 次 120 得到 720 的方法。

程序如下：

```c
#include <stdio.h>
#define  max  80
main( )
{
  int a[max],b[max];
  int i,j,m,k,r,n;
  printf("Enter the number n:");
  scanf("%d",&n);
  for( i=1;i< max;++i)
    a[i]=0;
  a[0] = 1;
  printf("\n 1 ! = %d\n",a[0]);
  for(j = 2;j< = n;j++)
  { for(i=0;i<max;++i)
```

```
      b[i] = a[i];
   for(m = 1 ;m < j ; + +m)
    for(i = 0 ;i< max; + +i)
     {
        r = a[i] + b[i];
        if(r > 9)
         a[i+ 1] + +;
        a[i] = r % 10;
       }
   k = max - 1;
   while(a[k] = = 0 )
     k - - ;
   printf("% d! =",j);
   for (i =k ;i> = 0;i- -)
       printf("% 1d",a[i]);
   printf("\n");
   }   / * for(j = 2 …) * /
}   / * main() * /
```

程序分析：程序采用以加法代替乘法的方法计算自然数 n 的阶乘,并且用一位数组形式
存储数值可能很大的计算结果。数组的每个元素存放数值的一位,因此需要定义两个数组,数
组 a 存放累加结果,所以初值应为 0,数组 b 作为加数存放前一次阶乘的值。核心算法是计算

$$j! = \sum (j-1)! \ (j = 2,3,\cdots,n),共加 j-1 次$$

执行 n-1 次,嵌套的二重循环中,外循环 m 控制完成数组 a 与 j 个数组 b 的数据元素相加,
内循环 i 完成每个数据按位相加。还需要处理每位和数的进位,即当a[i]的值超过 9 时,应向
a[i+1]上进位 1,并使 a[i]保留原值除以 10 后的余数,程序最后输出 j!,即数组 a 的值。每次
输出阶乘值之前应求出该数值在数组 a 内所占位数的范围,即找出一个 k ,使得 a[max]＝a
[max-1]＝…＝a[k+1]＝0 且a[k]≠0,以便通过一个倒循环输出这 k 位数。

习 题

1. 计算,保存和输出 y_i 的值。

$$y_i = 2\sin^2 x_i + 5\sin x_i^2 \quad i = 1,2,3,\cdots,10$$

x_i 由键盘输入。

2. 将一组数据存放在一维数组中,并将它们排好序。从键盘输入一个数,要求按原来的
顺序将它插入到数组合适的位置上。

3. 从键盘输入一个数,要求在 5.2 的数组中找到该数据的位置将其删除掉。

4. 输入一串字符串,以" $ "结束,分别统计其中数字字符 0,1,2,…,9 出现的次数。

5. 输入一串字符串,以" $ "结束,分别统计各大写字母出现的次数,并按字母出现的多少

输出(先输出出现次数多的,次数相同的按字母表顺序输出,不出现的字母不输出)。

例:输入:5B3A+4-HDEH5DH $ ✓

输出:H 3

　　　D 2

　　　A 1

　　　B 1

　　　E 1

6. 用筛选法求 100 之内的素数。

7. 用冒泡排序法或选择排序法对 20 个数据进行排序后输出,并给出现在每个元素所对应的原来次序。

例:输入:27　3　25　27　14　39

　　输出: 3　2

　　　　　14　5

　　　　　25　3

　　　　　27　1

　　　　　27　4

　　　　　39　6

8. 定义一个数组 markreport,用于存放课程 Algebra,English,History 和 Math 的成绩,其成绩为等级(A,B,C,D,E)。该数组存放一个班级 30 个人的四门课程的成绩。

9. 已知整形数组 a 表示矩阵:

$$a=\begin{bmatrix}1 & 0 & 2\\2 & 2 & 0\\0 & 1 & 0\end{bmatrix}$$

(1) 设数组 c 与数组 a 类型相同,执行语句

　　for(i=0;i<3;++i)

　　　　for(j=0;j<3;++j)

　　　　　　c[i][j]=a[a[i][j]][a[j][i]];

后 c 数组各分量的值是什么?

(2) 执行语句

　　for(i=0;i<3;++i)

　　　　for(j=0;j<3;++j)

　　　　　　a[i][j]=a[a[i][j]][a[j][i]];

后 a 数组各分量的值是什么?

10. 给定两个一维数组 a 和 b,每个数组由相异的整数元素组成。试将其公共的元素存入数组 c 中,数组 a 的特有元素存入数组 d 中,数组 b 特有元素存入数组 e 中。把结果输出出来。

11. 设计一个程序,依次出现:

(1)形成矩阵 a=$\begin{pmatrix} 1 & 2 & 3 & 4 & 5 \\ 1 & 1 & 2 & 3 & 4 \\ 1 & 1 & 1 & 2 & 3 \\ 1 & 1 & 1 & 1 & 2 \\ 1 & 1 & 1 & 1 & 1 \end{pmatrix}$

(2) 将 a 的非对角线上的元素清零,并打印输出。

12. a 为一个含有 20 个元素的数组,编写程序,把 20 个数据读入该数组,找出其中最大值和最小值,输出两者的值和相应的下标。最后将数组各元素按从大到小的顺序重新排列,并将其输出出来。

13. b 为 6×6 的方阵,先输入 36 个数据形成该方阵。然后再完成下列操作:

(1) 计算两条对角线元素的和与乘积;

(2) 计算方阵中所有不靠边元素之和;

(3) 计算方阵中所有靠边元素之和;

(4) 使两条对角线上的元素均为 1,其余元素均为 0。

14. 编写程序,不用标准函数 strcat(),将两个字符串连接起来。

15. 编写程序,不用标准函数 strlen(),求出字符串的长度,并将长度打印出来。

16. 编写程序,将一个整型数组的数据逆序重新存放,并打印。例如原来的顺序为 10,40,50,60,80,改为:80,60,50,40,10。要求不另外设置临时数组。

17. 约瑟夫问题。M 个人围成一圈,从第一个人开始报数,数到 n 的人出圈。再由下一个人开始报数,数到 n 的人出圈,…,印出依次出圈人的编号。M 值预先选定,n 值由键盘输入。

例如:M=8,n=5

依次出圈的编号是:5,2,8,7,…

18. 编写插入排序程序。以任意次序读入 20 个数据。将第一个数放入数组 a 的第一个元素中,以后读入的数应与已存入数组 a 中的数进行比较,确定它在从小到大的排列中的位置。将该位置及其后面的元素向后推移一个位置,将新读入的数据填入空出的位置中。这样在数组 a 中的数总是从小到大的排列的。20 个数据处理完后输出数组 a。

19. 阅读下列程序说明和 C 程序,把适当的语句或表达式填入_____处。

本程序顺序输入某单位每位职工的工号和工资(工资额以元为单位,只含一位小数),求出发放工资时每位职工工资所需不同人民币的张数,并计算该单位职工工资的总和,以及累计所需不同人民币的张数。

设人民币的面额有 100 元,50 元,10 元,5 元,2 元,1 元,0.5 元,0.2 元,0.1 元等。

程序如下:

```
#include <stdio.h>
main()
{
 int values[10],num[10],total[10];
 int d,i,wage;
 float x,totalpay;
 for(d=1;d<10,d++)
```

```
total[d] = 0;
values[9] = 1000;values[8] = 500;values[7] = 100;
values[6] = 50;   values[5] = 20; values[4] = 10;
values[3] = 5;    values[2] = 2;  values[1] = 1;
printf("No.wage  ¥100,¥50  ¥10  ¥5  ¥2  ¥1  ¥0.5  ¥0.2  ¥0.1");
printf("\n\n");
totalpay = 0;
scanf("%d",&i);
while(i>0)
  {
    scanf("%f",&x);
    printf("%4d  %7.1f",i,x);
    wage = _____
    totalpay = totalpay + x;
    for(d _____)
     { num[d] = _____ ;
       wage = _____ ;
       printf("%5d",num[d]);
       _____ ;
     }
    printf("\n\n");
    scanf("%d",&i);
  }
printf("*  *  * Total withrawal  *  *  *\n");
printf("%11.1f",totalpay);
for(d = 9;d>0;d - - )
  printf("%5d",total[d]);
printf("\n\n");
}
```

20. 阅读下列程序说明和 C 程序,把适当的语句或表达式填入_____处。

本程序对给定的奇数 n 构造一个 n 阶魔方矩阵 a。

构造一个奇阶魔方矩阵的一种算法是:依次将自然数填入方阵中,共填 n 轮,每轮填 n 次。

第一轮的第一次,将 1 填入方阵的中间一行的最后一列的位置上。

设前一次填入的位置是 a_{ij}

(1) 每轮中的第 2 至第 n 次将数填入 $a_{i+1,j+1}$,若遇到下列两种情况之一,则填写位置按以下规则调整。

① a_{ij} 是最后一列(即 j=n)位置,则将下一个数填入 $a_{i+1,1}$;

② a_{ij} 是最后一行(即 i=n)位置,则将下一个数填入 $a_{1,j+1}$;

（2）新一轮的第一次填入 a_{ij-1}。

以 n＝3 为例（设下标的下限为 1，程序实现时仍然按 C 语言中对数组的定义），构造 3 阶魔方矩阵的算法过程是首先将自然数 1 填入 a_{23}，由于 j＝3，依照情况（1），将下一个自然数 2 填入 a_{31}，又因为 i＝3，依照情况（2）将自然数 3 填入 a_{12}。第二轮的第一次，因为前一次填入 a_{12}，所以将自然数 4 填入 a_{11}，接着将自然数 5，6，分别填入前一个位置的右下角位置。第三轮的第一次，将自然数 7 填入 a_{32}，又因为 i＝3，依照情况（2），将自然数 8 填入 a_{13}。最后因 j＝3 依照情况（1），将自然数 9 填入 a_{21}，整个过程结束。

程序如下：

```
# inlude <stdio.h>
# define m 99
main()
{
  int a[m][m];
  int i, j, n,p;
  printf(" n = ");
  scanf(" %d",&n);
  i = (n+ 1)%2;
  j = _____;
  for(p = 1; p<n * n;p+ +)
   {
    if(_____)
      _____
    else
     {
       i = _____;
       j = _____;
     }
     a[i][j] = p;
   }
printf ("\n MAG1C MATRIX\n");
printf (" n = %d\n",n);
for(i = 1; i< = n; + +i)
 {
   for(j=1;j< = n; + +j)
    printf(" %5d",a[i][j]);
   printf("\n\n");
 }
}
```

第 5 章　函　数

通过前面几章的学习我们知道:程序是由语句组成的;程序的执行是由语句描述的。一段程序可以完成一个独立的功能或解决一个独立的问题。在 C 语言中,它们被描述成函数。但是在实际应用中,当需要分析的问题和解决的问题很复杂或很庞大时,人们一般是将其分解为若干相对小且简单的子问题,进行解决。若子问题还比较复杂,可以重复上述过程,一直细分到子问题可以用结构化程序设计的三种基本构件很容易解决为止。这种划分如图 5.1 所示。这一过程体现了结构化程序设计的"自顶向下,逐步求精"这一基本思想。每一个子问题的解决在 C 语言中是用函数描述。因此,人们称 C 语言程序是由一系列函数组成的。由此也可以看出 C 语言是支持结构化程序设计方法的。

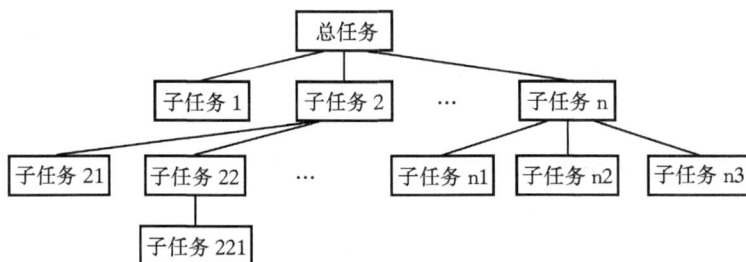

图 5.1　结构化任务划分示意图

5.1　函数概述

C 语言程序是由函数构成的。函数分为两类:一类由系统提供的标准库函数;另一类是由程序员自己定义的函数。

函数的主要作用是用来完成重复任务,或者完成具有独立功能的模块。前面我们学习循环的时候,知道循环也可以完成重复的任务。但函数与循环完成任务侧重面不同,函数用来完成的是一些基本任务,例如求两数中最大的公约数,求两数中最小的公倍数,显示一个固定的图案,打印报表等等。这些基本任务有的是要被重复执行,有的是独立的功能模块,由这些基本任务可以构成一个大的任务。而循环一般是用于重复执行,如让某些语句重复执行若干次。它只是完成功能相对小的简单任务。

在 C 语言中,程序是由一个主函数 main() 和其它若干函数构成的。在主函数 main() 中可以调用其它函数(调用函数即执行函数),其它函数之间也可以互相调用,函数之间的调用关系如图 5.2 所示。

程序设计中,常常将重复使用的功能或功能独立的模块定义成一个函数。当在其它函数中需要使用这个功能时,只需简单的调用这个函数就行了。这样做可以使程序结构比较简单,

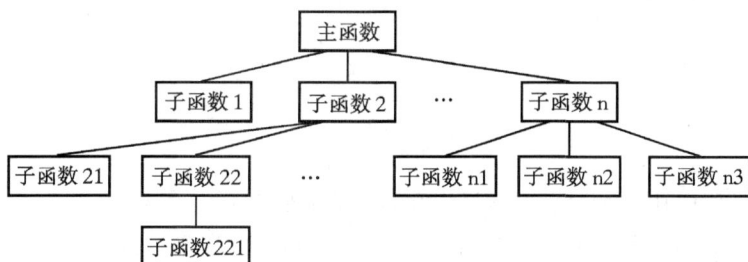

图 5.2　函数之间的调用关系

容易阅读,易于修改。

我们来看一个简单的例子。

例 5.1　显示一些信息。

```
main( )
{
  echoline( );
  echotext( );
  echoline( );
}
echoline( )
{
  printf("* * * * * * * * * * * *\n");
}
echotext( )
{
  printf("This day is so cold! \n");
}
```

程序的运行结果如下:

```
* * * * * * * * * * * *
This day is so cold!

* * * * * * * * * * * *
```

在这个程序中,主函数中调用了三次函数,echoline()函数的作用是显示一行字符,它被调用了两次。echotext()的作用是显示一行文字,被调用了一次。程序的运行结果是两行字符中间有一行文字。但是若要修改显示结果,将字符"＊"改成"—",那么只要修改显示字符的函数,即在 echoline()函数中将所有的"＊"号替换为"—"号。echoline( )函数修改如下:

```
echoline( )
{
  printf("—— —— —— —— —— ——\n");
}
```

程序的运行结果如下：

——————————————

This day is so cold!

——————————————

这样修改后,程序中只要显示字符"＊"的地方就都显示"—"号字符了。这就是利用函数的优点,如果我们不用函数,而用三条 printf()语句也可以完成上述任务,但是要完成上述修改,就需要进行两次修改。在编写一个大程序时,如果在很多地方都需要显示一行字符的功能,并且显示一行字符的功能分散在程序许多地方,不使用函数,要完成上述修改,就要将所有的显示"＊"号的地方都找到,一个一个地进行修改;如果用函数完成这个程序中的显示一行字符的功能,那么只要一次修改函数中的显示语句,整个程序的显示行就都变成"—"号了。显然使用函数就方便多了!

下面对函数进行初步的总结。

(1)一个 C 语言的程序(称作源文件)是由一个函数或多个函数组成的。

(2)对于一个很大的任务,一般将它分解成若干源文件,分别编写和调试,这样可以提高开发效率。一个源文件可以被其它的 C 程序使用。

(3)C 程序必须从 main()函数开始执行。

(4)所有的函数在定义上讲都是互相独立的,不存在嵌套定义。但是在调用时,可以互相调用或嵌套调用。

(5)C 语言中有两类函数,系统提供的函数(库函数)和用户自定义的函数。

(6)函数又分为:

①无参函数,如上面见到的 echoline()和 echotext()函数,只完成固定的功能;

②带参函数,如常见的 printf()函数,这些参数向函数传递不同的数据,函数根据这些数据执行相应的操作。

(7)这两种函数都可以返回或不返回一个函数值。返回一个函数值可供调用它们的函数使用,或者用来判断函数的执行状态。

5.2　函数定义

5.2.1　函数的定义形式

函数定义一般格式:

＜类型说明符＞　　＜函数名＞(［＜形式参数表列＞］)

［＜形式参数类型说明＞］

　｛＜变量定义部分＞

　　＜函数体语句＞

　｝

说明:

(1)＜类型说明符＞用于确定这个函数的返回值的类型(如整型、实型、字符型、指针型等),调用函数通过对被调用函数返回值的判断,可以了解调用函数的执行情况,或者接收被调用函数一个执行结果。

（2）<函数名>定义了函数的名称，通过这个名称才能对某个函数进行调用。在 C 语言中，函数名也被看作是一个变量（但这个变量表示的是函数的入口地址，而不是函数的返回值），它的命名规则同标识符的命名规则。

（3）<形式参数说明表列>规定了函数有什么样的参数（这部分和下面的形式参数类型说明部分可以省略，所以用方括号括起来，表示该部分内容可以省略）。若形式参数类型说明部分被省略，则该函数被称作无参函数；若形式参数有多个，则形式参数之间用逗号隔开，例如有形式参数 xyz，应该写成 x,y,z 即用逗号将它们分隔。这些形式参数的作用是控制函数进行什么样的操作，它们的值由调用这个函数的程序给出。

（4）<形式参数的类型说明>部分规定了形式参数的类型。在标准 C 中，形参与形参的类型说明是分开描述的，例如：

```
fun(x,y,z)
int x,y,x;
```

而现在的 C 和 C++中形参与形参的类型说明可以放在一起。例如上面函数定义的首部可写成： fun(int x,int y,int z)。

（5）<变量定义部分>规定了在函数内部要用到的变量以及它们的类型。

（6）<函数体语句>规定了函数中要执行的语句。函数体语句和变量定义部分用一对大括号括起来。

下面举一个例子。

例 5.2 关于函数的定义。

```
int max(x,y)
int x,y;
{
  int t;
  t = (x>y)? x : y;
  return(t);
}
main( )
{
  int a,b,c;
  scanf("%d , %d",&a ,&b);
  c = max(a,b);
  printf("This max is：%d\n",c);
}
```

程序运行结果：

```
5,9
This max is:9
```

在这个例子中,max 为函数名,max 前面的 int 为 max 函数返回值的类型说明符,(x,y)为形式参数表列,int x,y;为形式参数类型说明,用大括号括起部分是变量定义部分和函数体语句部分。

max 函数还可以定义成如下形式:

```
int max(int x,int y)
{
  int t;
  t = (x>y)? x : y;
  return(t);
}
```

程序的执行过程是:首先执行主函数,在主函数中对 max 函数进行调用,并给出两个实在参数 a,b。这两个实在参数就确定了函数中形式参数 x,y 的值。然后 max 函数开始执行,max 函数的最后一条语句是返回语句,它将变量 t 的值作为函数的返回值带回到调用函数(这个程序中就是主函数)中。主函数将 max 函数当成一个变量,max 函数执行完毕返回一个值,相当于变量 c 有了值。主函数将变量 c 的值显示出来。

5.2.2　空函数

若按如下方式定义一个函数时,称此函数为空函数。

<类型说明符>　　<函数名>()
　　　{}

如:echoline(){}　　就定义了一个空函数。

空函数有什么用呢? 在结构化程序设计中,常常是将一个较为复杂的问题分解成若干子问题,称其为模块,每个模块都对应着一个函数。编写程序时是一个函数一个函数地编写。首先编写的函数是那些基本的、常用的、较为简单的,然后再编写那些功能较为复杂、作用较为次要的函数。我们将那些功能较为复杂、作用较为次要的函数先定义成空函数。集中精力编写那些基本的、常用的函数,边编写边调试,再一步一步的完善各个函数。这样就可以调试好一个函数后,再调试下一个,而不用将所有的函数都写完了,再进行程序调试。这样的程序可读性好,易调试,易维护,易扩充。

5.3　函数参数与函数的返回值

5.3.1　形式参数与实在参数

在 C 语言的程序中,函数之间是通过参数的传递来解决函数间数据传递问题。

在定义函数时函数名后括号内的变量表列就称为形式参数表,简称形参。而在调用函数时函数名后括号内的变量表列被称为实在参数表,简称实参。

1. 形式参数

我们在前面讲过,只要定义了一个变量,这个变量就要在内存中占用一定的空间。但对于形参来说,虽然定义了它,但只有当函数被调用时,形参才在内存中开辟空间。调用结束后,形参自动从内存中被释放掉。因此形参是随函数的调用而产生,随函数调用的结束而消亡。

2. 实在参数

实参的作用是给对应的形参赋值,所以在调用函数前,实参必须要有一个确切的值,它可以是常量,变量或表达式。实参与形参的关系是赋值与被赋值的关系,赋值过程中遵守赋值运算的一切规则。但一般情况下实参与形参的数据类型应一致,这样可以避免一些错误的产生。如果将一个数组名作为参数传递,那么传递的是数组的首地址,在 5.5 节中详述。

3. 形参类型

在函数定义中,必须规定形参的类型。我们已经讲过可以有两种定义方式,如下:

```
int max(x,y,z)            或      int max(int x,int y,float z)
int x,y;                                  {…}
float z;
{…}
```

在程序中通常使用右边的方式,因为它是 C++ 中形参的标准定义形式。

4. 实参对形参的赋值

实参对形参赋值的方式是"单向赋值传递",意为实参与形参是不同的变量,即使实参与形参变量的名称一样也是不同的变量。这样在函数被调用时,形参的值是由实参传递过来的,是独立占有内存空间,所以在被调用函数中对形参的改变,不会对实参的值进行任何改变。看下面的例子:

例 5.3　关于实参对形参的赋值。

```
int echonum( int i,int j)
{
 int t;
 t= i; i= j; j= t;
 printf("In function i= %d ,j= %d\n", i, j);
}
main( )
{
 int i= 6, j= 8;
 echonum( i, j);
 printf("Out function i= %d ,j= %d\n", i, j);
}
```

程序运行结果:

```
In function i= 8 ,j= 6
Out function i= 6 ,j= 8
```

程序中,实参与形参的名称虽然都是 i 和 j,但它们是完全不同的变量。在主函数中 i,j 被定义且赋值成 6 和 8。然后调用 echonum()函数,此时系统发现有两个形参定义,所以就在内存中创建这两个形参变量 i,j,然后将实参变量 i,j 的值赋值到形参变量 i,j 中。在 echonum() 函数中将形参变量 i,j 的值进行了互换并显示。显示结果是:i=8 ,j=6。但这些操作只是在形参变量上进行的,对实参变量没有任何影响。所以在调用 echonum()函数结束后,实参的值仍然是调用 echonum()前的值 6 和 8,因此有显示结果:i=6 ,j=8。这个例子充分说明了实参对形参赋值的方式是"单向赋值传递"。这一点是非常重要的。

5.3.2　函数的返回值

如果被调用函数要向调用函数返回一个值,那么需要使用 return 语句。

return 语句的一般格式如下:

return (<表达式>);

或者

return <表达式>;

它的功能是将表达式的值作为函数的返回值返回,结束本次函数调用并回到调用函数语句处。如果只想从函数返回而不想带回返回值,可以使用不带表达式的方式,即:

return;

也可以省略不写 return 语句。

函数返回值的说明如下。

(1) 函数中可以有多个 return 语句,执行到哪一个 return 语句,就从哪一个 return 语句返回。

(2) return 只能返回一个值,而不能返回多个值。下面的使用是错误的:

return(x,y);试图让一个函数返回两个值,这是不允许的。

(3) return(表达式)语句中的表达式值的类型应与定义函数时函数的类型一致。如果不一致,以定义函数时规定的函数类型为准进行类型转换。

(4) 如果函数中没有 return 语句,并不代表函数没有返回值,只能说明函数的返回值是一个不确定的数。

(5) 为了明确规定函数没有返回值,可以用 void 关键字来定义函数,表示"无类型"。例如:

void echoline(){}

这样函数就绝对没有返回值了。一般情况下,如果函数没有返回值,一定要将函数定义为 void 类型。

5.4　函数的调用

下面介绍调用函数及调用规则。

5.4.1　函数调用

函数调用的一般格式:

<函数名>(<实在参数表列>)

说明:

(1)调用函数时要给出被调用的函数名和一对括号。如果这个函数是个带参函数,并且有多个实参时,用逗号将实参变量隔开放在括号内。实参和形参的个数必须相等,顺序依次一一对应,当实参与对应形参类型不一致时,先将实参的类型转化成形参的类型后再传递。如果这个函数是无参函数,那么实参表列可以省略,但括号不能省略。

(2)在 C 语言中,我们可以将函数调用当成一个表达式,如果在这个表达式后加一个分号,就成为函数调用语句。如果不加分号,那么函数调用就相当于一个普通的表达式,我们称之为函数表达式。此表达式的类型由定义函数时规定的函数类型决定。

如在例 5.1 中,

echoline();

在函数调用格式后加了一个分号,就变成一条函数调用语句。

又如在例 5.2 中:

c＝max(a,b);

max(a,b)就被当做函数表达式来使用。

C 语言的这种表达式特性,使得程序的灵活性大大增强。我们可以在任何能够放置表达式的地方放置函数表达式。如下例:

c＝max(a,max(a,b));

这个例子是一条由赋值表达式构成的赋值语句。它有两个函数表达式。第二个函数表达式是作为第一个函数调用的一个参数。可以看出,函数表达式的使用是很方便的。

(3)函数实参的求值顺序在各 C 语言系统中是不一样的。在有的系统中实参的求值顺序是从左到右的,如下例:

i＝3;

printf("%d,%d",i,i++);

输出　3,3

而在有的系统中(Turbo C、MS C),实参的求值顺序是从右到左的,如下例:

i＝3;

printf("%d,%d",i,i++);

输出　4,3

这一点,学习的时候要搞清楚。编程的时候,尽量使用不发生混淆的方式。

5.4.2　函数调用规则

函数调用规则主要有如下几条。

(1)被调用的函数必须是已经存在的函数,库函数或用户已定义过的函数。

(2)如果使用库函数,还要在使用库函数的源文件开头用 #include 命令声明库函数所在的头文件。头文件是以字母 h 作为后缀名,在头文件中包含了对库函数的说明。没有头文件就不能对库函数进行调用。库函数分为几大类,对每一类都有一个头文件,使用时要将库函数所对应的头文件包含在源文件的开头。例如:

#include "stdio. h"

stdio. h 为标准输入输出函数库的头文件,在这个头文件中存放的是关于输入输出函数的一些说明及定义。

```
#include "math.h"
```
math.h 为数学函数的头文件,如 sin、cos 等库函数的说明及定义包含在此头文件中。

头文件也是一个文本文件,可以用文本编辑器查看其中的内容。

(3)如果使用用户自定义的函数,还要在主调函数中说明用户函数的返回值类型。函数类型说明的一般形式为:

<类型说明符>　<函数名>();

注意:这时我们关心的只是函数的返回值类型,所以对函数的参数就没必要写出来了。请看下面的例子。

例 5.4　关于函数的调用。

```
main( )
{
 float max( );
 float a = 5.5,b = 9.7, z;
 z = max(a,b);
 printf("This max is: % f\n", z);
}
float max(float x,  float y)
{
 float t;
 t = (x>y)? x : y;
 return(t);
}
```

程序运行结果:

```
 This max is:9.700000
```

在这个程序中,第三行是对 max()函数类型的说明,因为只有对函数的类型说明了以后,系统才能在调用函数的地方分配一个同类型的临时变量用来存放函数的返回值。注意,函数的说明和函数的定义不是一回事。函数说明只声明了函数的返回值类型,而函数的定义不仅声明函数的返回值类型,还有函数的参数,执行过程等等。

细心的读者会发现,在 5.1 节的例子中没有进行函数返回值的说明,这是为什么呢? C 语言规定在以下几种情况中,可以不在主调函数中对被调用函数的返回值类型进行说明。

(1)如果被调用函数的返回值为整型或字符型时,可不进行说明,系统自动将此被调函数的返回值看成整型。本章前面的几个例子都是这种情况。

(2)如果被调用函数定义在主调函数之前定义,也可不对其进行说明。因为 C 的编译系统对源程序进行翻译时,要给每一个标识符分配内存。必须对每一个标识符进行类型定义,这样系统才能正确地进行内存分配。函数的返回值作为一个隐含的变量,也必须对其进行了类型定义(也就是进行函数说明)才能给函数返回值分配正确的内存。下面我们将例 5.4 进行一下修改,不用进行函数说明。

例 5.5　关于函数的调用。(对例 5.4 的修改)

```
float max(float x,float y)
{
 float t;
 t = (x>y)? x : y;
 return(t);
}
main( )
{
 float a = 5.5,b = 9.7, z;
 z =  max(a,b);
 printf("This max is: % f\n", z);
}
```

程序运行结果：

 This max is:9.700000

例子中,我们将 max 函数放在了调用它的 main 函数前面进行定义。这样 C 的编译程序在遇到 max 函数的定义时就知道了这个函数的返回值类型。在以后调用这个函数时,系统在函数定义时已经知道了这个函数的返回值类型,所以能够正确地分配内存,不再对这个函数进行函数说明了。

(3)如果在所有函数定义之前,对程序中的函数类型进行了说明,则在各个主调函数中都不必再对被调用函数进行说明。例如：

```
float max();
double min();
void echoline();
main()
{…}
float max(float x,float y)
{…}
double min(double x,double y)
{…}
void echoline()
{…}
```

我们在程序的开头对程序中的所有函数进行了说明。这样就不用在主调函数中对其它函数进行说明了。

这种方法是常用的方法！因为这种方法将所有的函数在程序开头进行了说明,不仅省去了在各函数中进行的函数说明,而且使程序员一看就知道这个程序中有哪些函数(如果再对各函数加上注释,那就更好了)。

本节,我们讲了在调用函数时必须要做的事情,即必须对函数的返回值类型进行说明。有三种方式能完成同样的功能。但最后一种方式是最常用的方式,建议使用。

例 5.6 是对函数定义、函数调用和函数返回的综合应用。

例 5.6 函数 int fun(int m,int n)的功能是:计算返回正整数 m 和 n 的最大公约数。

```
int fun(int m ,int n)
{
  if( m < 0 || n < 0 ) return -1;
  else
          while( m ! = n )
          {
              if( m > n ) m = m - n ;
              else   n = n - m ;
          }
  return m ;
}
main( )
 {
     int   a,b,c ;
     printf("please enter 2 number  :");
     scanf("% d % d",&a ,&b);
     c = fun(a ,b);
     if( c = = -1 )   printf("\n Not  Found");
     else  printf("\n Gcd = % d \n", c);
 }
```

程序运行结果:

```
please enter 2 number  :16   24
Gcd = 8
```

在这个程序中,从第 1 行 int fun(int m ,int n)到 11 行是函数定义,其中第 10 行是函数的返回,main()函数的第 6 行 c = fun(a ,b)是对 fun()函数的调用。

5.5 函数的嵌套调用和递归调用

在 C 语言中,所有的函数之间的关系是平等的,没有谁比谁高一级的问题。但从调用关系上来看,函数之间就存在两种关系:一种叫嵌套调用,另一种叫递归调用。下面我们逐一介绍。

5.5.1 函数的嵌套调用

函数的嵌套调用表现在某一个函数在执行过程中,又可以对另一个函数进行调用。也就是说,函数在执行过程中,不是执行完一个函数再去执行另一个函数,而是可以在任何需要的时候对其它函数进行调用。

例 5.7 关于函数的嵌套调用。

```
int a();
int b();
main()
{
  ...
   a();
  ...
}
int a()
{
 ...
  b();
 ...
}
int b()
{...}
```

程序执行流程图如图 5.3 所示。

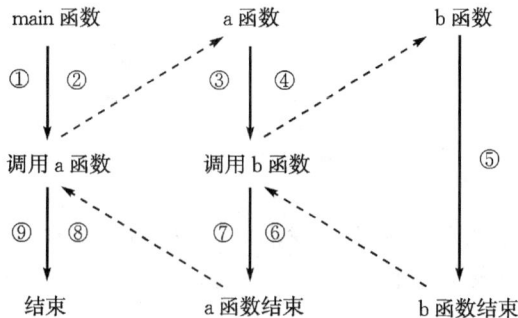

图 5.3 函数嵌套调用示意图

图 5.3 中给出了程序执行流程。序号表示执行的先后关系。从图中我们可以看到,函数在执行过程中可以对另一函数进行调用。

例 5.8 分析下面程序的运行结果。

程序如下:

```
#include <stdio.h>
main()
{
  int i,j,k;
```

```
    i = 0; j = 1; k = 2;
    k = q(0,k); printf("%4d %4d %4d\n",i,j,k);
    k = q(1,k); printf("%4d %4d %4d\n",i,j,k);
    j = q(2,j); printf("%4d %4d %4d\n",i,j,k);
}
int q(int h,int j)
{
    int i;
    i = j;
    if(h = = 0)
      j = p(j);
    else i = p(i);
    printf("%4d %4d %4d\n",i,j,h);
    return(j);
}
int p(int i)
{
 return( + + i);
}
```

程序运行结果:

```
2   3   0
0   1   3
4   3   1
0   1   3
2   1   2
0   1   3
```

图 5.4 给出了程序执行流程。从图中我们可以看到,函数在执行过程中可以对另一函数进行调用,即实现了函数的嵌套调用。

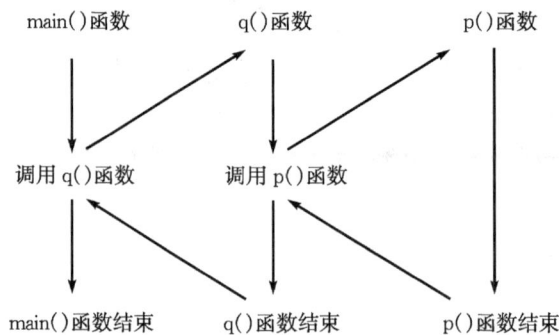

图 5.4　程序执行流程图

5.5.2　函数的递归调用

如前面讲过的,函数在定义时是互相独立的,在调用时是可以调用任一个函数的。但是如果在调用函数时,被调用函数又是函数本身,那么这种调用就称作函数的递归调用。Wirth 教授曾对递归有如下定义:"如果一个对象部分地由自己组成,或者是按自己定义的,则称为递归的。"在自然界中,特别在数学领域中,具有递归性质的问题很多。

例如:自然数的定义:

$$自然数 = \begin{cases} 1 \text{ 是自然数} \\ 自然数的后继是自然数 \end{cases}$$

函数的递归调用分直接递归调用和间接递归调用。如果在调用函数的本身又出现直接调用该函数本身,则称为函数的直接递归调用;如果在调用函数的本身又出现间接地调用该函数本身,则称为函数的间接递归调用。

例 5.9　下面的程序是直接递归调用的例子。

```
int aa(x)
int x;
{
  int y, z;
    ⋮
  z = aa(y);
    ⋮
  return(z);
}
```

下面这个程序是间接递归调用的例子:

```
int x1(int z)
{
  int y1,y2;
   ⋮
  y2 = x2(y1);
    ⋮
  return(y2 + 3);
}
int x2(int z)
 {
   int y1,y2;
    ⋮
  y2 = x1(y1);
   ⋮
  return(y2 * 4);
}
```

分析上面的这两个程序,发现它们永远都不可能结束,这就是递归程序的一个特点。所以一个能够解决实际问题的递归程序必须能够正常结束。

一般地,采用递归方法解决的问题应符合以下几个条件。

(1) 可以把一个问题化为一个新问题,这个新问题的解决方法仍然与原问题的解决方法相同,只是所处理的对象有规律地递增或递减,变得相对简单了一些。

(2) 通过转化最终使问题得到解决。

(3) 必须要有一个结束递归的条件。

因此,递归程序由两大部分构成:

(1) 当某一条件成立时不再进行递归调用,即结束递归;

(2) 当条件不成立时仍然进行递归调用。

下面举几个关于递归的例子。

例 5.10　在数学中,n 的阶乘可以采用两种形式定义:

(1) $n! = 1 \times 2 \times 3 \times 4 \times \cdots \times n$

(2) $n! = \begin{cases} 1 & \text{当 } n=1 \text{ 时} \\ n \times (n-1)! & \text{当 } n>1 \text{ 时} \end{cases}$

第二种就是一种递归定义,即在定义阶乘时又使用了阶乘定义,但本次使用比上次简化了,因为以前是 n 的阶乘,现在是 n−1 的阶乘。与此同时,给出了边界条件,即当 n=1 时,其阶乘就是 1,这一点很重要,它是结束递归的条件。这种定义阶乘的方法反映在函数定义上就是阶乘函数。因此,可以写出求 n 的阶乘的函数。程序如下:

```
long facl (int n)
{
 long f;
 if (n = = 1)
    f = 1;
 else
    f = n * facl (n - 1);
 return (f);
}
```

对函数调用来说,调用递归函数与函数的嵌套函数的方法是一样的。它们都是要逐层调用,逐层返回。

例 5.11　在进行人口普查时,一个人口普查员到山村进行人口普查。来到一户农家,他问主人:"你家有几个孩子?"

主人答:"五个","您大孩子多大了?"

"比老二大两岁","那老二多大了?"

"比老三大两岁","那老三多大了?"

"比老四大两岁","那老四多大了?"

"比老五大两岁","那老五多大了?"

"老五一岁了!"

这时,我们才知道老大九岁了。怎么知道的呢? 我们来列一组式子:

"老大多大了"相当于求 AGE(1)的值,

$AGE(1) = AGE(2) + 2, AGE(2) = AGE(3) + 2, AGE(3) = AGE(4) + 2,$

$AGE(4) = AGE(5) + 2, AGE(5) = 1$

从而得到下面这个数学式子:

$$AGE(N) = \begin{cases} 1 & N = 5 \\ AGE(N+1) + 2 & 1 < N < 5 \end{cases}$$

这个过程就是一个递归的过程,如果我们想知道某个孩子的岁数,那么必须知道这个孩子弟弟的岁数,这样一层一层推导下去,直到我们知道最小一个孩子的岁数。然后从最小一个孩子开始,一个一个的计算哥哥的岁数,直到得到我们想知道的那个孩子的岁数。

我们用一个递归函数来实现这个过程。

程序如下:

```
int age (int n )
{
    int x;
    if ( n = = 5)
       x = 1;
    else
       x = age(n + 1) + 2;
     return(x);
}
main( )
{
   printf("Number one child: % d\n",age(1));
}
```

程序运行结果:

```
Number one child:9
```

我们这个程序是根据上面总结出的数学公式写出的。下面我们来分析这个程序,首先要树立一个概念即每调用一次函数时,系统就要给这个被调用函数分配一块新的内存,用来存放这个函数中要用到的变量和形参变量,当函数返回时,函数所占有的内存被系统收回,这块内存中保存的值将丢失。这个程序的运行如图5.5所示。

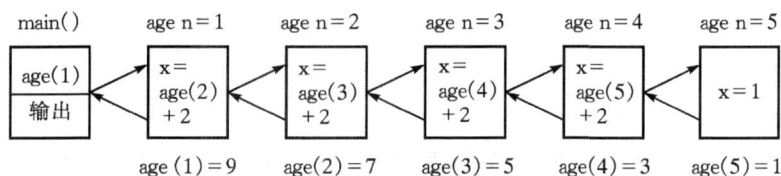

图 5.5　函数的递归调用

5.6　数组作为函数参数

5.6.1　数组元素作函数参数

我们知道一个变量可以做为函数的实参,数组元素就是一个一个的简单变量。所以如果将数组元素作为函数的参数,那么它的使用规则与变量作为函数参数的规则是一样的。下面我们来看一个例子,这个例子将数组中的两个元素比较大小。

例 5.12　对数组中的两个元素比较大小。

```
int max (x,y)
int x,y;
{
  return ((x>y)? x : y);
}
main( )
{
 int c;
 int a[2];
 scanf("%d , %d",&a[0],&a[1]);
 c = max(a[0],a[1]);
 printf("The max number is : %d\n", c);
}
```

程序运行结果:

```
3,4
4
```

当数组元素作为函数传递参数时,只需将数组元素写在实参位置上即可。

5.6.2　数组名作函数参数

整个数组作为函数参数传递到被调用函数中时。在实参位置处写出数组名,在形参位置处写出数组名及其定义即可。为了讲清楚数组作为函数的参数这一概念,下面先列举一个简单例子。

例 5.13　用调用函数方法求整个数组的平均值。

```
float fun ( );
main ( )
{
  float agv;
  float x[10] = {1.2 , 3.6, 4.5, 5.1, 6.9, 7, 8, 9,10.5 , 11.3};
  agv = fun (x);
```

```
  printf ("The  average  is %5 . 2f \n", agv );
}
float fun (a)
float a[10];
{
  int i;
  float sum = 0 . 0;
  for( i = 1; i<10; i + +)
   sum + = a[i];
  return (sum / 10);
}
```

程序运行结果：

The average is:6.71

说明：

(1)实参中的数组必须是已经定义过的,而形参中的数组定义只是说明这个形参是用来接收数组实参值的。此时,形参这里并不产生一个新的数组。

(2)实参数组与形参数组的类型必须一致,如果不一致,则按形参定义数组的方式来解释实参数组。

(3)我们知道数组名就是数组的首地址,当将数组名作为函数参数传递时,传递的是实参数组的首地址,而不是将所有的数组元素全部复制到形参数组中。其结果使得实参数组与形参数组共占同一块内存单元。

当 main 函数开始执行时,x 数组就已经产生,假设其首地址为 1000。当进行 fun 函数调用时,只将 x 数组的首地址传递给形参数组 a,此时 a 的首地址也为地址 1000。同时由于 a 被定义成数组类型,所以在 fun 函数中可以将变量 a 看成一个数组名对数组进行操作,如表 5.1。

表 5.1　x 数组与 a 数组的传递

x 数组	x[0]	x[1]	x[2]	x[3]	x[4]	x[5]	x[6]	x[7]	x[8]	x[9]
数值	1.2	3.6	4.5	5.1	6.9	7	8	9	10.5	11.3
a 数组	a[0]	a[1]	a[2]	a[3]	a[4]	a[5]	a[6]	a[7]	a[8]	a[9]

此时对形参数组 a 的操作实际上是对实参数组 x 的操作。因此,我们从函数中获得了多个返回值。因为整个数组的内容都可以看成被调用函数的返回值。

(4)由于数组名作为函数的参数只是传递的数组的首地址,所以在形参定义时可以不定义数组的大小。这样定义好的函数就可以处理同类型的任何长度的数组了。

例 5.14　求整个数组的平均值。

```
float fun (a,n)
float a[];
```

```
int n;
{
    int i;
    float sum = 0.0;
    for( i =1; i<n; i+ +)
     sum + = a[i];
    return (sum / n);
}
main ( )
{
    float agv;
    float x[10] = {1.2 , 3.6 , 4.5 , 5. 1 , 6. 9 , 7 , 8 , 9 ,10. 5 , 11. 3};
    float y[5] = { 7 , 8 , 9 ,10. 5 , 11. 3};
    agv = fun (x,10);
    printf ("The array x average is %5 . 2f \n", agv );
    agv = fun (y,5);
    printf ("The array y average is %5 . 2f \n", agv );
}
```

程序运行结果：

```
The  array  x  average  is:6.71
The  array  y  average  is:9.16
```

程序中，fun 函数中的形参数组 a 在定义时没有指定其数组的长度，而是通过另一个参数 n 来确定传递来的数组长度。这样 fun 函数就可以处理所有实型数组的平均值问题。为什么要传一个 n 进来呢？因为在 fun 函数中 a 只能确定数组的起始地址，不能表示出这个数组的长度。在这种情况下，在 fun 函数中使用这样的表达式（a[100]=0）系统是不会报错的，但这实际上已经超出了实参数组的长度，结果是向一个可能有其它用途的内存单元存放了一个值，结果很容易引起系统"死机"。所以在这种情况下，要加一个参数用来表示实参数组的长度（实际上是通过人工的方式来保证对数组的使用不会越界）。

我们将这种传递地址的函数参数方式叫做"地址传递"，它的好处是：可以在被调函数中对主调函数中的数组进行修改，使调用函数可以从被调用函数获得多个值。而不像"值传递"，被调函数中怎么改变形参的值，也绝不会改变了实参的值。

例 5. 15 希尔排序。

在介绍数组时，讲了两种排序算法，一种是冒泡排序算法，另外一种是选择排序算法。现在介绍一种希尔排序算法。冒泡排序算法是在相邻元素上进行比较的，而选择排序算法是每一趟找出较小（或较大）的数，将其放合适的位置上。这两种算法的共同特点是当需要排序的数据较多时，程序运行时间长。希尔排序则与其完全不同，希尔排序在不相邻的元素之间进行比较和交换。

　　在希尔排序中,涉及到一个子序列的概念,因为希尔排序的过程中会将待排序列分成若干子序列。怎么划分子序列呢? 希尔排序会把整个数据序列中间距相同的元素划分为一个子序列,这个间距在希尔排序中称为步长。比如数据序列 44、55、12、42、94、18、6、67,如果按照步长为 4 进行划分的话,那么这 8 个元素将被划分为步长都为 4 的 4 个子序列:(44,94)、(55,18)、(12,6)、(42,67);如果按照步长为 3 进行划分的话,那么这 8 个元素将被划分为步长都是 3 的 3 个子序列(44,42, 6)、(55,94,67)、(12,18)。

　　有了子序列的概念之后,希尔排序的算法思想是:对于 n 个元素取一个步长 jump,将 n 个元素分成 jump 个不同的子序列,接着对每个子序列实施已知的排序算法(比如冒泡、选择等)将其排成有序,然后合并这些已排好序的子序列;缩减步长 jump 的长度(最常见的缩减方式就是倍减步长),比如步长从 jump 减为 jump/2,重新将 n 个数据序列划分成 jump/2 个子序列,接着对每个子序列实施某个排序算法进行排序,然后合并这些已排好序的子序列;重复上面的这些步骤,直到步长 jump 缩减为 1 为止。

　　我们先人工将下面一组数据按希尔排序法排序。

```
未排序的数:      44    55    12    42    94    18    6    67
jump＝4 时:      44                      94
                 55                           18
                       12                          6
                       42                          67
```

　　当 jump＝4 时,8 个数据被分成了 4 个子序列,对每个子序列分别采用排序算法进行排序之后再合并在一起,这时这 8 个数据就已经在 jump＝4 意义下是有序的,得:

```
                 44   18    6    42    94    55    12    67
倍减步长,jump＝2:
                 44         6         94         12
                    18        42         55         67
```

　　当 jump＝2 时,8 个数据被分成了 2 个子序列,对每个子序列分别采用排序算法进行排序之后再合并在一起,这时这 8 个数据就已经在 jump＝2 意义下是有序的,得:

```
                  6   18   12   42   44   55   94   67
倍减步长,jump＝1:
                  6   18   12   42   44   55   94   67
```

　　当 jump＝1 时,8 个数据被分成了 1 个子序列,对该子序列再采用排序算法进行排序之后,这时这 8 个数据就已经在 jump＝1 意义下是有序的,也就是整个排序结束,得:

```
                  6   12   18   42   44   55   67   94
```

依据对希尔排序算法思想的理解,可以用下面的语句框架描述。

设数组用 a[n]存放,数据个数为 length,间隔取 jump:

```
jump = length;
while(jump>1)
{ jump = jump/2;
   for(i = 0;i<jump;i + + )
        bubblesort(a,i,length,jump);/ * 对每个子序列采用某种已知的排序算法进行
                                                排序;
}
```

程序如下:

```
#define LEN   20
void shellsort(int a[],int k);
void bubblesort(int a[],int start,int length,int jump);
main()
{
    int x[LEN];
    int t;
    int length;
    printf("please input the length of array: % d");
    scanf(" % d",&length);
    printf("please input the numbers:");
    for(t = 0;t<length  ;t + + )
        scanf(" % d",&x[t]);
    shellsort(x, length);
    printf("\n\n");
    for(t = 0;t< length;t + + )
        printf(" % 4d",x[t]);
}
void shellsort(int a[],int length)
{
    int i = 0;
    int jump = length;
    while(jump>1)
    {
        jump = jump/2;
        for(i = 0;i<jump;i + + )
            bubblesort(a,i,length,jump);
    }
}
void bubblesort(int a[],int start,int length,int jump)
{
```

```
        int alldone = 0;
        int i,j;
        for( i = start;i<length - jump;i = i + jump)
        {
            alldone = 0;
            for(j = start;j<length - i - jump;j = j + jump)
                if(a[j]>a[j + jump])
                {
                        int temp = a[j];
                        a[j] = a[j + jump];
                        a[j + jump] = temp;
                        alldone = 1;
                }
            if(alldone = = 0) break;
        }
}
```

程序运行结果：

输入数据：44　　55　　12　　42　　94　　18　　6　　67

输出结果：6　　12　　18　　42　　44　　55　　67　　94

程序中，在 bubblesort 函数中定义的变量 alldone 的作用，就如同在前面章节中讲的冒泡排序中的变量 done 一样。在冒泡排序中，如果某一趟的两两比较都有序的话，那就意味着数据序列已经排好序了，所以设置 alldone 变量来监测这种情况是否已经存在，如果存在，alldone 变量的值就不会发生变化，if(alldone= =0) break;语句则令循环终止，排序结束。希尔排序较前两种排序方法，程序运行时间短。另外，数组 x 的改变是在 bubblesort 函数中进行的，而对数组 x 的显示是在调用 shellsort 函数的主函数中进行的。由此可见，数组按地址传递在调用函数中确实可将主调函数中的数组内容改变。

例 5.16　编写一个函数 strtoint，用于将一个十进制的数字字符串，如"3156"，转换成相应的整型数值，即 3156。主函数调用该函数，可将任意输入的数字字符串转化成整型数输出。

编写程序的基本思想：首先要明确两种数据的不同的存储结构，以 3156 为例，以字符串形式存储"3156"，在内存中须占五个字节，即需要将其说明成字符数组，而 3156 作为整型数在内存中只占两个字节，即需要将其说明成整型变量。

根据题名要求，函数 strtoint 要从调用函数中接收一个字符串，返回给调用函数的应该是一个整型数，所以，被调用的首部应确定为：

```
int   strtoint(char s[])
```

程序如下：

```
main( )
    { char num[7];
      int y;
      int strtoint(char s[]);               /*   说明被调用函数   */
```

```
        printf("Input a number string:");
        scanf("%s",num);                    /* 输入数字串 */
        y = strtoint(num);
        printf("y = %d\n",y);
    }
int strtoint(char s[])                      /* 函数定义 */
    {int i, j, x;
     int sign = 1;
     i = 0;
     if (s[i] = = '-')                       /* 处理数字串前的符号 */
         { sign = -1;
           i++;
         }
     else
         if (s[i] = = '+')
             { sign = 1;
               i++;
             }
     x = 0;                         /* 将去掉符号后的数字串转化成整数 */
     for(;s[i]! = '\0';i++)
       x = x * 10 + s[i] - '0';
     return (x * sign);
    }
```

程序说明:

函数 strtoint 从主函数中接收的数字字符串根据串前的符号,可以分为三种情况。

(1) 数字字符串前无符号,例如"3156 "。

(2) 数字字符串前有一个正号,例如"＋3156"。

(3) 数字字符串前有一个负号,例如"－3156"。

所以,函数中首先用 if 语句来处理数字字符串前的符号,用变量 sign 标识,当有负号时 sign＝-1,无符号或有正号时,sign＝1。sign 的初值设为 1 是针对数字字符串无符号的情况。

for 循环用于处理将数字字符串转化成整数,其中

$$s[i] - '0'$$

是求第 i 个字符表示的数值。对于串"3156",

$$s[2] = '5', s[2] = '5' - '0' = 53 - 48 = 5$$

在本例子中,函数的参数是字符数组,在定义形参时我们没有定义数组的大小,可是该程序是正确的,为什么? 请读者比较前面的例子认真思考一下。

5.6.3　多维数组作参数

多维数组元素做函数的参数和变量做函数参数是一样的。

多维数组名做函数的参数和一维数组名做函数的参数相类似,也是将实参数组的首地址传递给形参数组。形参只知道这是一个数组的首地址,但这个数组是几维的,长度是多少可就不知道了。解决的方法是通过定义多维数组的形参。我们知道任何数组在内存中都是按照线性方式存储的,对于多维数组也不例外,只是我们在看这一组数据的方式不同而已。例如:

假设实参数组为:int a[4][5];

则形参数组可以定义为如下任意一种形式:

```
int x[4][5];
int x[5][4];
int x[20];
int x[][10]
```

都是正确的。将它们总结成表 5.2。

表 5.2

实参数组	形参数组	形参数组元素	对应的实参数组元素
int a[4][5];	int x[4][5];	x[i][j]	a[i][j]
	int x[5][4];	x[3][2]	a[2][4]
	int x[20];	x[i*5+j]	a[i][j]
	int x[][10] 按每行 10 个数来看待实参数组	x[1][9]	a[3][4]

了解了多维数组作函数参数的这些特点,在使用时只要保证在形参数组中操作时,不超过实参数组的长度即可。用二维数组作为函数的参数要注意如下几个问题。

(1) 形参数组定义时可以指定第一维的大小,也可以不指定(只有第一维是这样的)。

(2) 第二维的大小不能省略,如:形参说明为 int x[][10]是合法的,而说明成 x[][]是不合法的。这是因为系统无法知道数组 x 是多少行多少列。

(3) 形参数组写成 int x[4][];也是不合法的。

例 5.17 二维数组作为函数的参数的例子。在 4×5 的矩阵中,求其中最小元素。

程序如下:

```
main( )
{
  int a[4][5] = {{16,21,34,42,55},{2,5,8,17,22},
              {9,8,4,33,23},{13,26,53,24,27}};
  int c;
  c = min(a);
  printf("The min number is : % d\n",c);
}
int min(x)
int x[][5];
```

```
{ int i,j,k,m;
  m = x[0][0];
  for(i = 0; i<4;i + + )
    for(j = 0; j<5;j + + )
      if(x[i][j]<m)
          m = x[i][j];
  return(m);
}
```

程序运行结果:

```
The min number is :2
```

5.7　变量作用域

本节学习有关变量的一些特性,以及变量的作用域。在前面的学习中,使用了很多的变量。这些变量都定义在函数内部。任何一个变量都是有它的管辖范围的,也称作变量的作用域。当定义了某一个变量以后,并不是在程序的任何地方都可以使用这个变量,只有在变量的作用域范围内才能使用这个变量。在 C 语言中如果按作用域分,变量分为局部变量和全局变量。

5.7.1　局部变量

在一个函数内部定义的变量被称作局部变量,这种变量的作用域是在本函数范围内。通俗地说,局部变量只能在定义它的函数内部使用,而不能在其它函数内使用这个变量。

```
(1)float ff1(a)
   int a;                    在函数 ff1 内部
   {int b,c;                 变量 a,b,c 有效
   }


(2)float ff2(x,y)
   int x,y;                  在函数 ff2 内部
   {int x1,y1;               变量 x,y,x1,y1 有效
   }
(3)main()
   {int m,n;                 在函数 main 内部
   }                         变量 m,n 有效
```

说明:

(1)main 函数也是一个函数,它内部定义的变量只能在 main 函数内部使用,而在其它函数内部不能使用 main 函数内部定义的变量。

(2)不同的函数中可以使用相同的变量名,但它们是属于不同的函数的变量,它们的作用域是不同的,它们均在定义它们的函数中起作用。当函数执行时,系统为它们分别分配内存,所以变量名虽然是一样的,但由于它们在不同的函数中定义,所以就在不同的区域内分配空

间。这样可以在函数内部,根据需要设置任何的变量名。

(3)形参也属于局部变量,作用范围在定义它的函数内。所以在定义形参和函数体内的变量时不能重名。

(4)在复合语句内部也可以定义变量,这些变量的作用域只在本复合语句中。只在需要的时候再定义变量,这样做可以提高内存的利用率。例如:

```
f(a)
int a;
{
  {int c;
    c = a + b;
  }              /* 变量 c 只在此复合语句内起作用  */
}
```

5.7.2 全局变量

在函数外部定义的变量称作外部变量,外部变量属于全局变量。全局变量的作用域是从定义变量的位置开始到本源文件结束。这样全局变量可以供很多函数都使用它。请看下面的例子。

例 5.18 关于全局变量的例子。

```
int x,y;/* 外部变量 */
float f1(a)
int a;
{ …
}
float a,b;/* 外部变量 */
int f2(c)
int c;
{int z;
  …
}
main()
{int m,n;
  …
}
```

全局变量 a,b 的作用范围

全局变量 x,y 的作用范围

说明:

(1)在一个函数内部,既可以使用本函数定义的局部变量,也可以使用在此函数前定义的全局变量。在上面的例子中,main 函数和 f2 函数中可以使用全局变量 a,b,x,y,而在 f1 函数内只能使用全局变量 x,y。

(2)全局变量的作用是使得函数间多了一种传递信息的方式。如果在一个程序中各个函数都要对同一个信息进行处理,就可以将这个信息定义成全局变量。另外,采用这种方式,意味着可以从函数内部得到多个计算值。

　　例 5.19　再举对一个数组进行排序的例子,排序结果在屏幕上显示。

　　程序如下:

```
void sort();
void echoa();
int a[5] = {5,6,7,3,2};
main()
{
    echoa();
    sort(5);
    echoa();
}
void echoa()
  {
    for( i = 0 ;i< 5;i + +)
      printf("%3d",a[i]);
      printf("\n");
  }
void sort( int n )
{
    int i,j,min = 0,t;
    for(i = 0;i<n - 1;i + +)
    {min = i ;
      for(j = i + 1;j<n;j + +)
        if (a[j]<a[min]) min = j;
      t = a[i];a[i] = a[min];a[min] = t;
    }
}
```

　　程序运行结果:

　　　5,6,7,3,2

　　　2,3,5,6,7

　　这个程序中将数组 a 定义为了全局变量,这样在 main 函数中就不用定义数组,在其它函数中也不用对形参进行说明。函数间省去了参数的传递。

　　(3)尽量不要使用全局变量。因为,结构化的程序设计要求各模块间的耦合性要尽量小、内聚性要高,即各模块间传递的信息要尽量少、各模块的独立性要高。

　　各函数在使用了全局变量后,实际上相当于隐含地在各函数间进行了信息的传递,这样函数与其它函数的耦合性就高。我们设计函数的目的是让它能够独立的完成一个任务,将来在需要的时候可以不加修改的拿到其它程序中使用。如果这个函数中使用了全局变量,那么在移植函数时就要连这些全局变量一起移植,还要保证全局变量移植后不会对其它函数造成不良影响。一旦定义了一个全局变量,它就要占用内存直到整个程序结束,这样内存的利用率也低。所以要减少对全局变量的使用。其实对全局变量的使用全部可以通过参数的传递来完成。

(4)全局变量的作用范围是从定义位置起直到程序结束处。如果想在定义全局变量的前面直接使用全局变量是不可能的。如果就是想这么用,就将全局变量的定义往前写一写。另外还有一种方法,不用改变全局变量的定义位置,那就是在要使用全局变量的函数内使用 extern 关键字对要使用的全局变量说明一下,告诉系统,要使用的这个变量是全局变量!

例 5. 20　用关键字 extern 说明全局变量。

```
int max(x,y)
int x,y;
{ return(x>y? x:y);}
main()
{
extern int a,b;/* 不产生新的变量,只是告诉系统这是外面定的变量  */
printf("%d",max(a,b));
}
int a = 33,b = 30;/* 在内存中产生两个变量 */
```

程序运行结果:

33

用 extern 定义外部变量的一般格式:

　　　　extern 〈类型〉 〈变量名表〉

作用是告诉系统这个函数中使用的变量是外面定义的全局变量。它在内存中不产生新的变量。所以只要在一个函数内使用全局变量,就要有一条 extern 外部变量说明语句。而外部变量的定义语句只有一句。

(5)如果在一个函数内部,一个局部变量和一个全局变量重名,那么是局部变量起作用。而外部变量不起作用。看下面的例子:

例 5. 21　关于局部变量和全局变量重名的例子。

程序如下:

```
int a = 3,b = 5;
max(a,b)
int a,b;             /* 此处 a,b 为局部变量 */
 { return (a>b? a:b);}
main()
 {int a = 8;          /* 局部变量 a(8)起作用 */
  printf("%d",max(a,b)); /* 全局变量 b(5)起作用 */
 }
```

程序运行结果：

   8

5.8　变量存储类别与生存周期

我们知道,当系统在执行某个函数时,会给这个函数中所定义的变量分配一块新的内存空间。在这块新内存空间中存放这个函数的局部变量和形参变量。

首先让我们来了解一下一个 C 程序在执行时内存的分配状态。系统开机后,内存被分为两大块。一块是系统区,存放操作系统等内容;另一块是用户区,用来存放被执行的用户程序。我们主要研究一下在用户区的内存分配情况。

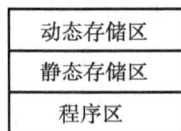

| 动态存储区 |
| 静态存储区 |
| 程序区 |

图 5.6　用户区的内存分配

一个 C 程序在运行时,用户区被分为三大块,如图 5.6 所示。

(1) 程序区,用来存放 C 程序运行代码。

(2) 静态存储区,用来存放变量,这个区域中存储的变量被称作静态变量,如全局变量。

(3) 动态存储区,用来存放变量以及进行函数调用时的现场信息和函数返回地址等,在这个区域存储的变量我们称之为动态变量,如形参变量、函数体内部定义的局部变量等。

在 C 语言中,每一个变量都有两个属性:数据类型和数据的存储类别。数据类型是我们前面讲过的各种数据类型,如:整型、实型等。而存储类别主要指一个变量在内存中的存储区域,在 C 语言中,共有四种存储类别:

(1) 自动存储类别(auto);

(2) 寄存器存储类别(register);

(3) 外部存储类别(extern);

(4) 静态存储类别(static)。

自动存储类别的变量被存放在动态存储区内;而外部存储类别和静态存储类别的变量则被存放在静态存储区内;寄存器存储类别的变量则视系统运行的情况被存放在寄存器中或动态存储区内。

5.8.1　静态存储变量

凡是用关键字 static 定义的变量全部被称为静态变量,所以静态存储变量又分为:局部静态存储变量和全局静态存储变量。但是无论是静态局部变量,还是静态全局变量都存储在静态存储区内,在程序的整个运行期间这些存储变量都存在。

按静态变量定义位置的不同,又分为全局静态变量和局部静态变量。它们的区别在于:

(1) 全局静态变量实际上就是全局变量,一个程序中的全局变量全部存储在静态存储区中。

(2) 局部静态变量指的是在函数中用关键字 static 定义的变量,这种变量的作用范围只在定义它的函数起作用,但是它存储在静态存储区。我们知道,一个函数在返回时要将其所占有的内存交还系统。但如果这个函数中定义有静态变量,函数在返回时这个静态变量不会被释放,仍然保它的值。如果再次调用这个函数时,我们就可以直接使用这个保存下来的值。

请看下面的例子：

例 5.22 关于静态变量的例子。

```
int sub()
{   static y = 0;
    y + + ;
    return(y);
}
main()
{int i;
 for (i = 0;i<5;i + + )
 printf("% 3d",sub());
}
```

程序运行结果：

```
    1 2 3 4 5
```

例子中，sub()函数的内部定义了一个静态变量，main()函数对这个函数调用了五次。虽然在 sub()函数内有一条初始化语句，但由于 y 是静态变量，所以编译系统在对程序编译时，就对 y 进行初始化，以后再调用就直接使用 y 变量而不再进行初始化了。

说明：

(1) 局部的静态变量如果不对其进行初始化，那么系统自动对其赋值 0。

(2) 虽然局部的静态变量在函数返回后依然存在，但由于它是局部变量，所以其它函数仍然不能对它进行引用。

(3) C 语言规定，只有存储在静态存储区中的变量才能对其进行初始化，实际上就是我们前面提到过的：只有对全局变量和用 static 定义的变量才能进行初始化。

(4) 对静态变量的初始化是在编译阶段完成的，即在程序运行前就已经初始化完毕了。

5.8.2 动态存储变量

动态存储变量有两种：自动变量和寄存器变量。

1. 自动变量

动态存储变量是存储在动态存储区的，这种变量只在定义它们的时候才创建，在定义它们的函数返回时系统回收这些变量所占内存。对这些变量的创建和回收是由系统自动完成的，所以叫自动变量(用关键字 auto 定义)。最典型的例子就是函数中定义的局部变量。

例如：

```
int f(a)
int a;
{
    auto int b,c = 4; /* 定义 b,c 为自动变量 */
}
```

由于自动变量经常使用,所以关键字 auto 可以省略。上面对自动变量的定义可以写成 int b,c=4;它们是等价的。由此可见,形参变量 a 也是自动变量。

2. 寄存器变量

一般情况下所有的变量是存放在内存中的,我们知道,计算机是一个多级缓存系统。程序在运行时,只有需要计算的变量才从内存中取到运算器。如果有一个变量在某一段时间内重复使用的次数很多,如循环变量。那么,这种从内存取数的过程将花费大量的时间。所以对这种重复使用的变量,C 语言允许将它存放在寄存器中,以提高程序的运行效率。这种变量被称作"寄存器变量",用关键字 register 定义。

因为计算机系统中寄存器的数目是非常有限的,所以决定了在 C 程序中寄存器变量的数目有一定的限制,只有动态变量才能作为寄存器变量。另外在一些 C 语言系统中(如 Turbo C 和 MS C),寄存器变量实际上是被当作自动变量来处理的,仍然将这种变量存放在内存中。所以对这种变量,我们只要了解一下就行。看下面的一个例子:

```
main()
{
    register int i;
    for(i = 0;i<1000;i + +)
    printf("%5i",i);
}
```

5.8.3 全局变量的存储类别

全局变量是静态变量。但是,一个 C 程序可能是由多个源文件组成的。根据全局变量是否能被其它源程序使用,又将全局变量分为外部的和内部的。

(1) 如果要想在其它源文件中访问本源文件中的全局变量,在其它源文件中通过使用关键字 extern 来说明全局变量。例如:

例 5.23 关于全局变量的说明。

```
源文件 1  (file1.c)
extern int a;
echoa()
{ int i;
    for(i = 0;i<5;i + +)
    printf("%d",a + +);
}
源文件 2  (file2.c)
int a;
main()
{
    scanf("%d",&a);
    echoa();
```

```
}
```

工程文件(subj.prj)

```
file1.c
file2.c
```

在源文件 2 中,我们定义了一个全局变量。在源文件 1 中,我们使用 extern 来说明源文件 1 中的变量 a 是在其它源文件中已经定义过的全局变量。注意,这里的 extern 只是起一个说明作用,它不产生新的变量,即不分配内存空间。

(2) 有些时候,本文件的全局变量不想被其它源文件使用,或者防止多人合伙编写一个大程序时,个人定义的全局变量与他人重名,那么我们使用关键字 static 来定义一个全局变量。

例 5.24 关于全局变量的定义。

```
file1.c
extern int a;
echoa()
{ int i;
  for(i = 0;i<5;i + +)
    printf("% d",a + +);
}
file2.c
static int a = 10;
f1()
{
...
}
file3.c
int a;
main()
{
 scanf("% d",&a);
 echoa();
}
sj.prj
file1.c
file2.c
file3.c
```

上面三个源程序,共定义了两个全局变量。一个是 file3 源文件中的变量 a,另一个是 file2 源文件中的变量 a。在 file2 源文件中,全局变量 a 用 static 说明,则这个变量就只能被 file2 源文件使用。file1 源文件中的全局变量 a 实际上是 file3 源文件中的全局变量 a。

静态全局变量可以与其它文件中的全局变量同名,这些全局变量在含有同名的静态全局变量的文件中不起作用。

对全局变量的这种规定,使得多人分工合作来完成一个任务变得容易。不用担心自己的变量名与别人的重名。

5.8.4　变量的生存周期

在定义变量时不但要指定它的数据类型,还要指出它的存储类别。变量由于其存储类别不同,而被存放在不同的存储区域内。我们把程序运行期间变量在内存中存在的时间称为变量的生存周期。变量的生存周期和变量的作用域可分为:

(1)局部变量的生存周期,它是从定义它的函数运行开始到函数运行结束。其作用域为定义它的函数内。

(2)静态局部变量的生存周期,它是从程序的运行开始到程序运行结束。其作用域为定义它的函数内。

(3)全局变量的生存周期,是从定义它的源程序运行开始到整个程序运行结束。其作用域为定义它的源程序内。

(4)外部变量的生存周期,是从整个源程序运行开始到整个程序运行结束。其作用域为整个源程序内。

(5)静态全局变量的生存周期,是从定义它的源程序运行开始到定义它的源程序运行结束。其作用域为定义它的源程序内。

读者应认真学习本节,深刻理解变量的作用域、存储类别和变量的生存周期的含义及其作用,才能编写出高质量的 C 程序。

5.9　内部函数和外部函数

C 语言函数之间的关系是平行的,函数从本质上看都是全局的。但是,在编写大型程序时往往需要多人合作,每人编写大程序中的某些模块,形成一个源程序文件,这个源程序可以单独编译,单独运行,单独调试。每个人的模块都调试好了后,再将调好的源程序形成一个整体进行联调。因此根据函数是否能被其它源程序文件调用,又将函数分为内部函数和外部函数。

5.9.1　内部函数

为了防止其它源程序文件中的函数调用本源程序文件中的某些函数,在定义这些函数时,在函数定义前面加上关键字"static",则称此函数为内部函数。例如:

　　static int max(a,b);　这个 max 函数只能在本源文件中使用。

有了内部函数的概念后,在不同的源文件中可以有相同的函数名而不会发生冲突。

例 5.25　关于简化了的通信的例子。设置一个管理信箱的函数 mail_box(),程序中通过 send()函数向其发信,通过 receive()函数从信箱中接收信件。为了保证信箱的安全性,将管理信箱的函数 mail_box()、send()函数和 receive()函数建立在一个源程序文件中,取名为:mail.c

程序如下:

```
#define  MAX 50
```

```
#include <string.h>

static void mail_box(char   mail[],char p)
{ static char mailbox[MAX];
  if(p = = 's')
    strcpy(mailbox,mail);
  else if(p = = 'r')
         strcpy(mail,mailbox);
}
void send(char mail[])
{
  mail_box(mail,'s');
}
void receive(char mail[])
{
  mail_box(mail,'r');
}
```

编好了这个程序后就可以在其它源文件中通过调用 send()函数和 receive()函数来发信和接收信件,这里 mail_box()函数对该文件外的是隐蔽的,而 mailbox[]数组(信箱)则对 send()函数和 receive()函数又是隐蔽的。

在另一个源文件 mymail.c 中可以这样来调用它们。

程序如下:

```
extern   void send();
extern   void receive();
main()
{  char s[50],r[50];
   gets(s);
   send(s);
   receive(r);
   puts(r);
}
```

程序运行结果:

Hello!
Hello!

程序运行结果表明:通过在文件 mymail.c 中调用 send()函数和 receive()函数,实现了向信箱送信息和从信箱中接收信息。体现了函数 mail_box()和信箱 mailbox[]数组的隐蔽性。

5.9.2　外部函数

如果函数不仅能被本源文件的函数调用,还可以被其它源文件中的函数调用,则称此函数为外部函数。

在定义外部函数时,给函数定义前面加上关键字"extern"。例如:

extern int max(a,b);

这个 max 函数只能在本工程文件中的所有源文件中使用。

要注意的是,如果在源文件 A 中调用另一个源文件 B 中的函数,那么必须在源文件 A 中对要调用的函数进行说明,格式如下:

extern int max();

另外要注意的是在定义外部函数的时候,extern 关键字可以省略。

例 5.26　外部函数的定义、说明和调用。

文件 f1.c 的内容如下:

```
extern void sorta(),echoa();          /* 函数说明 */
extern int min();                     /* 函数说明 */
main()
 {static int a[5] = {3,8,5,1,7};
  echoa(a);
  sorta(a);
  echoa(a);
  printf("The min is %d\n",min(a)):
 }
```

文件 f2.c 的内容如下:

```
extern void echoa(a)              /* 函数定义 */
int a[5];
{
 int i;
 for(i = 0;i<5;i + +)
 printf("%3d",a[i]);
 printf("\n");
}
```

文件 f3.c 的内容如下:

```
extern void sorta(a)              /* 函数定义 */
int a[5];
{
  int i,j,min = 0,t;
  for(i = 0;i<4;i + +)
```

```
  { min =  i;
    for(j = i + 1;j<5;j + + )
     if (a[j]<a[min]) min = j;
    t = a[i];a[i] = a[min];a[min] = t;
  }
}
```

文件 f4.c 的内容如下：

```
extern void sorta();          / * 函数说明 * /
extern int min(a)             / * 函数定义 * /
int a[5];
 { sorta(a);
   return(a[0]);
 }
```

工程文件 subj.prj 的内容如下：

```
f1.c
f2.c
f3.c
f4.c
```

程序运行结果：

```
3  8  5  1  7
1  3  5  7  8
The min is 1
```

由此可见，一个 C 程序可以由多个源程序文件组成，Turbo C 提供了将多个源程序文件一起调试的功能，这就是建立工程文件。下面介绍如何创建一个工程文件。

(1) 创建一个后缀名为 PRJ 的文件，在这个文件中将各源文件名写入，并在菜单 Project 的 name 命令中将本工程文件名写入。

(2) 创建各源文件。

(3) 打开第一步创建的工程文件。

(4) 编译、链接此工程文件。

5.10　函数的综合举例

例 5.27　将任意给出的一个大偶数 n 分解成两个素数之和，要给出分解的方法。

例如 n=10,分解结果应为:10=3+7 和 10=5+5。

根据题目的要求，我们可以写出程序的基本框架：

```
main ( )
  {int n,m;
```

```
        scanf("%d",&n);
        for(m=1;m<=n/2;m++)
            如果 m 和 n-m 都是素数,则输出 m 和 n-m;
        }
```

由于程序每循环一次,都要判断 m 和 n-m 是不是素数,所以,要编写一个函数用于判断一个整数是不是素数,在主函数中要判断素数时,只需要调用这个函数即可。程序如下:

```
    main ( )
     {int n,m;
            int check(int x);
            do
              { printf("Input number n:");
                scanf("%d",&n);
              }while(n%2!=0);
            for(m=1;m<=n/2;m++)
              if(check(m)==1&&check(n-m)==1)
                                                /* 判断 m 和 n-m 是不是素数 */
                printf("%d=%d+%d\n",n,m,n-m);
                                                /* 是素数,则输出 m 和 n-m; */
     }
     int check(int x)
        { int i;
          for(i=2;i<=x/2;i++)
            if(x%i==0)
                return(0);
            return(1);
        }
```

程序运行结果:

```
    Input number n:10
    10=3+7
    10=5+5
```

程序分析:

(1) 函数 check 的功能是用来判断一个整数是否是素数,其首部

```
        int check(int x)
```

给出了它与调用函数之间的关系,形式参数为一个简单变量。当调用函数要调用它时,必须给出实在参数,在主函数中我们用 check(m) 和 check(n-m) 两次调用了 check 函数。check 函数的返回值是一整数,返回 1 表示所判断的整数是素数,返回 0 则表示所判断的整数不是素数。

（2）主函数中的 do-while 语句是用来确保输入的数是偶数。

（3）在 for 循环体内两次调用了 check 函数，分别用于判断 m 和 n－m 是否是素数，若两次调用返回 1 时，找到了一个解，则输出其结果。

根据 C 语言对条件表达式判断规定，if 语句中的条件表达式可以简写为：

  check(m)＆＆check(n－m)

例 5.28 编写程序，将自然数 $1,2,\cdots,N^2$，按蛇形方式逐个顺序存入 N 阶矩阵。

例如，当 N＝3 和 4 时分别如图 5.7 和图 5.8 所示。

```
6  7  9        7  13  14  16
2  5  8        6   8  12  15
1  3  4        2   5   9  11
               1   3   4  10
```

图 5.7 N＝3   图 5.8 N＝4

从 a_{n0} 开始到 a_{0n} 为止（n＝N－1）的顺序添入自然数，交替地对每一斜列从左上元素向右下元素或从右下元素向左上元素存数。

程序如下：

```c
# include <stdio. h>
# define SIZE 10
void makeline(int row_start,int col_start,int row_end);
void makeArray(int n);
int a[SIZE][SIZE],k;
main()
{ int i,j,n,N;
   for (N=3;N<=SIZE;N++)
    { k=1;
      makeArray(n=N-1);
      printf("\n N= %d:\n",n+1);
      for ( i=0;i<=n;i++ )
        { for(j=0;j<=n;j++)
          printf("%4d",a[i][j]);
          printf("\n");
        }
    }
}
void makeline(int row_start,int col_start,int row_end)
{ /* 完成矩阵一条斜线的整数填写 */
int i,j,sign=(row_end>row_start)?1:-1;
for (i=row_start,j=col_start;(row_end - i)*sign>=0;
```

```
    i + = sign, j + = sign)
  a[i][j] = k + + ;
  }

void makeArray(int n)
  { /* 完成矩阵每条斜线的整数填写 */
    int d;
    for (d = 1;d< = 2 * n + 1;d + +)
    if(d < = n)
    if(d % 2) makeline(n,d − 1,n + 1 − d);
    else makeline (n + 1 − d,0, n);
    else
        if(d % 2) makeline(2 * n + 1 − d, n,0);
        else makeline (0,d − n − 1,2 * n + 1 − d);
  }
```

程序分析：

主函数的循环是控制顺序生成 3×3、4×4、…、10×10 蛇形矩阵。主函数为对给定的 N 生成 N×N 的蛇形矩阵，首先让填数变量 k 为第一个数 1，然后以实参 N−1 调用函数 makeArray( )生成蛇形矩阵，最后将生成的矩阵按行输出。函数 makeArray(int n)生成(n+1)×(n+1)蛇形矩阵。程序中按逐条斜线添数，其中一条斜线填数又通过调用函数 makeline()来实现。各函数之间的数据转递是通过定义了全局变量数组来实现的。

例 5.29　辛普森算法(Simpleson) 求积分 $S = \int_a^b e^x dx$ 的面积。

[解题思想]：定积分的数值方法从几何的观点看，是将曲边梯形的面积近似地看成简单的图形面积；从函数近似观点看，只要找到一个足够精度的简单函数 $p(x)$ 去代替被积函数 $f(x)$，则

$$I = \int_a^b f(x)dx \approx \int_a^b p(x)dx$$

将积分区间细分，在每一个小区间上用简单几何图形的面积去近似代替相应小区间的曲边梯形的面积，这是求积公式精密化的主要途径。常用的数值积分公式有以下三种：

(1) 中矩形公式：令 $f(x) \approx f(a+b)/2$，用矩形面积 $M = f((a+b)/2)(b−a)$ 近似作为曲边梯形面积，即 $\int_a^b f(x)dx \approx f((a+b)/2)(b−a) = M$ 称为中矩形求积公式。如图 5.9(a)。

(2) 梯形公式：过曲线 $y=f(x)$ 在区间 $[a,b]$ 上的两个端点 $(a,f(a))$，$(b,f(b))$ 作直线 $y=p_1(x)$，令 $f(x) \approx p1(x)$。显然 $p_1(x)$ 在 $[a,b]$ 上的积分等于梯形面积，$T = (f(a)+f(b))(b−a)/2$ 有 $\int_a^b f(x)dx \approx (f(a)+f(b))(b−a)/2 = T$ 称为梯形求积公式。如图 5.9(b)。

(3) 辛普森(Simpson)求积公式：为了提高数值积分的精度，在梯形积分的基础上提出了抛物线积分方法，即由两点联线所构成的梯形，变为三点联成曲线所构成的抛物线形。抛物线积分法又称辛普森(Simpson)积分法。

通过 $(a,f(a))$，$((a+b)/2,f((a+b)/2))$，$(b,f(b))$ 三点作抛物线 $y=p_2(x)$。容易求出 $p_2(x)$ 在 [a,b] 上的积分

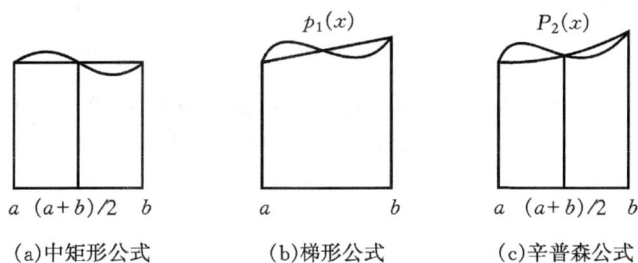

(a)中矩形公式　　　(b)梯形公式　　　(c)辛普森公式

图 5.9　辛普森算法示意图

$$\int_a^b f(x)\mathrm{d}x \approx \int_a^b p_2(x)\mathrm{d}x = (f(a)+ 4f((a+b)/2)+ f(b))(b-a)/6=S$$ 称为辛普森或抛物线公式。如图 5.9(c)。

程序如下：

```
#define N 10
# include <stdio.h>
# include <math.h>
double f(x)
double x;
{ double y;
  y = exp(x);
  return y;}
double simpson(a,b)
float a,b;
{ double h,x,s;
  s = f(a) - f(b);
  h = (b-a)/10;
  x = a;
   do
    {
      x = x + h/2;s = s + 4 * f(x);
      x = x + h/2;s = s + 2 * f(x);
    } while(x<b);
      s = s * h/6;
      return(s);
}
main()
{ float a,b,s;
  scanf("% f,% f",&a,&b);
  s = simpson(a,b);
```

```
    printf("%16.12f\n",s);
}
```

例 5.30　输入长方体的长(l)、宽(w)、高(h),求长方体体积及正、侧、顶三个面的面积。

解题思想:利用全局变量计算长方体的体积及三个面的面积。

```
int s1,s2,s3;
int vs(int a, int b, int c)
  {  int v;
  v = a * b * c;   s1 = a * b;   s2 = b * c;   s3 = a * c;
  return  v;
  }
main()
      {int v,l,w,h;
        clrscr();
        printf("\n input length,width and height: ");
        scanf("%d%d%d",&l,&w,&h);
        v = vs(l,w,h);
      printf("v = %d  s1 = %d  s2 = %d  s3 = %d\n",v,s1,s2,s3);
        getch();
      }
```

例 5.31　简易数学函数应用举例。

C 语言中编译程序内含有许多数学函数可供我们直接调用,由于这些函数是存储于 math.h 头文件内,所以设计程序时,必须在程序前面加上:

♯ include ＜math.h＞　以便编译程序能将所使用的数学函数引用在程序内。

exp, log, log10, sqrt　函数的基本应用。程序如下:

```
♯ include ＜math.h＞
♯ include ＜stdio.h＞
void  main()
{ double  x = 8.0;
 printf ("exp(x)    is →  %f \ n", exp(x));
 printf ("log (x)   is →  %f \ n", log (x));
 printf ("log 10 (x) is →  %f \ n", log 10 (x));
 printf ("sqrt(x)   is →  %f \ n", sqrt(x));
}
```

程序运行结果:

```
    exp(x)    is →   2980.957987
    log (x)   is →   2.079442
    log 10 (x) is →   0.909090
```

```
    sqrt(x)   is →   2.828427
```

例 5.32 给出年、月、日,计算该日是该年的第几天?

主函数接收从键盘输入的日期,并调用 sum_day 和 leap 函数计算天数。sum_day 计算输入日期的天数。leap 函数返回是否是闰年的信息。

程序如下:

```
main()
{
 int year, month,day;
 int days;
 printf("\n 请输入日期(年,月,日)\n");
 scanf("%d,%d,%d",&year,&month,&day);
 printf("\n%d 年 %d 月 %d 日",year,month,day);
 days = sum_day(month,day);            /* 调用函数一 */
 if (leap(year)&&month> = 3)           /* 调用函数二 */
   days = days + 1;
 printf("是该年的 %d 天.\n",days);
}
static int day-tab[13] = {0,31,28,31,30,31,30,31,31,30,31,30,31};
int sum_day(month,day)                 /* 函数一:计算日期 */
int month,day;
{
 int i;
 for(i = 1;i<month;i + +)
   day + = day_tab[i];                 /* 累加所在月之前天数 */
 return(day);
}
int leap(year)                         /* 函数二:判断是否为闰年 */
int year;
{
   int leap;
   leap = year % 4 = = 0 && year % 100! = 0 || year % 400 = = 0;
   return(leap);
}
```

程序运行结果:

```
请输入日期(年,月,日)
1990,11,20
1990 年 11 月 20 日是该年的第 324 天。
```

例 5.33　用递归调用方法,将一个正整数从右到左按位输出,例如,对于整数 1234,应输出 4321。

程序如下:

```
#include <stdio.h>
void fun (long a)
main()
{ long a;
  printf("请输入一个正整数:");
  scanf("%d",&a);
  printf("原来数据:a=%ld\n",a);
  fun(a);
  printf("\n");
}
void fun (long a)
{ printf("%ld",a%10);
  if(a/10! =0)
   fun(a/10);
}
```

例 5.34　动态存储变量和静态存储变量含义区分的例子。

以下程序的运行结果是_____

```
void fun()
main()
{ int i;
  for(i=1;i<=2;i++)
  fun();
}
void fun()
{ int a=1;
  static int b=1;
  auto int c=1;
  a++;b++;c++;
  printf("a=%d,b=%d,c=%d\n",a,b,c);
 }
```

由于用"auto int"与"int"定义变量等价,所以在函数中变量 a 与 c 的变化相同;变量 b 因为用 static 声明,所以是静态的,即每次调用 fun()函数时,它都将保留前一次调用结束时的值,所以 b 的值由 1 依次变为 2,3。

因此本题的答案是:a=2,b=2,c=2

例 5.35　一个素数,当它的数字位置对换以后仍为素数,称该数为绝对素数。编写一个程序,求出所有的两位绝对素数。

　　解题的基本思想:n 从 11 到 97 进行循环,如果调用 prime(n)和 prime(inv(n))函数均返回真,则 n 是绝对素数,打印它。其中,prime(n)用于判定 n 是否为素数,判定 n 为素数的原理是:如果 n 能够被 2 或 3~sqrt(n)之间的某个奇数整除,则 n 不是素数,否则 n 为素数。inv(a)用于求两位数的数字位置对换后的数。

　　程序如下:

```
# include <stdio.h>
# include <math.h>
int inv(int a);
prime(int a)
{
 int b,k;
 if (a = = 2)return(1);
 else if (a % 2 = = 0)return(0);
 else
 {  b = 1;
    k = 3;
    while(k< = sqrt(a) && b)
     {
        if (a % k = = 0)
          b = 0;
          k = k + 2;
      }
     return(b);
   }
}
int inv(int a)          / * 返回两位的逆转数,如参数为 25 时返回 52 * /
{
    int i,j;
    i = a/10;
    j = a % 10;
    return(j * 10 + i);
  }
main()
{
    int n;
    for(n = 11;n< = 97;n + + )
        if(prime(n)&&prime(inv(n)))
            printf("% d",n);
```

```
    printf("\n");
}
```

程序运行结果:

11 13 17 31

37 71 73 79 97

习　题

1. 从键盘上输入 15 个浮点数,求出这 15 个浮点数的和和它们的平均值。要求写出求和及求平均值的函数。

2. 从键盘上输入 10 个整型数,去掉重复的,将其剩余的由大到小排序输出。

3. 编写一个函数,使从键盘上输入的一个字符串反序存放,并在主函数中输入和输出该字符串。

4. 输入五名大学生四门功课的成绩,然后求出

(1) 每个大学生的总分;

(2) 每门课程的平均分;

(3) 输出总分最高的学生的姓名和总分数。

5. 编写一个程序验证哥德巴赫猜想:任何一个充分大的偶数(大于等于 6)总可以表示成两个素数之和。要求编一个求素数的函数,它有一个整型参数,当参数值为素数时返回 1,否则返回 0。

6. 编写一个函数,输入一个十进制的数,输出相应的二进制数、八进制数,以及十六进制数。

7. 用递归法,求 n! (n>=0)。

8. 编写一个函数 digit(n,k),它回送数 n 的从右边开始的第 k 个数字的值。例如:

　　　digit(25469,3)=4

　　　digit(724,4)=0

9. 编写一个用于回答星期几的函数,函数的三个参数分别表示年月日,函数的输出为该年月日是星期几。

10. 求给定的五个数中的最大值(用函数编制求三个数的最大值两次调用此函数)。

11. 编写程序,打印出正切函数表(每隔 $10°$,从 $0°$ 到 $360°$)。

12. 用递归的方法求幂函数 m^n。

13. 编写一个函数 yang(int n),按参数 n 的要求打印出杨辉三角形。

例如:n=4,

则杨辉三角形的输出形式为:

```
                1
               1 1
              1 2 1
             1 3 3 1
            1 4 6 4 1
```

14. 用递归的方法编写程序,输入一个非负整数,结果输出这个数的逆序十进制数。

15. 设计下面两个函数:

(1) 函数 readoctal,读入八进制序列,转换成正整数;

(2) 函数 writeoctal,将一正整数转换成相应的八进制数字序列,并打印出来。

第6章 指 针

本章中,我们将详细讨论指针的概念。C语言设计者的初衷是使C语言成为一种能方便、高效地实现系统软件的语言。指针正是为实现这一目的而精心设计的。在C语言中鼓励程序员灵活、正确地使用指针。利用指针可以简化程序,表达复杂的数据结构,灵活的处理字符串,解决调用函数返回多个值的问题,为程序员直接参与处理内存地址提供了途径,尤其与数组那种灵活而变通的联接,提高了程序运行效率,节约了内存。

同时,指针也是C语言中最复杂、最难以理解和最容易出错的概念之一。如果不能对指针进行正确的使用,会使程序出现一些莫名其妙的错误。因此,读者必须对本章的内容仔细体会,多上机进行实践操作,否则,不但不能发挥指针灵活、高效的特点,反而会严重影响编程的效率。

6.1 指针的概念

在讨论指针的概念之前,我们再来了解一下数据在计算机的内存中是如何存放的。

如果在程序中定义了一个变量,编译时就给这个变量分配内存单元。系统根据程序中定义的变量类型,分配一定长度的空间。内存区的每一个字节有一个编号,这就是"地址"。如果我们定义了整型变量 int x,y;它意味着编译系统从某个内存地址开始为它们分配内存空间。系统为变量 x 分配了地址为 1000 的连续两个单元,为变量 y 分配了地址为 1002 的连续两个单元,而 x,y 这两个变量名在内存中并不存在。以后,在程序中对 x,y 两个变量的操作,变成了通过内存地址 1000 和 1002 对其内存单元的操作。例如程序中有 x=1;和 y=2;这两个语句,编译系统实际上是将 1 送到地址为 1000 开始的两个连续单元中,而将 2 送到地址为 1002 开始的两个连续单元中。1000 和 1002 为内存地址,而 1 和 2 分别是 1000 和 1002 单元地址中的内容,如图 6.1 所示。由于这些工作由编译系统完成,用户是不需要关心的,用户只需要在程序中直接引用变量。这种对变量的存取方式称为直接访问方式,也是为人们容易接受的方式。

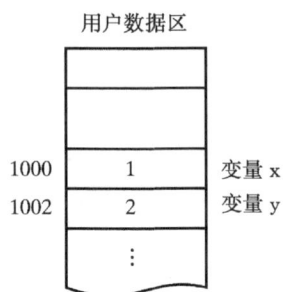

图 6.1 变量 x 与 y 的地址单元

还可以采用另一种称之为"间接访问"的方式,将变量 x 的地址存放在另一个变量中。按C语言的规定,可以在程序中定义整型变量、实型变量、字符变量等,也可以定义这样一种特殊的变量,它是用来存放地址的,称之为指针变量。假设我们定义了一个变量 pointer,用来存放整型变量的地址,它被分配为 2000、2001 字节。可以通过下面语句将 x 的地址(1000)存放到 pointer 中。

pointer＝&x;

这时,pointer 的值就是 1000,即变量 x 所占用单元的起始地址。如图 6.2 所示。要存取变量 x 的值,就可以采用间接方式:先找到存放"x 的地址"的变量,从中取出 x 的地址(1000),然后到 1000、1001 字节取出 x 的值。

所谓"指向"是通过地址来体现的,pointer 中的值为1000,它是变量 x 的地址,这样就在 pointer 和变量 x 之间建立起一种联系,即通过 pointer 能知道 x 的地址,从而找到变量 x 的内存单元,称指针变量 pointer 指向变量 x。

由于通过地址能找到所需的变量单元,我们可以说,地址"指向该变量单元"。因此在 C 语言中,将地址形象化地称

图 6.2　指针变量示意图

为"指针"。意思是通过它能找到以它为地址的内存单元(例如根据地址 1000 就能找到变量 x 的存储单元,从而读取其中的值)。一个变量的地址称为该变量的指针。如果有一个变量专门用来存放另一变量的地址,则它称为"指针变量"。上述的 pointer 是一个指针变量。指针变量值是指针。

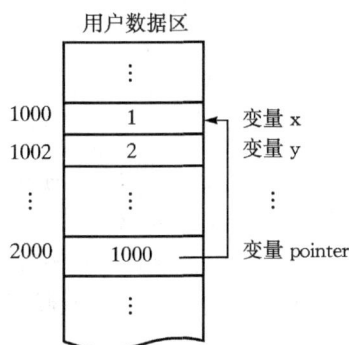

6.2　指针变量

指针变量是用来存放内存地址的,因此指针变量就是存放指针的。如果定义了一个变量p,用它来保存另一个变量 var 的地址,这样的 p 就是指向 var 的指针变量。

6.2.1　指针变量的定义

指针变量也是变量,因此,在使用它们之前需对其进行定义,其一般格式:

　　　类型标识符　　＊标识符;

例如:

　　　int　　＊p;

　　　float　＊q;

　　　char　＊ch;

上述都是正确的指针变量定义。在变量说明部分,符号 ＊ 表示"指向…的指针"。上述三个说明表示的意义是:

p 具有 int ＊ 类型,即 p 是指向 int 类型的指针变量,以 2 字节为一个存取单元;

q 具有 float ＊ 类型,即 q 是指向 flaot 类型的指针变量,以 4 个字节为一个存取单元;

ch 具有 char ＊ 类型,ch 是指向 char 类型的指针变量,以 1 个字节为一个存取单元。

C 语言允许在一个说明语句中说明几个具有相同的"基类型"指针变量和普通变量。例如:

　　　int　　＊p,＊q,j,t;

　　　double ＊qd, d1;

分别给出了具有同样意义变量的说明。

指针变量在定义中允许带初始化项。例如:

```
int i;
int ＊ip＝&i;
```

也可以用如下形式对指针变量初始化

```
int i, ＊ip＝&i;
```

注意，这里是用 &i 对 ip 初始化，而不是对 ＊ip 初始化。和一般变量一样，对于外部或静态指针变量在定义中若不带初始化项，指针变量被初始化为 NULL，它的值为 0。C 中规定，当指针值为零时，指针不指向任何有效数据，称指针为空指针。因此，当调用一个要返回指针的函数时，常使用返回值为 NULL 来指示函数调用中某些错误情况的发生。

6.2.2　指针变量的引用

C 语言中对指针变量的引用是通过两个运算符"&"和"＊"实现的。

&——取变量地址运算。

＊——取指针变量所指向的变量的内容的运算，也称为间接运算。

请观察如下程序段：

```
int a,b;
int ＊p;
a = 168;
p = &a;
b = ＊p;
```

在变量说明部分 int ＊p;表示 p 是指向整型量指针变量。p ＝ &a;通过取地址运算符 & 将变量 a 的地址赋给了 p。上述内存变化情况如图 6.3 所示。

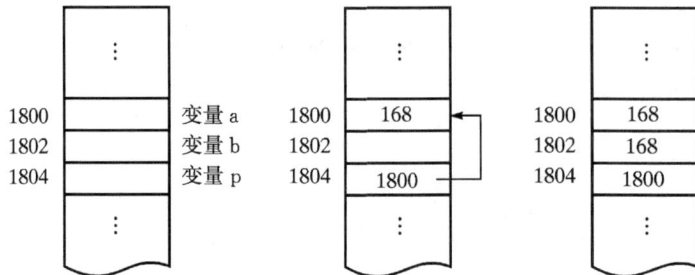

图 6.3　内存变化情况示意图

既然在指针变量中只能存放地址，因此，在使用中不要将一个整数(或其它任何非地址数据)赋给一个指针变量。下面的赋值是不合法的：

```
int ＊ip;
ip＝100;/＊ip 是指针变量,这样赋值是不合法的＊/
```

6.2.3　指针变量的运算

指针表示其所涉及的对象只能具有正整数值。但是指针并不是整数，它有自己的含义。指针变量只能执行有限的运算操作，概括起来指针运算包含如下几个方面的内容。

1. 取地址和取指针变量所指向的变量内容运算

(1) &：取变量地址运算符。

(2) *：取指针变量所指的变量内容运算符。

&i 为取变量 i 的地址，* p 为取指针变量所指向的变量的内容。

如：int i, j, * pi;

pi = &i;

表示了 pi 指向变量 i。设 i = 3, j = * pi；则表示了将 pi 所指的变量 i 的内容 3 赋给变量 j。

地址运算符 & 只能作用于变量或者数组元素，不能作用于表达式或常量。

例如：设 x 是一个变量，a 是一个数组，则 &x, &a[i] 都是正确的。而 &(x+5), &8, &a 都是不正确的，因为 x+5 是表达式，a 是数组名，它是一个常数。

另外，设 int a, * pa；请观察下面的两个表达式，分析其结果。

(1) 若已执行了 pa = &a；语句，那么 & * pa 表示什么呢？它表示了取变量 a 的地址。因为"&"和"*"两个运算符的优先级相同，又是自右至左结合。

(2) * &a 又表示了什么呢？实际上 * &a 就等价于变量 a 本身，因为 &a 操作是取变量 a 的地址，* &a 表示取变量 a 的内容。

2. 把一个指针初始化为给定数据对象的地址，或者置为 0

在说明语句中对指针的类型作了限定，但是指针还没有与它所指向的数据对象建立联系，所以需要对它赋初值。这是通过表达式实现的。单目运算符 & 给出运算对象的地址，因此语句

pi = &t;

把 t 的地址赋给指针变量 pi；现在就说 pi 指向 t。

指针的初始化还可以在说明指针变量的同时置初值。如

int y;
int * p = &y;

也允许

int y, * p = &y;

但不允许

int * p = &y, y;

指针可出现在表达式中，设 pi 指向整数 x，则 * pi 可以像 x 那样在相应表达式出现：

y = * pi + 3;

就等价于　y = x + 3;

是把 x 的值加上 3 赋给 y。

如前所述，指针引用也可以出现在赋值号左端。若 pi 指向 x，那么 * pi = 0 是将 x 置为 0；

* pi += 1;

就是把 x 的值加 1 后，再赋给 x。这等价于：

(* pi)++;

要注意，这里必须有括号。如没有括号，则变成 * pi++，将增加 pi，而不是它所指对象 x

加 1。因为单目运算符是自右至左结合的。

作为一种变量,同类指针间可进行复制转换。

如果有如下程序:

```
int x, * pi, * pj;
pi = &x;
pj = pi;
```

是把 pi 的内容(即 x 的地址值)复制到 pj 中,这样,pj 与 pi 就都指向同一对象了。

但应注意,如果在不同类型的指针之间进行复制,就可能会造成编址异常的错误。因此,在使用指针时要记住它的类型,避免随意转换。

例 6.1　用指针方式编写函数 reverse(s),实现字符串 s 的字符全部首尾颠倒。

```c
# include <stdio. h>
# define N 50
void reverse(char * s);
int strlength(char * a);
main( )
{
    char buf[N];
    printf("Input a string\n");
    scanf("% s",buf);
    reverse(buf);
    printf("% s",buf);
}
 void reverse(char * s)
{   int k;
    char c, * p;
    k = strlength(s)
    for(p = s + k - 1; s < p; s + + ,p - - )
    { c = * s;
       * s =  * p;
       * p = c;
    }
}
 int strlength(char * a)
  {   int n = 0;
    while( * a+ +)
        n+ +;
    return(n);
}
```

程序运行结果：

```
Input a string
hello!
! olleh
```

main 函数从终端取得用户键入的一串字符，送入字符数组 buf 中，然后调用 reverse 函数，最后打印出执行的结果。字符串首尾颠倒的工作由 reverse 函数完成。传给它的参数是指针——指向字符串的开头；又设置一个字符指针 p，它指向字符串的末尾（即：该指针值为字符串起始地址加上相对位移）。每当首尾元素交换后，头指针后移，尾指针前移，重新交换，一直到两个指针相遇。strlength 函数计算给定字符串的长度。由于字符串是以 '\0' 为结束标志的，所以当取到 '\0' 时，就停止长度计算。

3. 算术运算

指针变量在一定的条件下可以进行增量、减量和减法运算；还可以与整型变量进行加减运算。

（1）指针可以执行增量和减量运算。

当指针变量增量时，它将指向其基本类型的下一个元素的地址；每当指针变量减量时，它将指向前一个元素的地址。例如在下面的程序行中：

```
char  * s = "How are you!";
while( * s)
putchar( * s + + );
```

说明语句中，指针变量 s 被赋初值，使它指向字符串中存放第一个字符"H"的地址，字符串"How are you!" 放在内存一片连续单元中，其中最后一个单元存放 '\0'，标志字符串结束，其值为 0。在 while 循环的测试部分判断 s 所指向的单元内容是否为 0。如果是 0，说明字符串结束，跳出循环；若不是 0，执行循环体 putchar(* s++)；把 s 当前所指向的字符打印出来，同时指针变量 s 加 1 指向下一个字符。注意，后缀++在这里是作用于 s，而不是 s 所指向的内容，原因就是"*"和"++"具有相同的运算优先级，而且为自右至左的运算符。

分析下面表达式有什么不同。

*++s	为取指针变量 s 加 1 后的内容；
*s++	为取 s 的内容后，s 再加 1；
(* s)++	为 s 所指向的变量内容加 1；
*(++s)	为取 s 加 1 后的内容；
* ── s	为取 s 减 1 后的内容；
* s ──	为取 s 的内容后，s 指针减 1；
(* s)──	为指针变量 s 所指向的内容减 1；
*(── s)	为取指针变量 s 减 1 后的内容。

（2）两个指针在一定条件下可以做减法运算。如果 p 和 q 指向同一数组中的元素，则 p─q 就表示在 p 所指对象与 q 所指对象之间元素的个数，利用此方式可写出计数字符串长度的程序 strlen：

```
int strlen(char * s )
{    char * p = s;
     while( * p ! = ´\0´)
      p + + ;
     return(p - s);
}
```

在说明语句中,给 p 赋初值 s,即指向第一个字符。在 while 循环中,依次检查每个字符,直到出现´\0´为止。由于´\0´是零,而 while 只测试表达式是否为 0,故可省略明显的测试,把循环部分改写为:

```
     while( * p)
      p++ ;
```

因为开始 p 指向第一个字符,每次 p++都把 p 移向下一个字符,故 p - s 给出了移过的字符数目,即这个字符串的长度。

(3) 指针可以加上或减去一个整数,这里整数就表示相对由指针所指向的当前位置的位移。例如,下面语句

```
     int a[10], * p;
     p = a;
```

表明 p 指向整型数组 a 的起始地址,那么表达式

$$p + n$$

就表示 a 中第 n 个元素的地址,即 &a[n]。一般说来,指针表达式 p + n 表示超过指针 p 当前所指位置的第 n 个对象的地址,称 p + n 在 p 指针之前,而 p - i 是表示低于指针 p 当前所指位置的第 i 个对象的地址,称 p - i 在 p 之后。不管 p 被说明为指向何种类型的对象,这都是正确的。这种关系如图 6.4 所示。

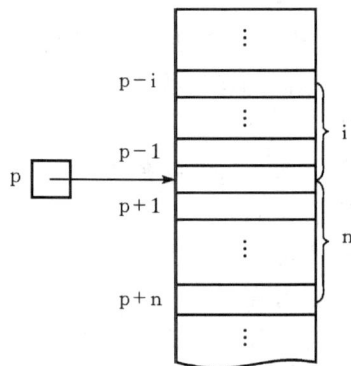

图 6.4　指针加、减示意图

应注意,在具体应用中 n(或 i)的值是受约束的,如果 p 指向某个数组,则应保证 p + n(或 p - i)是在该数组的存储空间内。另外,p + 1 与 p++是有所区别的。

(4) 指针在一定条件下可以进行比较。如果 p 和 q 指向同一数组的元素,那么像<,>,

＞＝等关系都可正常进行。如：

$$p > q$$

当 p 所指的数组元素在 q 所指的元素之前的情况下,为真;反之,为假。同样,关系运算＝
＝和！＝也能执行。任何指针同 NULL 做相等或不相等的比较均有意义,但是如果用指向不
同数组的指针做运算或比较,则注定要失败。如果幸运,则在所有的机器上都会显示明确的出
错信息;要是不幸运,就会发生在有的机器上程序能通过,而在其它的机器上莫名其妙的不能
执行。所以,使用指针进行比较时,要特别注意它所指向的对象是什么。

指针比较常用于两个或两个以上的指针都指向一个共用对象时。

例 6.2 建立一个堆栈来存放整型量的值。堆栈是只能在表的一端进行操作的表,类似
于货栈,货物一层一层堆上去,取货时,最后放的最先取,因此堆栈具有"先进后出"或"后进先
出"的特性。由于堆栈中存取数据都在一端进行,一次只用一个指针指向堆栈顶。堆栈技术经
常在编译程序、解释程序和其它系统软件中被采用。对堆栈的主要操作有数据进栈和退栈,因
此为了构造一个堆栈,需要用到两个子函数:push( )和 pop( )。push( )函数将数压入堆栈,
而 pop( )函数将它们推出堆栈。变量 tos 表示当前堆栈的栈顶,并用来避免堆栈的溢出。一
旦堆栈被初始化后,push( )和 pop( )就可以用来进行堆栈操作。

```c
# include <stdlib. h>
int * p1, * tos;
main( )
{
    int value;
    p1 = (int *)malloc(50 * sizeof(int));
    if(! p1)
    {
        printf("allocation failure\n");
        rerurn;
    }
    tos = p1;   /* let tos hold top of stack */
    do {
        scanf("% d",&value);
        if(value ! = 0) push(value);
        else printf("this is it % d\n",pop( ));
        }while (value ! = - 1);
}
void push(int i)
    {   if(pl > = (tos + 50))
        {   printf("stack overflow");
            exit(1);
        }
        * pl = i;
```

```
        pl + + ;
    }


    int pop()
    {
        if((pl) = = tos)
        {   printf("stack underflow");
            exit(1);
        }
        pl - - ;
        return * (pl + 1);
    }
```

程序中,函数 malloc()是 C 语言的库函数,用于申请内存空间,它的具体用法将在第 7 章详细介绍;函数 push( )和 pop( )都对指针 pl 进行关系检验,以便发现是否出错。在 push( )中,检验 pl 加上 50(堆栈的尺寸)是否到栈顶。在 pop( )中,检验 pl 从栈顶退栈时是否超界。

在 pop()函数中,return 语句中的括号是必不可少的。若没有括号,语句:return * pl + 1;返回的是 pl 的内容加 1 的值,而不是 pl +1 位置的值。使用指针时,必须注意慎重地使用括号。

下面举例来说明指针运算的应用。

例 6.3 分析下列程序,并写出运行结果。

```
 main( )
 {  int i = 3,j = 5,k, * p = &i, * q = &j, * r;
    printf("% d\n",p = = &i);
    printf("% d\n", * * &p);
    printf("% d\n",3 * - * p/ * q + 7);
    printf("% d\n", * (r = &k) = * p * * q);
 }
```

运行结果:

```
    1
    3
    6
    15
```

程序的说明部分说明了整型量 i,j,并分别赋给初值 3,5,整型指针变量 * p, * q,分别初始化成 &i 和 &j,同时说明了一个整型变量 k 和整型指针变量 * r;第一句 printf 语句是输出指针变量 p 与 &i 的比较结果,由于初始化时 p 被赋予 &i,所以 p == &i 的结果为真,输出真值 1;第二个 printf 语句是输出 * * &p 的运算结果,因为 * &p 就等价于 p,所以 * * &p 就是输出 p 指针所指向的内存变量的内容,故结果为 3;第三个 printf 语句是输出由指针变量与常数组成的表达式的运算结果,根据算术运算优先级,该表达式是进行如下运算,我们加括号来表示它的运算先后顺序$(((3*(-*p))/*q)+7)$。因此它的计算结果为 6；第四个 printf 语句是输出 $*p**q$ 的运算结果。整表达式的含义是将 $*p**q$ 的运算结果赋给 r 指针所指向的内存变量 k 中去,输出的结果为 15。

6.2.4　指针变量作为函数参数

　　C 语言中函数间的调用,实参与形参的结合,是以单向赋值方式结合,即实在参数的值传递给形式参数,在被调函数中对形式参数的操作,不影响调用函数中实参的内容。这样避免了被调用函数执行时对调用函数的副作用。函数的返回值是靠 return 语句带回,且只能返回一个值。

　　在实际应用中,经常要求函数返回多个值,或者说,调用函数和被调函数需要对同一内存单元的内容进行操作,这时需要将该变量的地址作为实在参数传递给被调函数,即传递参数是指针变量。

　　用指针变量作为函数参数,在调用函数中,实在参数应是指针变量或者是变量的地址。在被调用函数中,形式参数被说明成指针变量,它们之间的关系用下例示意。

　　例 6.4　调用函数的实参为指针变量,被调用函数 sub 的形参 x,y 被说明成指针类型。

```
main( )
{   int *p,*q;
    …
    sub(p,q);
    …
}
sub(x,y)
int *x,*y;
{
    …
}
```

　　例 6.5　函数的实参是变量 a、b 的地址,被调用函数 sub1 的形参 x,y 被说明成为指针类型。

```
main( )
{   int a,b;
    …
    sub1(&a,&b);
    …
}
sub1(x,y)
int *x,*y;
{
```

```
    ...
}
```

例 6.6　输入 a,b,c 三个整数，按从大到小的顺序输出。

```
swap(pt1,pt2)
int * pt1, * pt2;
{    int p;
     p = * pt1;
     * pt1 = * pt2;
     * pt2 = p;
}
void exchange(q1,q2,q3)
int * q1, * q2, * q3;
  {  if( * q1 < * q2 )  swap(q1,q2);
     if( * q1 < * q3 )  swap(q1,q3);
     if( * q2 < * q3 )  swap(q2,q3);
  }
main( )
  {    int a,b,c, * p1, * p2, * p3;
       scanf("%d, %d, %d",&a,&b,&c);
       p1 = &a;
       p2 = &b;
       p3 = &c;
       exchange(p1,p2,p3);
       printf("\n%d, %d, %d\n",a,b,c);
  }
```

运行结果：

```
3,9,6
9,6,3
```

程序说明：函数 exchange( )用于三个数据的排序，三个参数 q1,q2,q3 是指向 int 的指针变量，因此，在 main( )函数中调用函数 exchange( )时，传递了三个指向 int 的指针变量 p1，p2,p3。

函数 swap( )实现交换由 pt1,pt2 指出的变量的值。我们以函数调用语句 swap(q1,q2);为例，用图说明他们之间的关系，见图 6.5。

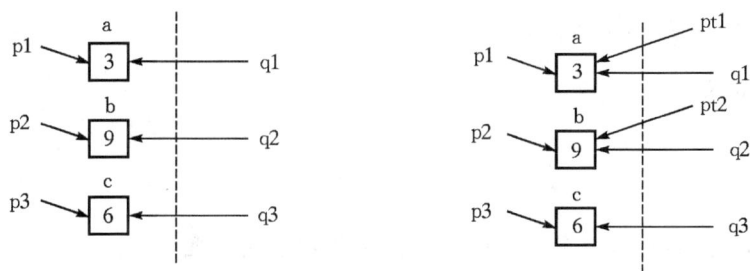

（a）执行 exchange(p1,p2,p3)各变量的状态　　（b）执行 swap(q1,q2)各变量的状态

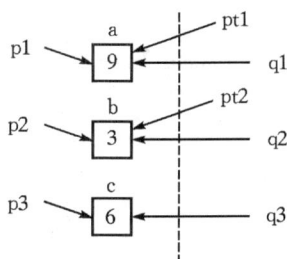

（c）执行完 swap(q1,q2)各变量的状态

图 6.5　例 6.6 程序运行时变量变化示意图

6.3　数组与指针

对于简单类型的对象,例如单个的 char 和 int,很少利用指针去处理。而对于复杂的对象的处理可以用指针,这样做不仅使程序书写简洁,而且也提高了程序的执行效率。其实数组和指针是暗中结合在一起的,任何能由数组下标完成的操作也可由指针来完成,一个不带下标的数组名就是一个指向此数组的指针。

6.3.1　指针与数组的关系

当一个指针变量被初始化成数组名时,就说该指针变量指向了数组。观察如下程序段:

```
chat str[20], * ptr;
ptr = str;
```

ptr 被置为数组 str 的第 1 个元素的地址,因为数组名就是该数组的首地址,也是数组第 1 个元素的地址。此时可以认为指针 ptr 就是数组 str(反之不成立),这样原来对数组的处理都可以用指针来完成,要访问数组 str 第 6 个元素,则:

str[5], * (ptr + 5), * (str + 5)或 ptr[5]

都是正确的。

注意:数组下标是从零开始,因此下标 5 是访问数组 str 的第 6 个元素。

6.3.2　指向数组元素的指针

若有如下定义：

```
int a[10], * pa;
pa = a;
```

则 p＝&a[0];是将数组第 1 个元素的地址赋给了指针变量 p。

实际上,C 语言中数组名就是数组的首地址,所以第一个元素的地址可以用两种方法获得：

(1) p = &a[0];

(2) p = a

使用指针访问数组元素,下面的语句都是正确的。

设　int a[10], * pa, x;

　　pa = &a[0];

则　x = * pa;　　　　　等价于　　　　x = a[0];

　　x = * (pa +1);　　等价于　　　　x = a[1];

　　x = * (pa + 2);　　等价于　　　　x = a[2];

　　…

还可以写成：

　　x = * a;　　　　　等价于　　　　x=a[0];

　　x = * (a+1);　　　等价于　　　　x=a[1];

　　x = * (a+2);　　　等价于　　　　x=a[2];

由此可见,此时指针和数组溶为一体。比较上面两种访问数组元素的方法,我们会发现,两种方法在形式上相似,区别在于:pa 是指针变量,a 是数组名。值得注意的是:pa 是一个可以变化的指针变量,因此 pa++;++pa;pa +=10 都是正确的,而 a 是一个常数。因为数组一经说明,数组的地址也就被固定了,故 a++;++a;a +=10 都是错误的。

6.3.3　指针与一维数组

理解指针与一维数组的关系,首先要了解在编译系统中,一维数组的存储组织形式和对数据元素的访问方法。一维数组是一个线性表,它被存放在一片连续的内存单元中。C 语言对数组的访问是通过数组名(数组的起始位置)加上相对于起始位置的位移量,得到要访问的数组元素的单元地址,然后再对计算出的单元地址的内容进行访问。例如:x=a[1];编译程序处理时,采用 a+1,得到 a[1]在内存中的地址,取出其内容,赋给变量 x。需要说明的是:这里的加 1,不是一般理解下的加 1,它与数组的类型有关,实际上是加一个变量类型所占的内存字节数。若 a 数组被说明成整数数组类型 int a[20],则 x=a[1];表示成 * (a+1),加 1 表示 a 再加上两个字节,得到 a[1]元素的地址;若 a 数组被说明成浮点型数组 float a[20];则 x = a[1];表示成 * (a+1),加 1 表示 a 再加 4 个字节,得到 a[1]元素的地址。

那么 a[i],系统是如何处理的呢? 实际上编译系统将数组元素的形式

　　a[i]　转换成　* (a+i)

然后才进行运算的。对于一般数组元素的形式：

　　　　＜数组名＞［＜下标表达式＞］

编译程序将其转换成：

　　　　＊（＜数组名＞＋＜下标表达式＞）

下标表达式为：

　　　　下标表达式 ＊ 扩大因子

整个式子计算结果是一个内存地址,最后的结果为

　　　　＊＜地址＞＝＜地址所对应单元的地址的内容＞

由此可见,C 语言对数组的处理,实际上是转换成指针的运算。数组与指针暗中结合在一起,因此,任何能由数组下标完成的操作,都可以用指针来实现,一个不带下标数组名是一个指向该数组的指针。

例 6.7 编写一个函数,该函数能将整型数组中的整数重新排列,以满足所有的偶数在前,奇数在后。

```c
# include "stdio.h"
void SeperateOddEven(int num[],int n)
{
    int temp;
    int * start = num + 0;
    int * end = num + n - 1;
    if(n<2) return;
    while(start<end)
    {
        while( * start % 2 = = 0) start + + ;
        while( * end % 2 = = 1) end - - ;
        if(start<end){
            temp = * start;
            * start = * end;
            * end = temp;
        }
        else break;
    }
}
void main( )
{
    int num[] = {20,21,43,32,24,21,55,56,54,43,47,49,30};
    SeperateOddEven(num,13);
    for(int i = 0;i<13;i + + )
        printf("% d    ",num[i]);
    return 0;
}
```

程序运行结果为:

　　　　20 30 54 32 24 56 55 21 43 43 47 49 21

　　程序分析:分析题目,发现程序只需要完成将数组中的整数按照偶数在前,奇数在后的方式存储就可以了,并不在意原有数据在数组中的存储顺序,因此设置了两个指针分别指向待处理数组的起始位置和终止位置。从数组的两端开始检查数据的奇偶性,start 指针从前向后会扫过所有的偶数而停止在奇数元素的位置处,end 指针会从后向前扫过所有的奇数而停止在偶数元素的位置处,这个时候要判断 start 指针是否小于 end 指针,如果小于,那么就交换 start 指针和 end 指针所指的两个元素,重复执行上述步骤直到 start 指针大于等于 end 指针,这就表明整个数组中的元素都已经扫描完毕了。

6.3.4　指针与多维数组

　　用指针变量可以指向一维数组,也可以指向多维数组。但是在概念上和使用上,多维数组的指针比一维数组的指针要复杂一些。

　　二维数组在逻辑上是定义了一张二维表,用户利用行下标和列下标可以引用数组中的任何一个元素。当指针变量指向了二维数组时,系统是如何处理的? 为了说清楚指针与多维数组的关系,先回忆一下多维数组的性质和它的存储组织形式,下面以二维数组为例。

　　例如 int a[3][4];

　　它的存储形式如下所示:

```
               地址              内容
   * a = &a[0][0]           a[0][0]
          &a[0][1]           a[0][1]
          &a[0][2]           a[0][2]
          &a[0][3]           a[0][3]
          &a[1][0]           a[1][0]
          &a[1][1]           a[1][1]
          &a[1][2]           a[1][2]
          &a[1][3]           a[1][3]
          &a[2][0]           a[2][0]
          &a[2][1]           a[2][1]
          &a[2][2]           a[2][2]
          &a[2][3]           a[2][3]
```

　　系统把二维数组看成两个一维数组处理,即 a[3][4] 被当作三个一维数组 a[0],a[1] 和 a[2];而每个数组又是由四个元素组成的一维数组,如图 6.6 所示。

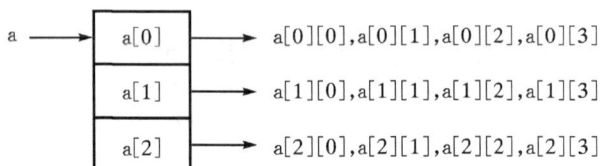

图 6.6　二维数组被看成三个一维数组

当程序中用下标引用数组元素时,例如引用 a[2][3]元素,系统将 a[2]看成一个一维数组名,将其转化为

$$*(a[2]+3)$$

再对 a[2]转换,最后成为

$$*(*(a+2)+3)$$

然后再对它们计算出的单元地址操作。这一转换操作过程全由编译系统自动完成,用户不需要关心。

若引用数组元素 a[i][j],则它等价于

$$(*(a+i))[j] \text{ 或 } *(a[i]+j) \text{ 或 } *(*(a+i)+j)$$

通常用式子 $*(a+i)+j$ 计算出元素所在内存的地址,并不是它的内容。

编译系统这种处理二维数组的思想,也适用于处理多维数组。在一个三维数组中,引用元素 c[i][j][k]的地址最终转换成:

$$*(*(c+i)+j)+k$$

了解了多维数组的存储形式和访问多维数组元素的内部转换公式后,再看一下指针变量指向多维数组及其元素的情况。

1. 指向数组元素的指针变量

若有如下说明:

int a[3][4];

int *p;

p = *a;

p 是指向整型变量的指针;p = *a 使 p 指向整型二维数组 a 的首地址。

p++;*p 表示取 a[0][1]的内容,因为 p 是指向整型变量的指针,p++表示 p 的内容加1,即 p 中存放的地址增加一个整型量的字节数 2,从而使 p 指向下一个整型量 a[0][1]。

例 6.8 用指针变量顺序输出二维数组元素的值。

```
main( )
{
    static int a[3][4] = { 2,4,6,8,10,12,14,16,18,20,22,24};
    int * p;
    for(p = *a;p < *a+12;p++)
    {
        if ((p - *a) % 4 == 0) printf("\n");
        printf("%4d",*p);
    }
}
```

运行结果是：

2	4	6	8
10	12	14	16
18	20	22	24

若要输出数组中某个元素，如 a[1][3]，用 *(*(a+1)+3)或者 *(*(p+1)+3)，(*(p+1))[3] 或者 *(p[1]+3)都可以实现访问该元素。

2. 指向由 j 个元素组成的一维数组的指针变量

当指针变量 p 不是指向整型变量，而是指向一个包含 j 个元素的一维数组。则用如下格式定义：

<类型标识符>（*指针变量名）[一维数组包含元素个数]；

例如：int (*P)[j]；/*定义指向具有 j 个元素的指针变量 p*/

在程序中若有如下程序段：

```
int a[3][4];
int (*p)[4];
p = a;
```

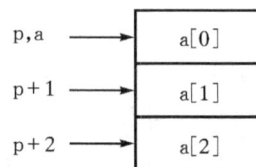

则 p+1 不是指向 a[0][1]，而是指向 a[1]。这时 p 的增值以一维数组的长度为单位，见图 6.7 所示。

图 6.7 指针变量 p 指向包含 j 个元素的一维数组示意图

例 6.9 输出二维数组任一行元素的值。

```
main( )
{
    static int a[3][4] = {1,3,5,7,9,11,13,15,17,19,21,23};
    int (*p)[4],i,j;
    p = a;
    scanf("i = %d,j = %d",&i,&j);
    printf("a[%d,%d] = %d\n",i,j,*(*(p + i)+j));
}
```

运行结果：

```
        i = 1,j = 2
        a[1,2] = 13
```

程序第三行："int(*p)[4]"表示 p 是一个指针变量，它指向包含 4 个元素的一维数组。*p 两侧的括号不可缺省，如果写成 *p[4]就变成了指针数组，表示 p 有 4 个元素，每个元素都是整型指针。而"int(*p)[4]"表示 *p 有 4 个元素，每个元素是整型。也就是 p 所指的对象是由 4 个整型元素的数组，即 p 是行指针，见图 6.8。

此时 p 只能指向一个包含 4 个元素的一维数组，p 的值就是该一维数组的首地址。程序中的 p+i 是二维数组 a 的第 i 行的地址。*(p+2)+3 是 a[2][3]的地址，而 *(*(p+2)+3)是 a[2][3]的值。

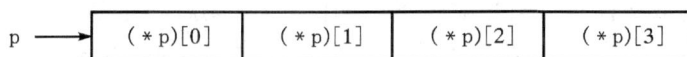

```
p ──→  (*p)[0]  │  (*p)[1]  │  (*p)[2]  │  (*p)[3]
```

图 6.8 (*p)[4]数组元素示意图

6.4 字符串与指针

C 语言中许多字符串操作都是由指向字符数组的指针及指针的运算来实现的。因为对于字符串来说,一般都是严格的按顺序方式存取,使用指针可以打破这种存取方式,可以更为灵活地处理字符串。另外由于字符串以′\0′作为结束符,而′\0′的 ASCII 的码是 0,它正好是 C 语言的逻辑假值,所以直接可以用它作为判断字符串结束的条件,而不需要用字符串的长度来判断。

例 6.10 编写函数,把字符串 t 复制到字符串 s 中。先用数组方案:

```
strcpy(s,t)              /* copy t to s */
char s[],t[];
  { int i;
    i = 0;
    while((s[i] = t[i]) ! = ′\0′)
      i + +;
  }
```

为了进行比较,再用指针方案写函数:

```
strcpy(s,t)
char * s,* t
{  while((* s = * t)! = ′\0′){
    s + +;
    t + +;
  }
}
```

因为参数是按值传送的,因此调用 strcpy 函数时,实参既可以是数组名,也可以是指针。为指针形参 s 和 t 赋初值,以后,使指针 s 和 t 沿着数组每次前进一个字符,直到 t 的结束标志′\0′赋给 s 为止。

观察上面的程序,发现可以将 s 和 t 的增值运算移到 while 的测试部分,简化程序,从而产生了第二种指针方案:

```
strcpy(s,t)
chat * s,* t;
{
      while((* s + + = * t + +) ! = ′\0′);
}
```

　　*t++表示先取指针所指的当前位置上的内容,取完后,t 增量 1,即指向下一字符的位置。同理*s++,在 s 加 1 之前将字符存入 s 所指的位置。用'\0'来控制循环。由于'\0'的 ASCII 码是 0,是逻辑假值,判'\0'是多余的。因为当 t 中的结束标志'\0'赋值到 s 中,循环就自动结束了。于是就有了更为简化的方案:

```
strcpy(s,t)
chat * s,* t;
{
        while( * s + + = * t + + );
}
```

　　作为 C 语言程序设计风格,提倡表达式力求简洁,但功能很强,整个程序结构紧凑,各函数短小精悍,应逐步掌握这种方法。

　　例 6.11　编写比较两个字符串函数 strcmp( )。

```
strcmp(s1,s2)
char * s1, * s2
{
     while( * s1&& * s2)
       if( * s1 - * s2)
         return( * s1 - * s2);
       else{
             s1 + + ;
             s2 + + ;
             }
     return( * s1 - * s2);
}
```

　　当 s1 所指向的字符为'\0'时循环结束;当 s1＝s2 时,函数返回值为 0;当 s1＜s2 时,函数返回值小于 0;当 s1＞s2 时,函数返回值大于 0。

　　由上面两个例子可以看出,C 语言中类似的字符串处理函数中都是使用指针来完成,使函数运行速度更快,效率更高,而且更易于理解。

　　在函数中,s1 和 s2 都是局部变量,他们的改变不会对调用函数产生负作用。但是在实际编程时,应该随时注意指针变量的变化,否则将会导致程序的意想不到错误,而且还不容易被发现。下面通过例子来说明这一原因。

　　例 6.12　编写程序,要求将输入的字符串输出,直到输入的字符串"end"为止。

```
main( )
{
    char s[80];
    char * pt;
    pt = s;
```

```
    do{
        gets(s);
        while( * pt)
            printf("%c"; * pt + +);
    }while(strcmp(s,"end"));
}
```

程序运行后,没得到正确的结果。程序只能正确输出第一次输入的字符串,以后再不能输出正确的字符串。究其原因,发现问题出在程序只做了一次将 s 的地址赋给 pt 的操作。第一次循环时,pt 是指向 s 的第一个字符。但在第二次循环时,pt 将从当前地址出发继续移动,而当前地址并不是字符数组元素的首地址。pt 将不知指向什么数据了。该程序的正确写法如下:

```
main( )
{
    char * pt;
    char s[80];
    do {
        pt = s;
        gets(s);
        while( * pt) printf("%c", * pt + +);
        }while( strcmp (s,"end"));
}
```

这样每循环一次,pt 都置初值为字符数组的首地址。

6.5 函数与指针

C 语言的特点之一是指针变量可以指向一个函数;函数指针可以作为参数传递给其他函数;函数的返回值可以是一个指针值。

6.5.1 指向函数的指针

函数虽然不是变量,但是它在内存中占有实际位置。函数的首地址就是该函数的入口地址。函数名即为函数入口的首地址,它可以赋给指针变量,使得指针变量指向函数,利用指向函数的指针变量可以代替函数名;可以作为函数的参数传递给其他函数。

函数指针形式说明如下:

        <类型>(* 指针变量名)( );

例如有说明

        int (* funcp)( );

则表示 funcp 被定义为指向一个返回值是整型量的函数。

以上说明中,第一个圆括号是必须要的,如果去掉,如 int(* funcp)( ),就变成了 int *

funcp( );按照运算符的优先级,编译系统将这个说明解释为:funcp 是一个返回值为指向整型量指针的函数。这与前面的解释完全不同了。

例 6.13 交换两个数 a 和 b。

先用一般方法编写程序:

```
main( )
{
    void swap( );
    int a,b;
    scanf("%d,%d",&a,&b);
    swap(&a,&b);
    printf("a = %d,b = %d",a,b);
}
void swap(x,y)
int *x, *y;
{
        int temp;
        temp = *x;
        *x = *y;
        *y = temp;
}
```

改写上述程序,用一个指针变量指向一个函数,通过指向函数的指针变量访问它所指向的函数,改写后的程序为:

```
main( )
{
    void swap( );
    int a,b;
    void(*p)( );
    p = swap;
    scanf("%d,%d",&a,&b);
    (*p)(&a,&b);
    printf("a = %d,b = %d",a,b);
}
void swap(x,y)
int *x, *y;
{
        int temp;
        temp = *x;
        *x = *y;
```

```
    * y = temp;
}
```

程序的第四行说明 p 是一个指向函数的指针变量;第五行的语句是将函数的首地址赋给指针变量 p。C 语言中,函数名就是该函数的首地址,这一点与数组是一样的。第七行由于 p 是指向 swap 入口地址的,所以通过 p 调用了 swap 函数。事实上(＊p)(&a,&b)就等价于 swap(&a,&b)。

由于函数指针只能指向函数的入口地址,不能指向函数中间的某一条指令处,所以对指向函数的指针变量作任何运算都是无意义的。

6.5.2 把指向函数的指针变量作为函数参数

把指向函数的指针变量作为参数传递到其他函数中,是函数指针的重要用途之一,其基本思想是:设有一个函数 func(p1,p2);有两个形参 p1 和 p2,它们被说明为指向函数的指针变量。则在调用 func( )函数时,实在参数用 f1 和 f2 两个函数名给形式参数 p1 和 p2 传递函数地址,这样在函数 func( )就可以调用函数 f1 和 f2 了。

那么,既然在 func 函数中要调用 f1 和 f2 函数,为什么不直接调用 f1 和 f2 而要用函数指针变量呢? 的确,如果只是用到 f1 和 f2,完全可以直接在 func 函数中直接调用 f1 和 f2,而不必设置指针变量 p1 和 p2。可是,如果在每次调用 func 函数时,要调用的函数不是固定的,这次调用 f1 和 f2,而下次调用 f3 和 f4,第三次要调用的是 f5 和 f6。这时,用指针变量就比较方便。只要在每次调用 func 函数时给出不同的函数名作为实参即可,而 func 函数不做任何修改。这种方法是符合结构化程序设计方法原则,是程序设计中经常使用的方法之一。

例 6.14 设一个函数 process,在调用它的时候,每次实现不同的工作。输入 a 和 b 两个数,第一次调用 process 时找出 a 和 b 中大者,第二次找出其中的小者,第三次求 a 与 b 之和。

```
main( )
{
    int max(int ,int);
    int min(int,int);
    int add(int,int);
    int a,b;
    printf("enter a and b");
    scanf("%d,%d",&a,&b);
    printf("\n");
    printf("max =");
    process(a,b,max);
    printf("min =");
    process(a,b,min);
    printf("sum =");
    process(a,b,add);
}
```

```
    int max(int x,int y)
    {
        int z;
        if(x > y) z = x;
        else z = y;
        return(z);
    }
    int min(int x,int y)
    {
        int z;
        if(x < y) z = x;
          else z = y;
        return(z);
    }
    int  add(int x,int y)
    {
        int z;
        z = x + y;
        return(z);
    }
process(int x,int y,int( * fun)( ))
{
    int result;
    result = ( * fun)(x,y);
    printf("% d\n",result);
}
```

运行情况如下:

```
enter a and b:2,6
max = 6
min = 2
sum = 8
```

max、min 和 add 是已定义了的 3 个函数,分别用来实现求较大数、求较小数和求和的功能。在 main 函数中第一次调用了 process 函数时,除了将 a 和 b 作为实参传给 process 函数的形参 x,y 外,还将函数名 max 作为实参将其入口地址传送给 process 函数中的形参 fun。这时,process 函数中的(* fun)(x,y)相当于 max(x,y),执行 process 可以输出 a 和 b 中大者。在 main 函数第二次调用时,改用函数名 min 作实参,此时 process 函数的形参 fun 指向函数 min,在 process 函数中的函数调用(* fun)(x,y)相当于 min(x,y)。同理,第三次调用 process 函数时,(* fun)(x,y)相当于 add(x,y)。

在本例中可以清楚地看到,不论调用 max、min 或 add,函数 process 一点都没有改变,只是在调用 process 函数时将实参函数名改变而已。这就增加了函数使用的灵活性。可以编一个通用的函数来实现各种专用的功能。需要注意的是,对作为实参的函数,应在主调函数中用函数原型作函数声明。例如,main 函数中第 2 行到第 4 行的函数声明是不可缺少的。

有的读者可能会问,过去不是曾经说过,对本源文件中的整型函数可以不加说明就调用吗? 是的,但那只是限于函数调用的情况,函数调用时在函数后面的括号和实参,编译时能根据此形式判断它为函数。而现在是使用函数名作实参,后面没有括号和参数,编译系统无法判断它是变量名还是函数名。故应事先作说明,声明 max、min、add 是函数名,这样编译时将它们按函数名处理,不致出错。

6.5.3　返回值为指针的函数

一个函数可以返回一个整型值、字符值、实型值等,也可以返回指针型的数据,即地址。其概念与以前相似,只是返回值的类型是指针类型而已。

返回指针值的函数,一般定义格式:

　　　　　类型名　　＊函数名(参数表)

例如:

　　　　　int　　＊fun(int x,int y)

fun 是函数名,调用它以后,返回时能得到一个指向整型数据的指针。x、y 是函数 fun 的形参,为整型。请注意在 ＊fun 两侧没有括弧,在 fun 的两侧分别为 ＊运算符和( )运算符。而( )优先级高于 ＊,因此 fun 先与括号结合。显然这是函数形式。这个函数前面有一个 ＊,表示此函数是返回指针型函数。最前面的 int 表示返回的指针指向整数型变量。

例 6.15　编写程序,要求完成如下功能:①读入一个字符串和一个字符;②查找字符在串中的位置;③如果字符在串中出现,就从首次出现该字符的位址开始打印字符串,否则打印"no match found!"。

主函数完成字符串和字符的输入和输出。函数 match 完成查找字符串在串中的位置。若查找成功,函数返回指向首次出现字符在串中的位置指针,否则函数返回空指针。显然函数 match 应说明成返回指针值的函数。

```
include <stdio.h>
include <string.h>
main( )
{ char * match( );
  char s[80], * p,ch ;
  gets(s);
  ch = getchar( );
  p = match(ch,s);
  if( * p)
      printf("% s\n",p);
  else
      printf("no match found!");
```

```
}
char * match(c,s)
char c, * s;
  { int count;
    count = 0;
    while(c ! = s[count] && s[count] ! = ´\0´)
        count + + ;
    if(c = = s[count])
        return( &s[count]);
    else
        return(NULL);
  }
```

例 6.16   编写字符串连接函数 strcat(str1,str2),返回时带回 str1 的首地址。完成将 str2 连接 str1 的后面的功能。

```
char * strcat(str1,str2)
char * str1, * str2;
{ char * t = str1;
  while( * str1)
  str1 + + ;
  while( * str1 + + = * str2 + +);
  return(t);
}
main( )
{ char s1[20] = ″This is a  ″;
  char * s2 = ″book″;
  char * strcat( );
  printf(″ % s\n″,strcat(s1,s2));
}
```

程序运行结果:

This is a book

6.6 指针数组和指向指针的指针

6.6.1 指针数组的概念

一个数组,其元素均为指针类型数据,称为指针数组,也就是说,指针数组中的每一个元素都是一个指针变量。指针数组的定义形式为:

类型名   * 数组名[数组长度];

例如

        int ＊p[4]；

由于[]比＊优先级高,因此 p 先与[4]结合,形成 p[4]形式,这显然是数组形式,然后再与 p 前面的"＊"结合,以表示此数组是指针类型的,每个数组元素都是指向一个整型变量的指针。

为什么要用到指针数组呢？它比较适合于用来指向若干个字符串,使字符串处理更加方便灵活。

例如,图书馆中有若干本书,想把书名放在一个数组中,然后要对这些书目进行排序和查询。按一般方法,字符串本身就是一个字符数组。因此要设计一个二维的字符数组才能存放多个字符串。但在定义二维数组时,需要指定列数,也就是说二维数组中每一行中包含的元素个数相等。而实际上各字符串长度一般是不相等的。若按最长的字符串来定义列数,则会浪费许多内存单元。

可以分别定义一些字符串,然后用指针数组中的元素分别指向字符串,如果想对字符串排序,不必改动字符串的位置,只需改动的是数组中各元素的指向。这样各字符串的长度可以不同,而且移动指针变量的值的比移动字符串所花的时间少得多,如图 6.9 所示。

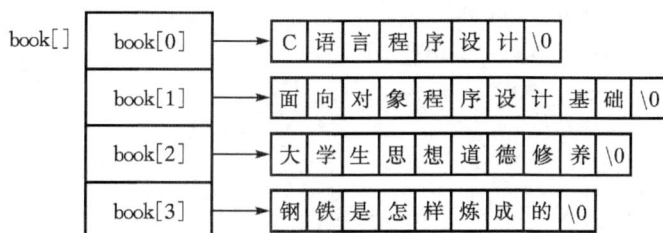

图 6.9　由 4 个字符指针构成的数组在内存中的表示

例 6.17　编写一个函数,完成根据用指定的星期数返回对应的英文星期几的名称。

函数应返回指向存放相应星期名称的字符数组的指针。内部指针数组 day 是静态的,可以用表示星期几的英文字符串对它初始化,其大小也是由初值个数来决定。

```
char ＊week_day(n)
int n;
｛   static char ＊day[] = ｛
                "Illegal week day",
                "Monday",
                "Tuesday",
                "Webnesday",
                "Thursday",
                "Friday",
                "Saturday",
                "Sunday"   ｝;
return((n ＜ 1‖n ＞ 7)? day[0]:day[n]);
｝
```

利用字符指针数组可以提高程序运行效率。

例 6.18　利用字符指针数组,编写将一批字符串按字母顺序排序并将排好序的字符串输出的程序。

由于字符指针数组指向字符串名的,它们需要交换位置时,只需要交换两个字符指针即可,而无需交换字符串,从而节约了时间,提高了效率。

```c
# include <stdio. h>
# include <string. h>
void sort(char * book[],int num)
{    int i,j;
     char * temp;
     for(i = 0;i < num - 1; i++)
        for(j = 0;j < num - i-1; j++)
          if(strcmp(book[j],book[j+1]) > 0)
            {
                temp = book[j];
                book[j] = book[j+1]
                book[j+1] = temp;}
}
main( )
{    static char * book[] = {"FoxBase",
                             "ORACLE",
                             "PASCAL Language",
                             "Windows",
                             "DBase",
                             "C Language"} ;

     int i;
     sort(book,6);
     for(i =  0; i < 6; i++)
         printf(" % s\n",book[i]);
}
```

程序运行结果:

```
        C Language
        DBASE
        FoxBase
        ORACLE
        PASCAL Language
        Windows
```

分析程序和运行结果,不难发现程序中并没有实际交换字符串的位置,它们在内存中的位置不变,只是指针数组中各元素指针发生了变化,指针按字符串的大小,从小到大的顺序指向了它们,从而输出时顺序输出字符指针数组,即可按字母顺序输出字符串。

下面再通过例子,来看一下指针数组是如何处理二维数组的。

例 6.19 对二维数组的处理可用指针数组及相应操作来实现。分析下面程序的结果。

```
int a[3][3] = {{1,2,3},{4,5,6},{7,8,9}};
int *pa[3] = {a[0],a[1],a[2]};
int *p = a[0];
main( )
{
 int i;
 for(i = 0;i < 3; i++)
 printf("a[i][2-i] = %d, *a[i] = %d, *(*(a+i)+i) = %d\n",a[i][2-i],
        *a[i],*(*(a + i)+i));
    printf("\n");
    for(i = 0;i < 3; i++)
    printf("*pa[i] = %d,p[i] = %d\n",*pa[i],p[i]);
}
```

程序运行结果:

```
        a[i][2-i] = 3, *a[i] = 1, *(*(a+i)+i) = 1
        a[i][2-i] = 5, *a[i] = 4, *(*(a+i)+i) = 5
        a[i][2-i] = 7, *a[i] = 7, *(*(a+i)+i) = 9
        *pa[i] = 1,p[i] = 1
        *pa[i] = 4,p[i] = 2
        *pa[i] = 7,p[i] = 3
```

程序中,数组 a 和 pa 都是外部数组;a[0],a[1]和 a[2]分别是数组 a 第 0 行、第 1 行、第 2 行整数数组的起始地址值,用它们对指针数组 pa 赋值;a 是整数数组的起始地址,就是第 0 行的起始地址,所以 a+i 就表示第 i 行的起始地址,*(a + i)是第 i 行第 0 个元素的地址,*(a + i)+i 就表示第 i 行第 i 个元素的地址,而 *(*(a+i)+i)才能取得第 i 行第 i 个元素的值。

数组 a、pa 和指针 p 之间的关系如图 6.10 所示。

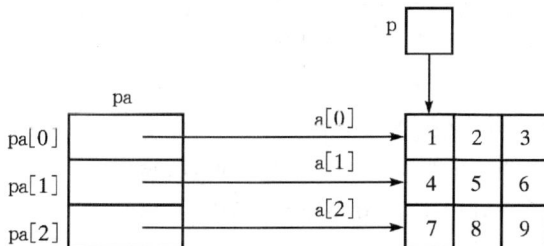

图 6.10　a,pa 和 p 之间的关系示意图

6.6.2　指向指针的指针

当一个指针变量指向指针数组时,就构成的指向指针的指针,所以说指针数组与指针的指针是一回事。

指针的指针是多级间接寻址一种形式,如图 6.11 所示。

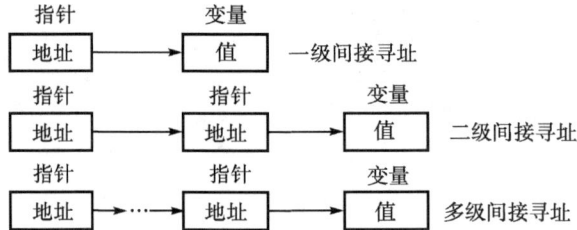

图 6.11　间接寻址示意图

多级间接寻址可以到所需要的任何一级,可以是三级指针、四级指针等。但在实际应用中,很少有需要超过指针的指针,即二级指针这种情况。间接寻址的级数过多,会造成程序调试的困难,容易发生概念性的错误。

二级指针用以下形式说明:

　　　　int ＊＊p；

p 不是指向整型数的指针,它是指向另一个指向整型指针的指针。

要想访问指针的指针所指向的单元内容,必须用两次"＊"操作才能完成。

例 6.20　编写程序使得能从若干个单词中查找以给定的字符串开头的所有单词。

```c
#include "stdio.h"
#include "string.h"
void strsStar(char * words[],char * pattern,int number)
{
  char * * p = words;
  int pattern_length = 0;
  int word_length = 0;
  int i = 0,j = 0;
  pattern_length = strlen(pattern);
  for( i = 0;i<number;i + + ,p + + )
  {
    word_length = strlen( * p);
    if(word_length<pattern_length) continue;
    for(j = 0;j<pattern_length;j + + )
        if( * (( * p) + + )! = * (pattern + j)) break;
    if(j = = pattern_length)
        printf("The word % s starts with % s.\n", * p - j,pattern);
```

```
        }
    }
    void main()
    {
        char *  words[] = {"the","triacetin","triangle","triable",
                           "trail","triable"};
        strsStar(words,"tria",6);
    }
```

程序运行结果为：

```
The word triacetin starts with tria.
The word triangle starts with tria.
The word triable starts with tria.
The word triable starts with tria.
```

程序分析：

程序的主要功能是以函数的形式完成。在函数 strsStar 中，参数 words 是一个指向字符指针的指针数组，参数 pattern 用来指定匹配的模式串，参数 number 用来指定 words 数组中存放的字符指针的数量。

因为 words 是一个字符指针数组，而且该数组中每个元素所储存的指针其实是所储存的单词的首地址，所以在函数中定义了一个二级字符指针 p。定义这个二级指针的好处就是既可以用来遍历 words 数组中的每一个元素，而且还可以通过 * * p 的方式遍历到每个单词中的每个字符。函数里外循环的递增表达式中的 p++用来在 words 数组中进行顺序遍历；函数里外循环中的 word_length＝strlen(* p)语句中的 * p 用来获得 words 数组中元素的内容，也就是存储单词的首地址；函数里内循环中 if 语句表达式中的 * ((* p)++)用来依次获得 * p 所指向的单词中的每个字符，指针 p 和 words 数组的关系如图 6.12 所示。

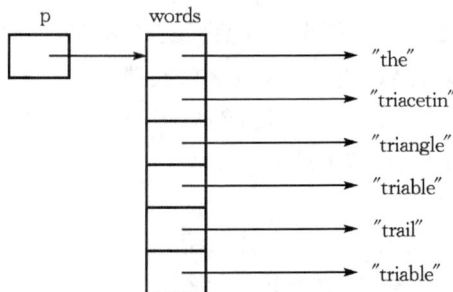

图 6.12　初始状态下 p 和 words 的关系

6.7　综合举例

使用指针可以提高程序的运行速度，节约内存空间，程序书写简洁。因此，C 语言提倡使用指针编程。但是指针使用好坏参半，如果使用不当，容易造成程序混乱，而且极不容易被发现。

　　下面列举一些指针应用中常用的技巧,希望读者能够仔细阅读,仔细体会,熟练掌握指针的用法。

　　例 6.21　编写顺序查找函数。顺序查找又称线性查找,是最基本和最简单的查找方法。其过程是:从表头开始,根据给定的模式,逐项与表中元素比较。如果找到所需元素,则查找成功。如果整个表查完仍未找到所需的对象,则查找失败。

　　在 seqsrch 函数中有三个参数:

　　list:是由指向整型数组的指针;

　　object:是一个整数,存放待查找的元素;

　　len:是整型量,记录整型数组的长度。

```
void seqsrch(list,object,len)
int * list;
int object;
int len;
{
    int * p;
    p = list;
    while(p < list + len)          /* p 没有到表尾,则循环 */
       if( * p = = ,object)        /* 查找相等的数据 */
          break;                   /* 相等,则退出循环 */
       else p+ + ;                 /* 不等,p 指针下移 1 */
    if(p < list + len)             /* 判断查找成功否 */
          printf("success! \n");
    else  printf("Unsuccess! \n");
}
```

　　例 6.22　编写折半查找法函数。折半查找是对有序表进行查找的方法。其过程是:先取表中的中间一项 mid,与所找模式比较,若相等,则查找成功、若该项大于模式,则令 high ＝ mid－1,否则令 low ＝ mid － 1,重新计算 mid 的值,然后进行比较。反复进行下去,直到查找成功。当 low ＞ high 时,查找失败,则报查找失败。

　　在 binsrch 函数中有三个参数:

　　list:是指向字符串指针构成的字符串指针数组,且所指向的字符串是经过排序的;

　　object:字符数组,存放查找模式(要查找的字符串);

　　len:整型量,记录表的长度。

```
binsrch(list,object,len)
char * list[];
char object[];
int len;
{
```

```
    int d;
    char * * low, * * high, * * mid;
    low = list;
    high = list + len - 1;
    while(low < high)
    {
        mid = low + high /2;
        if((d = strcmp( * mid ,object)) < 0)
         low = mid + 1;
        else if(d > 0)
         high = mid - 1;
        else
        {
         printf("success! The sequential number = % d\n",mid - list);
         return;
        }
    }
    printf("Unsueecss! \n");
}
```

程序中,low 指向 list 的头;high 指向 list 的尾;mid 指向 list 的中间位置;d 用于判定继续查找应在前半部分进行,还是在后半部分进行,或者已查找成功。

以上两个例子算法具有通用性。程序中参数被说明成字符指针数组、字符数组的,从而实现对字符串的查找。如果把它们改成要查找的数据类型,这两个函数就可完成相应的查找任务。

例 6.23 编写一个函数,它将以秒为单位的总时间转换成小时、分钟、秒。显然在调用该函数时,送给它一个以秒为单位的总时间,希望返回三个值:小时、分钟和秒。这可以用调用函数的方法得到这三个结果。

```
sec_to_tim(sum_s,hour,minute,second)
unsigned int sum_s;
unsign int * hour, * minute, * second;
{
    * hour = sum_s/3600;
    * minute = (sum_s % 3600)/60;
    * second = (sum_s % 3600) % 60;
}
main( )
{
    unsigned int tt,hh,mm,ss;
```

```
    printf("input seconds sum:");
    scanf("%u",&tt);
    sec_to_time(tt,&hh,&mm,&ss);
    printf("time is %u:%u\n",hh,mm,ss);
}
```

　　程序运行时提示:input second sum:3600

　　　　　　　输出:time is 1:0:0

　　再次运行,提示:input second sum:43526

　　　　　　　输出:time is 12:5:26

例 6.24　采用选择排序法对 10 个整数排序。

```
void sort(int * x, int n);
main( )
{
    int * p,i,a[10];
    p = a;
    for(i = 0; i < 10 ; i++)
        scanf("%d",p++);
    p = a;
    sort(p,10);
    for( p = a, i = 0; i < 10; i++)
    {
        printf("%d", * p);
        p++;
    }
}
void sort(int * x, int n)
{
    int i,j,k,t;
    for(i = 0; i < n-1 ; i++)
    {
        k = i;
        for(j = i + 1; j < n; j++)
        if( *(x + j) > *(x + k))     k = j;
        if(k ! = i)
        {
            t = *(x + i);
            *(x + i) = *(x + k);
            *(x + k ) = t;
```

```
        }
      }
   }
```

在程序中有三处出现了 p ＝ a 语句：第一处给指针 p 赋初值，使 p 指向数组 a；第二处的 p
＝ a，是因为经过了 for(i ＝ 0；i ＜ 10；i＋＋) scanf(′%d′,p＋＋)；操作后，p 被改变了。p 指
向了数组的末尾，因此，需要让它指向数组 a 的首地址，为调用函数 sort 做好了准备；第三处
当 sort 函数返回时，又对 p 做了一次赋值操作，使它指向 a 的首地址。原因是在调用函数时 p
的值发生了变化。由此可见，在编程时随时要关注指针的变化，试想该程序如果不做这三次
p ＝ a操作，程序的结果将是一片混乱。

例 6.25　有一个班，3 个学生，各学 4 门课，计算总成绩，以及第 n 个学生的成绩。

用函数 average 求总平均成绩，用函数 search 找出并输出第 i 个学生的成绩。

```
   main( )
   {
      void average( );
      void search( );
      static float score[3][4] ＝ {{65,67,70,60},
                                  {80,87,90,81},
                                  {90,99,100,98}};
      average( * score,12);
      search(score,2);
   }
   void  average(p,n)
   float  * p;
   int n;
   {
      float  * p_end;
      float sum ＝ 0,aver;
      p_end ＝ p＋n－1;
      for(; p ＜ p_end; p＋＋)
      sum ＋＝ * p;
      aver ＝ sum/n;
      printf("average ＝ %5.2f\n",aver);
   }
   void search(p,n)
   float ( * p)[4];
   int n;
   {
      int i;
```

```
        printf("the score of No. % d are:\n",n);
        for(i = 0,i < 4;i + +)
            printf("% f", * ( * ( p +n) + i));
    }
```

程序运行结果：

```
    average = 82.85
    the score of No.2 are:
        90.9  99.00  100.00  98.00
```

在函数 average 中,形参 p 被说明为指向一个实型变量的指针变量。用 p 指向二维数组各元素,p++就变成指向下一个元素。对应的实参是 score,即二维数组的首地址。形参 n 是元素的个数,实参 12 表示求 12 个元素的平均值。

函数 search 的形参 p 被说明成指向包含 4 个元素的一维数组的指针变量。实参传给形参 n 的值为 2,即输出序号为 2 的学生的成绩。函数调用,实参传给形参 p 是二维数组的首地址,也就是第 0 行的首地址。p + n 指向 score[n], * (p + n) + i 是 score[n][i] 的地址,而 * (* (p + n)+i)是 score[n][i] 的值。当 n＝2,i 由 0 变到 3,就顺序取出了第二位学生的 4 门课成绩。

例 6.26 编写一个程序,它能根据命令行参数而分别实现一个正整数的累加或阶乘。例如在命令行键入：

```
sm 10 +
```
则程序 sm 对 10 进行从 1 开始累加：
```
1 + 2 + 3 + ... + 10;
```
如果命令行键入：
```
sm 10 !
```
则程序 sm 对 10 进行 10 的阶乘运算：
```
1 * 2 * 3 * ... * 10;
```
程序如下：
```
# include <stdio.h>
# include <stdlib.h>
main(argc,argv)
int argc;
char * argv[];
{
    int n;
    void sum(int),mult(int);
    void( * funcp)(int);
    n = atoi(argv[1]);
    if((argc ! = 3)||(n < = 0))
```

```
                    disp_form( );
            switch ( * argv[2])
                {
                    case ´+´: funcp = sum;
                            break;
                    case ´!´: funcp = mult;
                            break;
                default:disp_form( );
            }
        ( * funcp)(n);
}
void sum(int m)
{
    int i,s = 0;
    for(i = 1;i <= m; i++)
        s += i;
    printf("sum =  % d \n",s);
}
void mult(int m)
{
    long int i,s = 1;
    for(i = 1; i <= m; i++)
        s * = i;
    printf("mult =  % ld \n",s);
}
disp_form( )
{
    printf("Usage:sm n( +/!)(n > 0)");
    exit(0);
}
```

程序运行时命令行输入：

```
    sm 15 +
```
则输出：sum = 120
若输入：sm 15 ！
则输出：mult = 204310016

　　程序中，直接用函数名 sum 或者 mult 给函数指针 funcp。根据接受的命令行，通过指向函数的指针调用相应的函数，用(* funcp)(n)实现。

　　例 6.27　函数 encode( )和 decode( )分别实现对字符串的变换和复原。变换函数 encode

（　）顺序考察已知字符串的字符，按以下规则逐组生成新字符串：

（1）已知字符串的当前字符不是数字字符，则复制该字符于新字符串中。

（2）若已知字符串的当前字符是一个数字字符，且它之后没有后继字符，则简单地将它自己复制到新字符串中。

（3）若已知字符串的当前字符是一个数字字符，并且还有后继字符，设该数字字符的面值为 n，则将它的后继字符（包括后继字符是一个数字字符）重复复制 n+1 次到新字符串中。

（4）以上述一次变换为一组，在不同组之间另插入一个下划线字符'_'用于分隔。例如：encode( )函数对字符串 26a3t2 的变换结果为 666_a_tttt_2

复原函数 decode( )作变换函数 encode( )的相反的工作。即复制不连续相同的单个字符，而将一组连续相同的字符（不超过 10 个）变换成一个用于表示重复次数的数字符合一个重复出现的字符，并在复原构成中掠过变换函数为不同组之间添加的一个下划线字符。

程序如下：

```c
int encode(char * instr, char * outstr)
{
  char * ip, * op, c;
  int k, n;
  ip = instr;
  op = outstr;
  while ( * ip)              /* 判断输入字符串是否结束 */
  {
    if ( * ip > = '0' && * ip < = '9' && *(ip + l))
                            /* ip 所指字符是数字且下一个字符不是字符串的结尾 */
    {
     n =  * ip - '0' + 1; /* 计算复制字符的次数 */
     c =  * + + ip;       /*c 指向下一个字符 */
     for(k = 0; k < n; k + +)
       * op + + = c;       /* 在 op 中写入 n 个 c */
    }
    else * op + + =  * ip;  /* 否则将 ip 所指字符简单的复制到 op 中 */
    * op + + = '_';         /* 在 op 中添加分隔符'_' */
    ip + +;                 /* ip 指向下一个字符 */
  }
  if (op > outstr) op - -;
  * op = '\0';
  return op - outstr;       /* 返回值是变化后的字符串长度 */
}
int decode(char * instr, char * outstr)
{
  char * ip, * op, c;
```

```
    int n;
    ip = instr; op = outstr;
    while ( * ip)
    {
      c = * ip; n = 0;
      while ( * ip = = c && n < 10) { ip + + ;n + + ;} / * 计算重复字符的个数 * /
      if(n > 1 ) * op + + = ´0´ + n - 1;    / * 将重复次数减一复制到 op 中 * /
      * op + + = c;    / * 将字符 c 写入 op * /
      if( * ip = = ´_´ ) ip + + ;  / * 跳过分隔符´_´ * /
    }
    * op = ´\0´;
    return op - outstr;
}
```

　　encode()函数一开始,将输入字符串 instr 和输出字符串 outstr 的值分别赋给了字符型指针 ip 和 op,这时,ip 和 op 就分别指向了 instr 和 outstr 的第一个字符, * ip 就代表了 instr 的第一个字符。随着 ip 和 op 值的变化(加 1),对 * ip 和 * op 的操作就相当于对 instr 和 outstr 相应位置的字符的操作。程序的逻辑非常清楚,读者对照着注释理解应该不会很困难。特别需要注意的是程序中对字符指针的操作,如 * (ip+1)代表 ip 所指的下一个字符的值,ip 的值并没有变化; * + +ip 表示先将 ip 值加 1,再取 ip 所指字符的值,这里 ip 的值发生了变化; * ip + +表示先取 ip 所指字符的值,再将 ip 的值加 1。这些操作充分体现了在 c 语言中指针运算的灵活性和复杂性,读者要仔细体会这些用法,深刻理解指针的概念。

习　题

1. 判断下列语句哪些是合法的? 哪些是不合法的?

```
    int i,a[5], * p;
    p = &i;
    p = &(i + 1);
    p = & + + i;
    p = &a;
    p = a + 3;
    p = a[5];
```

2. 分析下面程序的打印结果:

```
    int a[3][3] = { {1,2,3},{4,5,6},{7,8,9}};
    int * pa[3] = {a[0],a[1],a[2]};
    int * p = a[0];
    main( )
    {  int i;
```

```
for(i = 0;i < 3;i + +)
    printf("%d%d%d\n",a[i][2 - i], * a[i], * ( * (a + 1) + i));
for(i = 0;i <3; i + +)
    printf("%d%d\n", * pa[i],p[i]);
}
```

3. 给出下面程序的运行结果：

```
main( )
{   static int x[] = {1,2,3};
    int s,i, * p;
    s = 1;
    p = x;
    for(i = 0;i < 3;i + +)
        s * = * (p + i);
    printf("%d\n",s);
}
```

4. 编程实现查找字符串 s2 在字符串 s1 中第一次出现的位置,若找到则返回位置,否则返回 0。

5. 函数 expand(s,t)在把字符串 s 复制到字符串 t 时,将其中的换行符合制表符转换成可见的转义字符表示,即用\n 表示换行符,用\t 表示制表符,请用指针的方法实现。

6. 写一个函数 getint,它把输入的一串字符转换为整数。

7. 写一个函数 squeeze(s1,s2),它删去字符串 s1 中的与字符串 s2 中的任意字符相匹配的字符。

8. 函数 seekint(s1)实现在字符串中寻找整数的功能,s1 是由数字字符和非数字字符混合而成的字符串,如:f244il897[]837...

要求 seekint 能从 s1 中寻找出 244、897、837 等整数,并输出。

9. 用指针的方法实现 3 个字符串的排序输出,字符串排序的规则是:首先比较两个字符串的第一个字符,字符值比较大的那个字符串为两个字符串中的大者;如果相等,则比较第二个字符,依次类推。假设有字符串 s1:"asd",s2:"asc",那么根据上述规则 s1 > s2。

10. 有一个字符串,包含 n 个字符。写一个函数,将此字符串中从第 m 个字符开始的全部字符复制成为另一个字符串。

11. 用指针数组和指向指针的指针的方法实现对 10 个字符串的排序,并将结果输出。

12. 编写函数实现自己的 strcat(),即实现两个字符串的合并。

第7章　结构体与共用体

实际编程过程中,选择好的表示数据的方法是最重要的方面之一。在许多情况下,仅仅使用简单变量和数组是不够的,经常需要用相关的不同类型的数据来描述一个数据对象。例如,要描述一个职工的基本情况,通常就需要有关姓名、性别、年龄、婚姻状况、文化程度、工资、住址等方面的信息,虽然它们的类型有些是不同的,如姓名是字符型的,年龄是整型的,而工资是实型的,但对描述一个职工的基本情况,它们却是一个有机的整体,每一个职工都具有列出的各个数据的相应值。为了描述这种反映某一事物的、由多个有一定的内在联系,但通常类型不完全相同的数据项组合而成的数据,C语言提供了一种数据类型,即结构体。

7.1　结构体的概念与定义

7.1.1　结构体的定义

结构体是一种复杂的数据类型,它与数组是有区别的,数组是相同类型的有序变量的集合,而结构体是不同类型的有序变量的集合。数组元素是同类型的,即同"质"的;结构体的成员是不同类型的,即异"质"的。

定义结构体类型的一般格式为:

```
struct 结构体名
{
    数据类型 成员名1;
    数据类型 成员名2;
        ...
    数据类型 成员名n;
};
```

关键字 struct 是告诉编译系统,准备定义一个结构体。结构体名是由用户自己定义的标识符。成员名 k(k=1,2,3…n)是组成该结构体的成员项。每个成员的数据类型,按要求确定,可以是简单的数据类型,也可以是复杂的数据类型。需要说明的是,结构体定义就是一条说明语句,故分号不可以省略。

例:定义结构体。

```
struct employees
  {
    char   name[20];
    char   sex;
    int    age;
```

```
      char   marriage;
      char   education[10];
      float wage;
      char   address[40];
  };
```

这个例子定义了一个结构体名为 employees 的结构体。这个结构体共有七个成员项：第一个成员项是字符数组 name,用来存放职工的姓名;第二个成员项是字符型数据 sex,用来存放职工的性别;第三个成员项是整型数据 age,用来存放职工的年龄;第四个成员项是字符型数据 marriage,用来存放职工的婚姻状况;第五个成员项是字符数组 education,用来存放职工的文化程度;第六个成员项是实型数据 wage,用来存放职工的工资;第七个成员项是字符数组 address,用来存放职工的地址。注意各成员项均以分号结束,整个结构体类型的定义也以分号结束。

说明：

（1）上述形式的定义确定了该类型的结构体数据的构造形式,但在程序运行时,结构体类型的定义并不会使系统为该结构体类型分配内存空间,只有在定义了结构体类型变量的时候,才分配内存空间。

（2）struct employees 代表一种特定的结构体类型。事实上结构体类型可以有许多不同的类型,它们都必须有关键字 struct,但可以有不同的结构体名和成员项。这和基本数据类型是不同的,在基本数据类型中,一种数据类型只有一个类型名,如字符数据的类型名是 char。

（3）结构体成员的类型也可以是一个已经定义过的结构体类型,例如：

```
      struct   date
        {  int   month;
           int   day;
           int   year;
        };
      struct employees
        {
           char   name[20];
           char   sex;
           int    age;
           struct date   birthday;
           char   marriage;
           char   education[10];
           float wage;
           char   address[40];
        };
```

在上述定义中,结构体名 struct date 出现在结构体类型 struct employees 的定义中,它是结构体类型 struct employees 的成员 birthday 的类型名。

（4）结构体和结构体变量是两个不同的概念,结构体将给出结构模式,即结构体所具有的成员个数和类型;结构体变量是具有某种结构体模式的变量。先定义结构体模式,再定义结构体变量。如果要访问该结构体的数据,还必须使用已经定义的结构体名去说明结构体变量。

7.1.2　结构体变量的定义

结构体变量的一般定义形式为:

　　　　struct　结构体名　变量名 1,变量名 2,…,变量名 n;

其中,结构体名是已经定义过的结构体类型标识符。例如,用上面定义过的结构体名 employees 说明一个结构体变量 employee1:

　　　　struct　employees　employee1,employee2;

C 编译系统为该结构体变量的所有成员分配内存空间。在本例中,结构体变量的说明位于该结构体类型的定义之后,也可以在定义结构体类型的同时定义结构体变量。这时,被说明的结构体变量直接写在结构体类型定义的大括号之后。其一般形式为:

```
struct　结构体名
{
    数据类型　成员名 1;
    数据类型　成员名 2;
      ...
    数据类型　成员名 n;
}变量名 1,变量名 2,…,变量名 n;
```

例:struct employees

```
{
    char　name[20];
    char　sex;
    int 　age;
    char　marriage;
    char　education[10];
    float wage;
    char　address[40];
} employee1,employee2;
```

这种形式和前面给出的类型定义与变量说明分开的形式是等价的。

结构体变量还可以采用直接说明的方法,即只指定结构体变量名,而不指定结构体名。其一般形式为:

```
struct
{
    数据类型　成员名 1;
    数据类型　成员名 2;
      ...
```

```
        数据类型　成员名 n;
    }变量名 1,变量名 2,…,变量名 n;
例:struct
    {
        char   name[20];
        char   sex;
        int    age;
        char   marriage;
        char   education[10];
        float wage;
        char   address[40];
    } employee1,employee2;
```

employee1 和 employee2 具有相同的结构。

要定义一个结构体类型的变量,以上三种方法都是可以采用的。

结构体变量在内存中存放时,占用连续的一段存储空间。其成员变量按结构体类型说明的次序依次存放。如图 7.1,是结构体变量 employee1 和 employee2 的存储形式。

name (占 20 个 字节)	sex (占 1 个 字节)	age (占 2 个字 节)	marriage (占 1 个 字节)	education (占 10 个字 节)	wage (占 4 个 字节)	address (占 40 个 字节)

图 7.1　结构体变量的存储形式

结构体变量占用的内存字节数是其各成员变量占用字节数的总和。如图 7.1 所示,变量 employee1 占用 78 个字节:

　　　　20+1+2+1+10+4+40=78

对于结构体中的成员,可以单独使用,它的作用与地位相当于普通变量。另外,成员名可以与程序中的变量名相同,二者不代表同一对象。例如,程序中可以另定义一个变量 age,它与 struct employees 中的 age 是两回事,互不影响。

7.1.3　结构体变量的引用

结构体是一个新的数据类型,因此结构体变量也可以象其它类型的变量一样进行赋值、运算,不同的是结构体变量以成员作为基本变量。

对结构体成员引用的表示方式为:

　　　　结构体变量.成员名

其中,“.”为成员运算符,它在所有的运算符中同另一个指向运算符“->”优先级最高,可以将“结构变量.成员名”看成一个整体。例如,访问结构体变量 employee1 的成员 age,用下面的表达式来描述:

　　　　employee1.age

说明:

(1)不能将一个结构体变量作为一个整体进行输入和输出。例如:假定已定义的结构体变量 employee1 已有值。不能这样引用:

```
printf("%s,%c,%d,%c,%s,%f,%s",employee1);
```

只能对结构体变量中的各个成员分别输出。也可以对变量的成员赋值,如:

```
employee1.age = 25;
```

(2)如果一个结构体类型中又嵌套一个结构体类型,即成员本身又属于某一个结构体类型,则对成员类型为结构体类型的内嵌结构体成员的访问,要用若干个成员运算符,一级一级的找到最低的一级的成员,因为只能对最低级的成员进行赋值或存取以及运算。其引用形式为:

<结构体变量名>.<结构体类型成员名>.<内嵌结构体的成员名>

例如,对下面定义的结构体变量 employees:

```
struct   date
    {  int   month;
       int   day;
       int   year;
    };
struct employees
    {
       char   name[20];
       char   sex;
       int    age;
       struct date   birthday;
       char   marriage;
       char   education[10];
       float wage;
       char   address[40];
    }employee;
```

可以这样访问各成员:

```
employee.sex
employee.name
employee.birthday.month
employee.birthday.day
employee.birthday.year
```

注意:不能用 employee.birthday 来访问 employee 中的变量 birthday,因为 birthday 本身也是一个结构体类型。

(3)对成员变量可以像普通变量一样进行各种运算(根据其类型决定可以进行的运算)。例如:employee.age++;

也可以进行赋值运算,例如,m,d,y 是已经定义的整型变量,则可进行如下赋值:

```
m = employee.birthday.month;
d = employee.birthday.day;
y = employee.birthday.year;
```

(4)可以引用成员的地址,也可以引用结构体变量的地址。如:

```
scanf("%d",&employee.age);   /*输入 employee.age 的值*/
printf("%o",&employee);        /*输出变量 employee 的首地址*/
```

但不能用以下语句整体输入结构体变量,如:

```
scanf("%s,%c,%d,%c,%s,%f,%s",&employee);
```

结构体的地址主要用作函数参数,传递结构体的地址。

7.1.4　结构体变量的初始化

结构体变量赋初值与数组一样,可采用赋初值表,表中按顺序排列的每个初始值必须与给定结构体说明的元素一一对应,个数相同,类型一致。

对结构体类型变量进行初始化的一般形式为:

```
struct   结构体名
 {
    数据类型   成员名 1;
    数据类型   成员名 2;
     ...
    数据类型   成员名 n;
    }变量名 ＝{初始化数据};
```

如果结构体类型已经定义,也可以用以下方式进行初始化:

```
struct     结构体名    变量名 ＝{初始化数据};
```

在初始化时,初始化的数据应放在大括号中,用逗号分隔各个数据。初始化数据的个数应与该结构体类型的成员项的个数相同。初始化时,按成员项的先后顺序,一一对应地赋给初值。需要注意的是,每个初始化数据的类型与对应的成员数据的类型要一致。例如,对上面已经定义过的结构体 date 类型,可以这样进行初始化:

```
struct   date
    {  int   month;
       int   day;
       int   year;
    } today = {9,25,2010};
```

或者用以下形式:

```
struct   date
    {  int   month;
       int   day;
```

```
            int  year;
            };
        struct  date  today = {9,25,2010};
```

对于具有嵌套的结构体类型，即成员本身又属于某一个结构体类型，其变量的赋值是类似的，也是要求一一对应，类型一致。如对结构体 employees，同样有以下两种初始化形式：

```
        struct  date
            {  int  month;
            int  day;
            int  year;
            };
        struct employees
            {
            char  name[20];
            char  sex;
            int   age;
            struct date  birthday;
            char  marriage;
            char  education[10];
            float wage;
            char  address[40];
            }employee = {"Wang yan",'F',22,11,12,1988,'N',"bachelor",2000.0,"
                        Beijing  city"};
```

或者

```
        struct employees employee = {"Wang yan",'F',22,11,12,1988,'N',"bach-
            elor",2000.0,"Beijing  city"};
```

例 7.1　对结构体变量的初始化。

```
struct st
  {
    char x;
    int  y;
    float z;
    char s[10];
  } example = {'A',9801,89.5,"Wang yan"};
main( )
  {
    printf ("example.x = %c\n", example.x);
    printf ("example.y = %d\n", example.y);
```

```
    printf ("example.z =  % f\n", example.z);
    printf ("example.s =  % s\n", example.s);
  }
```

运行结果如下：

```
    example.x = A
    example.y = 9801
    example.z = 89.50000
    example.s = Wang yan
```

结构体类型可以在主函数的外面定义,作为全局量;也可以在主函数内部定义,作为局部量,其初始化的形式是一样的。

7.2 结构体数组

记录或处理如职工、学生等同一类型的不同对象的有关数据时,每一个对象都需要一组数据,而一批对象就需要存放一批这样的数据。如有 10 名学生的数据需要记录和处理,显然应该用数组,因此选用结构体数组,并利用有关的运算来存放或处理这一批数据的集合体。

结构体数组也是一个数组,它与以前介绍的数值数组的不同之处在于,每一个数组元素都是一个结构体类型的数据,它们分别包括各个成员项。这种构造形式便于存放和处理一批类似于职工、学生等类型的数据,在程序设计中有广泛的应用。

7.2.1 结构体数组的定义

与定义结构体类型变量的方法类似,结构体数组的定义也有三种不同的方法。例如要定义一个班级 30 个同学的学号、姓名、性别、年龄和成绩,可以用以下三种方式来定义所需的结构体数组。

方式 1：

```
    struct   stu
      {
        int    stu_no;
        char   name[20];
        char   sex;
        int    age;
        float score;
      };
    struct   stu student[30];
```

方式 2：

```
    struct   stu
      {
```

```
        int    stu_no;
        char   name[20];
        char   sex;
        int    age;
        float score;
    } student[30];
```

方式 3:

```
    struct
      {
        int    stu_no;
        char   name[20];
        char   sex;
        int    age;
        float score;
      } student[30];
```

　　结构体数组的存放与数值数组存放的方式是类似的,数组各元素在内存中连续存放。不同的是,数组的每一个元素存放的是一个数值,而结构体的每一个元素存放的是一个结构体变量。

7.2.2　结构体数组的初始化与引用

　　结构体数组在定义时,可以进行初始化。例如:

```
    struct   stu
      {
        int    stu_no;
        char   name[20];
        char   sex;
        int    age;
      float score;
      }student[4] = {{10101,"Wang ping",'F',22,88},
                     {10102,"Li yan",'F', 23,95},
                     {10103,"Li gang",'M',21,76},
                     {10104,"Yang fan",'M', 22,85}};
```

说明:
(1)结构体数组初始化时,要将每一个元素的初始数据分别用一对大括号括起来。
(2)如果给数组元素全部赋初值,元素个数可以省略不写,即写成以下形式:
　　　　student[] = {{…},{…},…,{…}};
(3)如果只给数组中的部分元素赋初值,则数组元素个数不能省略。此时,只对数组前面部分的元素赋初值,未赋初值的元素,系统将对数值成员赋以零,对字符串型成员赋以"空",即赋以字符'\0'。

(4)也可以通过输入语句对结构体数组赋初值,同数值数组类似,仍需用循环语句来实现。

结构体数组的每一个元素是一个结构体变量,可以引用数组元素中的成员,但应遵守引用结构体成员的有关规则,其一般形式为:

　　　　结构数组元素.成员名

例如:

```
student[0].name        /* 引用第 0 个学生的姓名 */
student[3].age         /* 引用第 3 个学生的年龄 */
```

例 7.2 从键盘输入学生的成绩,输出不及格学生的名单以及不及格学生的人数。

```c
# include "stdio.h"
 struct   stu
   {
       int    stu_no;
       char   name[20];
       char   sex;
       int    age;
       float score;
   } student[6];
  main( )
   {
     int k,count = 0;
     printf("stu_no   name    sex   age   score\n");
     for(k = 0;k<6;k + +)
        scanf("%d  %s  %c  %d  %f",&student[k].stu_no, student[k].name,
             &student[k].sex,&student[k].age,&student[k].score);
     printf("\n\n");
     printf("不及格名单:\n");
     printf("stu_no   name    sex   age   score\n");
     for(k = 0;k<6;k + +)
        if(student[k].score<60)
        {
          printf("%d   %s    %c   %d   %f\n",student[k].stu_no,student
                [k].name,student[k].sex,student[k].age,student[k].score);
          count + +;
                  }
     printf("不及格人数:%d",count);
   }
```

运行结果如下:

stu_no	name	sex	age	score
10101	王山	女	22	53 ✓
10102	李艳	女	23	75 ✓
10103	李钢	男	21	92 ✓
10104	杨丰	男	22	55 ✓
10105	李明	男	23	88 ✓
10106	张丽	女	22	45 ✓

不及格名单:

stu_no	name	sex	age	score
10101	王山	女	22	53
10104	杨丰	男	22	55
10106	张丽	女	22	45

不及格人数:3

为了进一步理解结构体和结构体数组的用法,下面举一个简单的复数排序的例子。

例 7.3　结构体数组应用举例。输入 10 个复数的实部和虚部放在一个结构体数组中,根据复数模的大小顺序对数组进行排序并输出。

其中:复数的模＝sqrt(实部 * 实部＋虚部 * 虚部)

程序如下:

```
# define N 10
# include <stdio.h>
# include <math.h>
void main()
{struct complex
  {float x,y;
   float m;
  }a[N],temp;
 int i,j,k;
 for(i=0;i<N;i++)                        /* 输入复数的实部与虚部 */
   {scanf("%f%f",&a[i].x,&a[i].y);   /* 第 11 行 */
    a[i].m=sqrt(a[i].x* a[i].x+ a[i].y* a[i].y);}  /* 计算复数的模 */
 for(i=0;i<N-1;i++)                      /* 按照模的大小排序 */
   {k=i;
    for(j=i+1;j<N;j++)
      if (a[k].m<a[j].m) k=j;
      temp=a[i];a[i]=a[k];a[k]=temp;}                      /* 第 17 行 */
 for(i=0;i<N;i++)
 printf("%.4f+ %.4fi\n",a[i].x,a[i].y);
```

```
    }
```

[解题思路]:

程序中数组 a 的每个元素用于存放一个复数,其中成员 x、y 存放复数的实部与虚部,成员 m 存放复数的模。第 11 行输入复数;第 17 行的作用是交换两个结构体数组元素 a[i] 与 a[k] 的数据,可采用同类型的结构体变量的赋值运算,用中间变量 temp,整体交换结构体变量数据,注意不能只交换复数的模 a[i].m 和 a[k].m;最后,以复数形式输出结果,为了使虚部输出时有符号,所以在格式符中加修饰符"+"。

例 7.4 结构体数组应用举例。编写程序,模拟统计网站被点击的次数,设:有五个网站,有 100 人参加模拟点击,要求:统计出每个网站被点击的人次,程序输入网站名,输出网站名以及被点击的人次。

程序如下:

```
#include <string.h>
#define N 5
#define M 100
struct network
{char name[30];
 int   count;
}network1[N]={"新浪",0,"网易",0,"3721",0,"www.google.com",0,"www.xjtu.edu.cn",
              0};
main()
{ int i,j;
  char network1_name[30];
  for(i=1;i<=M;i++)
    {scanf("%s",network1_name);
      for(j=0;j<N;j++)
        if(strcmp(network1_name,network1[j].name)==0) network1[j].count++;
    }
  printf("\n");
  for(i=0;i<N;i++)
    printf("%5s:%d\n",network1[i].name,network1[i].count);
}
```

程序定义了一个全局的结构体数组 network1,它有 5 个元素,每一元素包括两个成员 name(网站名)和 count(点击次数)。在定义数组时使之初始化,使 5 个网站的点击次数都先置零。

在主函数中定义字符数组 network1_name,它代表网站名,在 100 次循环中每次先输入一个具体网站名,然后把它与 5 个网站名相比,看它和哪一个网站名相同。注意:network1_name 和 network1[j].name 相比,network1[j] 是数组 network1 的第 j 个元素,它包含两个成员项,network1_name 应该和 network1 数组的第 j 个元素的 name 成员相比。若 j 为某一值时,输入的姓名与 network1[j].name 相等,就执行"network1[j].count++",由于成员运算符"·"优先于自增运算符"++",因此它相当于(network1[j].count)++,使 network1[j]的成员 count 的值加 1。在输入和统计结束之后,将 5 个网站的名字和点击次数输出。

7.3　结构体与指针

结构体作为一种数据类型,可以设一个指针变量,用来指向结构体变量,此时该指针变量的值就是结构体变量的起始地址。同样,指针变量也可以用来指向结构体数组中的元素。下面分别进行描述。

7.3.1　结构体变量与指针

在说明结构体变量时,也可说明指向结构体变量的指针变量,其说明方式与其他类型指针变量的说明方式类似。对应于结构体变量的三种说明方式,也可使用三种方式来说明指向结构体变量的指针变量。

(1)说明结构体类型,再说明指向结构体变量的指针。

假定使用前面的职工信息的结构体类型 employees,则

```
struct   employees   employee1, * p1;
```

说明了一个结构体变量 employee1 和一个指向结构体变量的指针 p1,p1 可用于指向具有结构体类型 employees 所描述的任何结构体变量,如指向结构体变量 employee1。

(2)在说明结构体类型的同时说明指向结构体变量的指针。如:

```
struct employees
{
 char   name[20];
 char   sex;
 int    age;
 char   marriage;
 char   education[10];
 float  wage;
 char   address[40];
  }employee1, * p1;
```

(3)直接用结构体类型的结构模式说明结构体变量指针。

```
struct
  {
 char   name[20];
 char   sex;
 int    age;
 char   marriage;
 char   education[10];
```

```
        float wage;
        char  address[40];
    };
```

上面三种方式分别说明了结构体变量 employee1 和指向结构体变量的指针 p1,其效果是完全相同的。p1 作为指向结构体类型 employees 变量的指针,可被赋值为 &employee1

即, p1 = &employee1

赋值后,p1 指向结构体变量 employee1 的首地址,那么 * p1 就是 employee1,如图 7.2 所示。

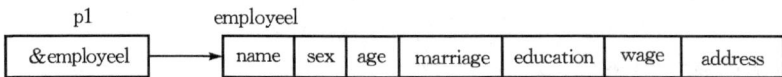

图 7.2　结构体变量指针的示意图

利用结构体变量指针 p1,来引用所指的结构体变量 employee1 的成员时,可以使用以下两种方法。

(1)(* 结构体变量的指针名).成员名;

如:(* p1). name、(* p1). age、(* p1). education、(* p1). address 等。

(2)结构体变量的指针名->成员名;

如:p1->name、p1->age、p1->education、p1->address 等。

需要注意的是:"."和"->"都是涉及结构体的运算符,并且具有最高的运算优先级。因此,在类似(* p1). name 和 &((* p1). name)的引用时,必须正确使用括号。而对于类似于 &(p1->name)的引用,可以不用括号,直接使用 & p1->name 的形式即可。

令 p1 = &employee1,则以下三种形式是等价的:

employee1. name

(* p1). name

p1->name

例 7.5　编写程序,对给定的字符串 s,删除其中与字符串 t 相同的所有子串。

为了完成这个程序,经过分析发现字符串 s 和字符串 t 的长度是一个必用的数据。参照对结构体的认知,在程序中定义了一个新的结构体数据类型 SString,该类型包含了两部分内容,其一是要处理的字符串的首地址,其二就是该字符串的长度。这样定义之后,就将具有相关信息的数据自然的统一在了一起,既方便管理数据,也便于理解程序。

```c
# include "stdio. h"
# include "string. h"
struct SString
{
    char * ch;
    int length;
};
void del_substr(SString * s,SString t)
```

```
{
    int i,j,k;
    if(s->length<1||t.length<1||s->length<t.length)
        return;
    i=0;                          /*i为串s中字符的下标*/
    for(;;)
    {
        j=0;                      /*j为串t中字符的下标*/
        while(i<s->length && j<t.length)
                                  /*在串s中查找与t相同的子串*/
        {
            if(s->ch[i]==t.ch[j])
                i++,j++;
            else
            {
                i=i-j+1;  /*i值回退,为继续查找t做准备*/
                j=0;
            }
        }
        if(j==t.length)     /*在s中找到与t相同的子串*/
        {
            i=i-j;              /*计算s中子串t的起始下标*/
            for(k=i+t.length;k<=s->length;k++)
                                        /*通过覆盖子串t进行删除*/
                s->ch[k-t.length]=s->ch[k];
            s->length=s->length-t.length;        /*更新s的长度*/
        }
        else break;              /*串s中不存在子串t*/
    }
}
int main( )
{
    char ch[]="This is a computer.It is a complex device.";
    struct SString s={ch,strlen(ch)};
    struct SString t={"is",2};
    del_substr(&s,t);
    printf("%s\n",ch);
    return 0;
}
```

运行结果如下:

```
Th  a computer.It   a complex device.
```

程序中,核心的功能就是 del_substr 函数,该函数的处理过程为从串 s 中的第一个字符开始查找字符串 t,若找到,则将后面的字符向前移动将子串 t 覆盖掉,然后继续查找子串 t,否则从串 s 的第二个字符开始查找,依次类推,重复该过程,直到串 s 的结尾为止。

7.3.2 结构体数组与指针

在使用数组时,要求指向数组的指针变量的类型与数组的基类型一致。对于结构体数组及指向结构体数组的指针变量也不例外。例如:

```
struct   stu
  {
    int    stu_no;
    char   name[20];
    char   sex;
    int    age;
    float score;
  } student[4], * p1  ;
```

由于结构体变量指针 p1 和结构体数组 student[4]的基类型一致,故
(1) 可以将结构体数组 student[4]的起始地址赋给结构体指针变量 p1,即

```
p1 = student
```

此时,结构体指针 p1 就指向结构体数组 student[4]的第 0 个元素。
(2) 可以把结构体数组 student[4]的不同元素的地址赋给结构体指针 p1,如:

```
p1 = & student[0] 或 p1 = & student[3] 等。
```

那么,p1 = student 就等价于 p1 = & student[0]。
(3) 利用指针的移动(如:p1++),就能使结构体变量指针指向结构体数组的各个元素,然后利用成员运算符或指向运算符,就可以访问数组元素的各个成员。

例 7.6 利用指向结构体数组的指针,输出学生的有关信息。

```
struct   stu
  {
    int    stu_no;
    char   name[20];
    char   sex;
    int    age;
    float score;
  } student[4] = {{10101,"Wang ping",'F',22,88},
                  {10102,"Li yan",'F', 23,95},
                  {10103,"Li gang",'M',21,76},
```

```
                        {10104,"Yang fan",'M', 22,85}};
    main( )
     {
        int k;
        struct   stu    * p1;
        p1 = student ;
        printf("stu_no    name    sex  age   score\n");
        for(k = 0;k<4;k + +)
          {
           sum = 0;
           printf("% d    % s   % c    % d    % f\n",( * p1).stu_no,
                   p1 - >name,( * p1).sex,( * p1).age,p1 - >score);
           p1 + +  ;
          }
     }
```

程序运行结果如下：

stu_no	name	sex	age	score
10101	Wang ping	F	22	88
10102	Li yan	F	23	95
10103	Li gang	M	21	76
10104	Yang fan	M	22	85

结构体成员的类型也可以为一个数组类型，下面举一个较复杂的例子。

例 7.7　输入五名学生的学号、姓名和三门课的成绩，存入结构体数组 student[5]中。求三门课的平均成绩，并输出平均成绩最高者的学生信息。

```
# define   N    5
# include "stdio.h"
 struct   stu
   {
        int    stu_no;
        char   name[20];
        float  score[4];
   } student[N];
   /* 其中,结构体的成员 score 是一数组,它的前三个元素用来存放学生的三
      门课的成绩,第四个元素用来存放平均成绩 */
main( )
  {
    int k,j;
    struct   stu  *p ;
```

```
    float sum,max ;
    for( k = 0;k<N;k + +)     /*  输入五个学生的信息 */
     {
        sum = 0,
        scanf("%d %s",&student[k].stu_no,student[k].name);
        for(j = 0;j<3;j + +)
          {
            scanf("%d" ,&student[k].score[j]);
            sum + = student[k].score[j];
          }
        student[k].score[3] = sum/3;
      }
    printf("\n stu_no    name    ave_score\n");
     for( k = 0;k<N;k + +)
        printf("%d    %s    %f",student[k].stu_no,
               student[k].name, student[k].score[3]);
     max = student[0].score[3];  /* 求平均成绩最高者 */
     for( k = 0;k<N;k + +)
       if (student[k].score[3]>max)
         {
          max = student[k].score[3];
          j = k;
         }
    p = student + j;
    printf("\n the maximum score:\n");
    printf("stu_no:%d\n name:%s\n ave_score:%f\n",
           p->stu_no,p->name,p->score[3]\n);
 }
```

程序运行结果如下:

```
10101 Wang ping  60 88 86 ↙
10102 Li yan     97 86 75 ↙
10103 Li gang    79 75 68 ↙
10104 Yang fan   85 95 93 ↙
10105 Zhang li   92 84 91 ↙
stu_no     name     ave_score
10101     Wang ping    78
10102     Li yan       86
10103     Li gang      74
```

```
10104      Yang fan        91
10105      Zhang li        89
the maxinum score：
stu_no：10104
name：Yang fan
ave_score：91
```

7.4　结构体作为函数参数

函数的参数可以是各种类型的变量。结构体变量和指向结构体变量的指针都可以作为函数的参数，但是所实现的调用方式不同，前者为传"值"调用，后者为传"址"调用。此外，结构体变量的成员也可以作为函数参数，进行参数传递，用法与一般的变量相同，本节不再详细讨论，而重点来讲述结构体变量作为函数参数和指向结构体变量的指针作为函数参数。

7.4.1　结构体变量作为函数参数

用结构体变量作为函数参数，在函数调用时，通过实参与形参结合的方式，将结构体变量的值传递给被调用函数的形参。但要注意实参与形参的类型要一致。

例 7.8　有一个结构体变量 stu，内含学生学号、姓名和三门课的成绩。要求在 main( )函数中赋初值，在另一函数 print 中将它们打印输出。

```
# include  "stdio.h"
# include  "string.h"
#define   format  "%d\n %s\n %f %f %f\n"
struct student
{
  int num；
  char name[20]；
  float score[3]；
};
void print( );
main( )
{
  struct student stu ；
  stu.num = 10101；
  strcpy(stu.name,"Zhang Li") ；
  stu.score[0] = 67.5 ；
  stu.score[1] = 89 ；
  stu.score[2] = 78.6 ；
  print(stu);
```

```
        }
    void print(s)
    struct student s；
    {
        printf (format,s. num, s. name, s. score[0], s. score[1],s. score[2])；
        printf("\n")；
    }
```

程序执行结果如下：

```
10101
Zhang Li
67.5  89  78.6
```

把一个完整的结构体变量作为参数来传递，虽然合法，但是将全部成员的值一个一个传递，既浪费时间又浪费空间，开销大。如果结构体类型中的成员很多，或者有一些成员是数组，则程序的运行效率会大大降低。因此，在一般情况下，用指向结构体变量的指针作为函数参数比较好，能提高程序的运行效率。

7.4.2　指向结构体变量的指针作为函数参数

用结构体变量指针作为被调用函数的形参，则从调用函数传递给被调用函数的是结构体变量的地址。这种传递方式，不必为被调用函数建立结构体类型的形式变量，且可利用指针运算，来访问指针指向的结构体变量中的各个成员。

例 7.9　用软件延时器来显示时、分、秒。

```
/* 软件延时器程序 */
    struct tm
    {
        int hours；
        int minutes；
        int seconds；
    }；
    main( )
    {
        struct tm time；
        time. hours = 0；
        time. minutes = 0；
        time. seconds = 0；
        for{ ; ;}
        {
            update(&time)；
            display(&time)；
```

```
        }
    }
update(struct tm * t)
{
    (*t).seconds++;
    if((*t).seconds == 60)
    {
        (*t).seconds = 0;
        (*t).minutes++;
    }
    if((*t).minutes == 60)
    {
        (*t).minutes = 0;
        (*t).hours++;
    }
    if((*t).hours == 24)
        (*t).hours = 0;
    delay();
}
display(struct tm * t)
{
    printf(" %d:",(*t).hours);
    printf(" %d: ", (*t).minutes);
    printf(" %d: ", (*t).seconds);
}
delay()
{
    long int t;
    for(t=1;t<128000; ++t)   ;
}
```

程序中时间的校准可以通过调整函数 delay() 中的循环次数来实现。

全局的结构体 tm 在程序的开头处被定义,但变量并没有被说明。在 main() 中,tm 类型的结构体变量 time 被说明,并被初始化为 00:00:00。也就是说,time 仅仅是在函数 main() 中被说明。

函数 update() 用来修改时间,display() 用来显示时间。函数调用时,将 time 的地址传递给这两个函数。函数中的形参都被说明为 tm 类型的结构体变量指针,因此,编译系统能正确的访问结构体成员。

7.5 动态数据结构——链表

结构体的成员中,可以含有指针型的数据。其中也可含有指向结构体自身的指针,它与一般的结构体变量指针不同,它是所指类型的结构体的成员。例如:

```
struct   student
{
  int    num;
  float score;
  struct student * next;
};
```

这就定义了含有指向结构体 struct student 自身的指针变量成员。其中,next 是成员名,它是指针类型的,指向 struct student 类型数据(这就是 next 所在的结构体类型)。

利用指向结构体自身的指针,可以实现链表、树等动态数据结构。本节将简单介绍使用结构体变量和指针实现链表(仅介绍单向链表)的方法。

7.5.1 链表的建立

链表是一种常见的重要的数据结构,它是动态的进行存储分配的一种结构。由前面的学习可以知道,用数组存放数据时,必须事先定义固定的长度(即元素个数)。比如,有的班级有 100 人,而有的班只有 30 人,如果要用同一个数组先后存放不同的班级的学生数据,则必须定义长度为 100 的数组,显然这将会浪费内存。链表则没有这种缺点,它根据需要开辟内存单元。

链表由 n 个类型相同的结点组成(n≥0,n = 0 时,称为空表),各个结点之间用链指针按照一定的规则链接起来。每个结点包含数据和链指针两部分,链表的结构示意图,如图 7.3 所示。例如每一个 struct student 类型的变量可以为链表中的一个结点,其数据部分包括两个成员项,即 num 和 score,而指针 next 就是链指针。在链表中,每一个结点的链指针总是指向链表中的下一个结点。链表有一个"头指针"变量,图中以 head 表示,它本身不是链表中的结点。head 指向第一个结点;第一个结点又指向第二个结点;…;直到最后一个结点,该结点不再指向其他结点。最后一个结点称为"表尾",它的地址部分放一个"NULL"(表示"空地址")。链表到此结束。

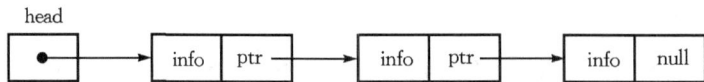

图 7.3 链表的结构示意图

图中的链表只含有三个结点,其中,info 代表结点所含的数据,ptr 代表每个结点的链指针。

如果要建立链表,在链表中增加新的结点,就要申请分配存储空间;如果不再使用链表,则应释放其所占用的存储空间。实现这两个任务的操作,需要使用 C 语言所提供的动态分配函数。

用于动态申请空间的标准库函数有 malloc( )和 calloc( )函数,用于释放空间的标准库函数有 free( )函数。它们的函数原形在 stdlib.h 中,引用这三个函数时,必须要包含 stdlib.h 文件。

1. malloc( )函数

其函数原型为：

　　　　void ＊　malloc(unsigned int size);

该函数的作用是在内存的动态存储区中分配一个长度为 size 的连续空间。此函数的返回值是一个指针,它的值是该分配区域的起始地址。如果未能成功分配所需空间,则返回值为 0。这里 void 类型的意思是不规定指向任何具体的类型。使用该函数时,可以进行强制类型转换,使转换后的指向类型与所要存放的数据类型一致。例如要分配 n 个 float 型数据使用的空间,可用以下语句实现：

```
float * p;
p = (float *)malloc(n * sizeof(float));
```

2. calloc( )函数

其函数原型为：

　　void ＊　　calloc(unsigned int n,unsigned int size);

该函数的作用是在内存的动态区存储中分配 n 个长度为 size 的连续空间。此函数返回分配域的起始地址;如果分配不成功,返回 0。

3. free( )函数

其函数原型为：

　　void　free(void　＊ ptr);

该函数的作用是释放由 ptr 指向的存储空间 ptr 指向的存储空间,送回给系统使用。ptr 是最近一次调用 calloc( )或 malloc( )函数时返回的值。

所谓建立链表是指从无到有地建立起一个链表,即一个一个地输入各结点数据,并建立起前后相链的关系。下面通过一个例子来说明如何建立一个链表。

例 7.10　写一函数,建立一个关于学生数据的链表。

先考虑实现此要求的算法(见图 7.4)。

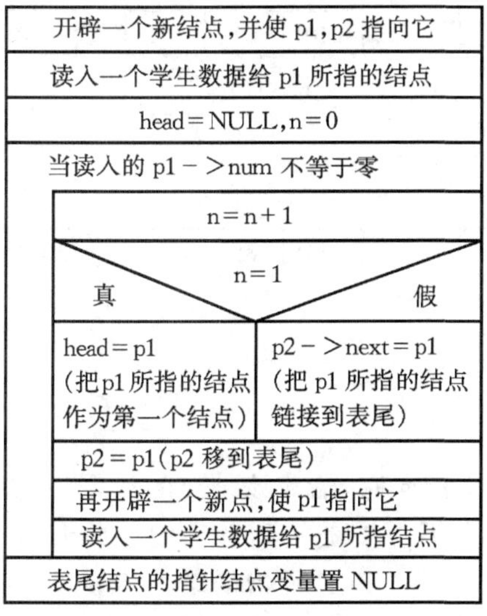

图 7.4　建立链表的 N-S 图

　　设三个指针变量:head、p1、p2,它们都指向结构体类型数据。先用 malloc( )函数开辟一个结点,并使 p1,p2 指向它。然后从键盘读入一个学生的数据给 p1 所指的结点。约定学号不会为零,如果输入的学号为 0,则表示建立链表的过程完成,该结点不应链接到链表中。先使 head 的值为 NULL(即等于 0),这是链表为"空"时的情况(即 head 不指向任何结点,链表中无结点),以后增加第一个结点就使 head 指向该结点。

　　如果输入的 p1->num 不等于 0,而且输入的是第一个结点数据(n = 1)时,则令 head = p1,即把 p1 的值赋给 head,也就是使 head 也指向新开辟的结点(图 7.5)。p1 所指向的新开

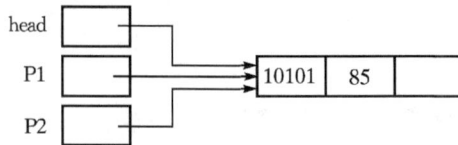

图 7.5　n=1 时的情况

辟的结点就成为链表中第一个结点。然后再开辟另一个结点并使 p1 指向它,接着读入该结点的数据(见图 7.6(a))。如果输入的 p1->num≠0,则应链入第 2 个结点(n = 2),由于 n≠1,则将 p1 的值赋给 p2->next,也就是使第一个结点的 next 成员指向第二个结点(见图 7.6(b))。接着使 p2 = p1,也就是使 p2 指向刚才建立的结点,见图 7.6(c)。再开辟一个结点并使 p1 指向它,并读入该结点的数据(见图 7.7(a)),在第三次循环中,由于 n =3(n≠1)又将 p1 的值赋给 p2->next,也就是将第 3 个结点链接到第 2 个结点之后,并使 p2 = p1,使 p2 指向最后一个结点(见图 7.7(b))。

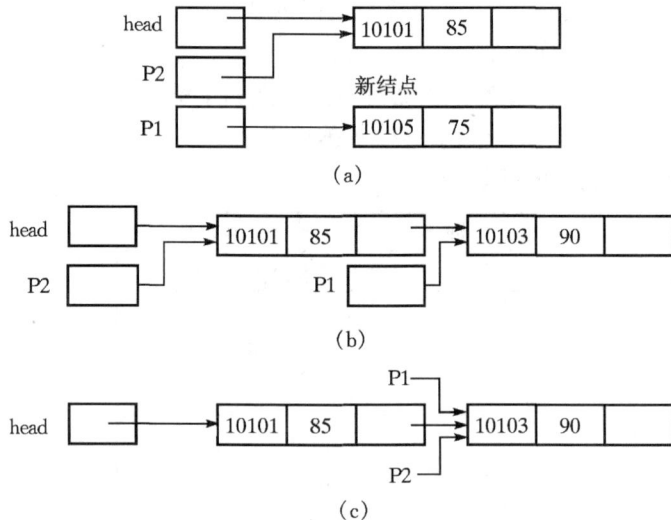

图 7.6　n=2 时的情况

　　开辟一个新结点,并使 p1 指向它,输入该结点的数据(见图 7.8(a))。由于 p1->num 的值为 0,不再执行循环,此结点不应被链接到链表中。此时将 NULL 赋给 p2->next,见图 7.8(b)。建立链表过程至此结束,p1 最后所指的结点未链入链表中,第 3 个结点的 next 成员的值为 NULL,它不指向任何结点。虽然 p1 指向新开辟的结点,但从链表中无法找到该结点。

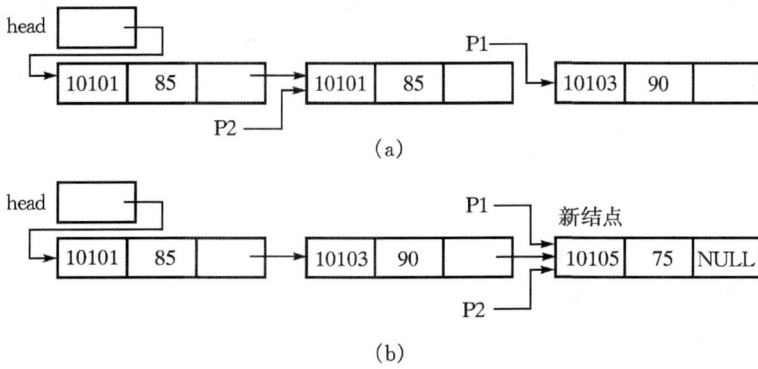

图 7.7　n＝3 时的情况

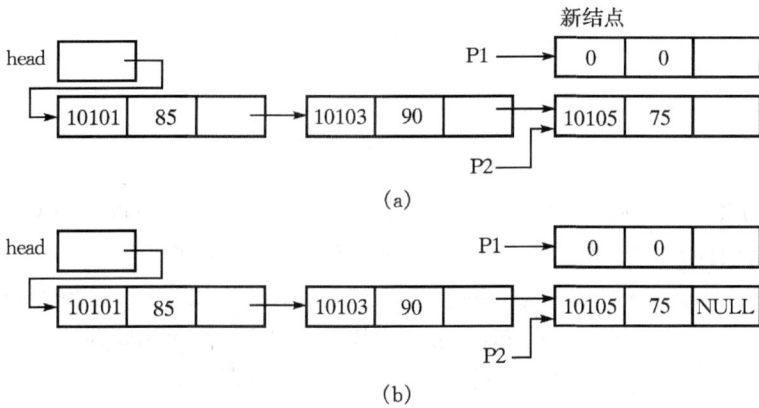

图 7.8　num＝0 时的情况

建立链表的函数如下：

```
#define NULL 0
#define LEN sizeof(struct student)
struct student
{
  long num;
  float score;
  struct student * next;
};
int n;
struct student * creat( )   /*此函数返回一个指向链表头的指针*/
{
  struct student * head ;
  struct student * pl, * p2 ;
  n = 0;
```

```
    p1 = p2 = (struct student * ) malloc(LEN) ;/* 开辟一个新单元 */
    scanf(" %1d, %f" ,&p1 ->num,&p1 ->score) ;
    head = NULL ;
    while (p1 ->num ! = 0)
    {
      n = n + 1;
      if (n = = 1 ) head = p1 ;
        else   p2 ->next = p1 ;
      p2 = p1 ;
      p1 = (struct student * )malloc(LEN) ;
      scanf (" %1d, %f" ,&p1 ->num,&p1 ->score) ;
      }
    p2  -> next = NULL ;
    return (head ) ;
  }
```

程序说明：

(1)第 1 行为♯define 命令行,令 NULL 代表 0,用它表示"空地址"。第 2 行令 LEN 代表 struct student 结构体类型数据的长度,sizeof 是"求字节数运算符"。

(2)第 10 行定义一个 creat 函数,它是指针类型,即此函数带回一个指针值,它指向一个 struct student 类型数据。实际上此 creat 函数带回一个链表的起始地址。

(3)malloc(LEN)的作用是开辟一个长度为 LEN 的内存区,LEN 已定义为 sizeof (struct student),即结构体 struct student 的长度。在一般系统中,为了使 malloc 函数和 p1、p2 地数据类型一致,必须用强制类型转换的方法,即在 malloc(LEN)之前加了"(struct student *)",它的作用是使 malloc 返回的指针转换为指向 struct student 类型数据的指针。注意: * 号不可省略,否则变成转换成 struct student 类型,而不是指针类型。

(4)最后 1 行 return 后面的参数是 head(head 已定义为指针变量,指向 struct student 类型数据)。因此函数返回的是 head 的值,也就是链表的头地址。

(5)n 是结点个数。

(6)这个算法的思路是:让 p1 指向新开的结点,p2 指向链表中最后一个结点,把 p1 所指的结点链接在 p2 所指的结点后面,用"p2->next = p1"来实现。

7.5.2   链表的遍历

所谓链表的遍历就是将链表中各结点的数据依次输出。这个问题相对比较容易处理。首先要知道链表头元素的地址,也就是要知道 head 的值,然后设一个指针变量 p,使其先指向第一个结点,输出 p 所指的结点,然后使 p 后移一个结点,再输出。直到链表的尾结点。

遍历链表的函数如下:

```
void  print(head)
struct student * head ;
```

```
{
    struct student * p1 ;
    printf("\n Records of student are:\n") ;
    p = head ;
    if (head ! = NULL)
    do
    {
        printf("% ld   % 4.1f\n",p->num, p->score) ;
        p = p->next ;
    } while (p! = NULL) ;
}
```

算法可用图 7.9 表示。

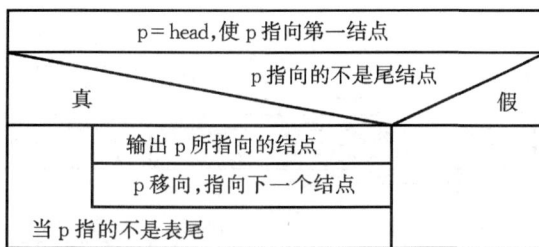

图 7.9　遍历链表的 N-S 图

　　p 先指向第一个结点,在输出完第一个结点之后,p 后移,指向第二个结点。程序中 p =
p->next的作用是:将 p 原来所指向的结点中 next 的值赋给 p,而p->next的值就是第二个
结点的起始地址。将它赋给 p,就是使 p 指向第二个结点。

　　head 的值由实参传过来,也就是将已有的链表的头指针传给被调用的函数,在 print 函数
中从 head 所指的第一个结点出发,顺序输出各个结点。

7.5.3　链表的插入与删除

　　在建立和遍历链表之后,若要将一个结点插入到一个已有的链表中,则需自己定义插入函
数。插入函数的关键在于找到插入位置,修改链接关系。设已有的链表中,各结点是按成员项
num(学号)由小到大顺序排列的。

　　用指针变量 p0 指向待插入的结点,p1 指向第一个结点。见图 7.10(a)。将p0->num与
p1->num 相比较,如果 p0->num> p1->num,则待插入的结点不应插在 p1 所指的结点之
前。此时将 p1 后移,并使 p2 指向刚才 p1 所指的结点,见图 7.10(c)。再将 p1->num 与
p0->num比较,如果仍然是 p0->num 大,则应使 p1 继续后移,直到 p0->num< p1->num
为止。这时将 p0 所指的结点插到 p1 所指的结点之前。但是如果 p1 所指的已是表尾结点,则 p1
就不应后移了。如果p0->num比所有结点的 num 都大,则应将 p0 所指的结点插到链表末尾。

　　如果插入的位置既不在第一个结点之前,又不在表尾结点之后,则将 p0 的值赋给
p2->next,即使 p2->next 指向待插入的结点,然后将 p1 的值赋给p0->next,即使得

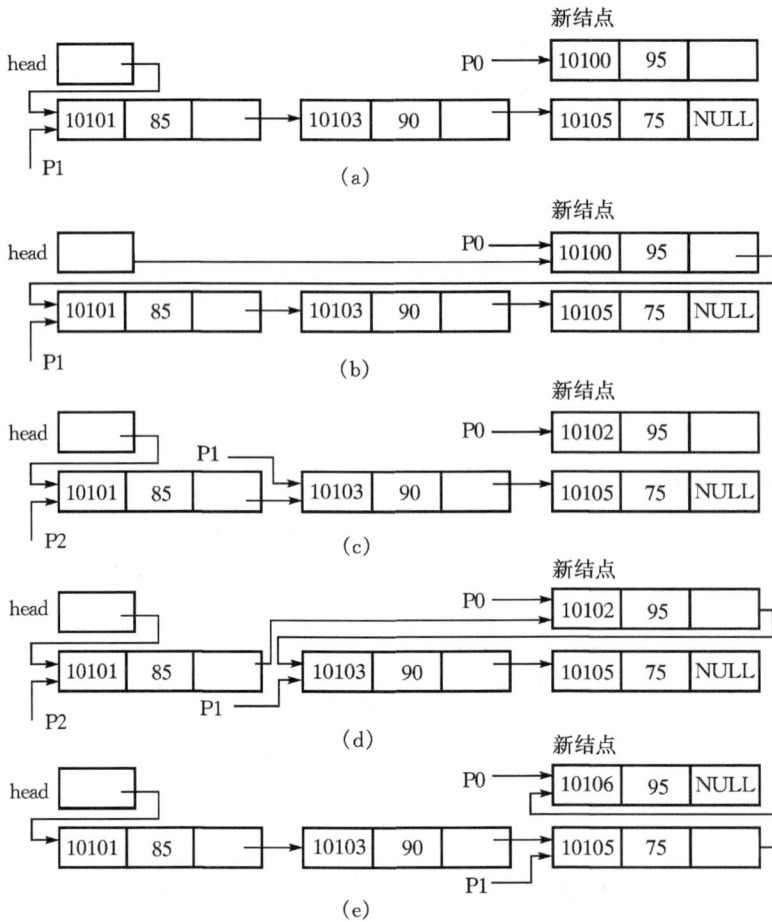

图 7.10　插入一个结点的情况

p0->next指向 p1 指向的变量。见图 7.10(d)。可以看到,在第一个结点和第二个结点之间已插入了一新的结点。

插入位置为第一结点之前(即 pl 等于 head 时),则将 p0 赋给 head,将 pl 赋给 p0->next,见图 7.10(b)。如果要插到表尾之后,应将 p0 赋给 pl->next,p0->next 赋值为 NULL,见图 7.10(e)。

如果该程序的算法用图 7.11 表示。

在链表中插入一个结点的函数如下:

```
struct student * insert(head, stud)
struct student * head, * stud ;
{
  struct student * p0, * pl, * p2 ;
  p1 = head ;  /* 使 p1 指向第一个结点 */
  p0 = stud ;                              /* p0 指向要插入的结点 */
  if(head = = NULL)  /* 空表 */
```

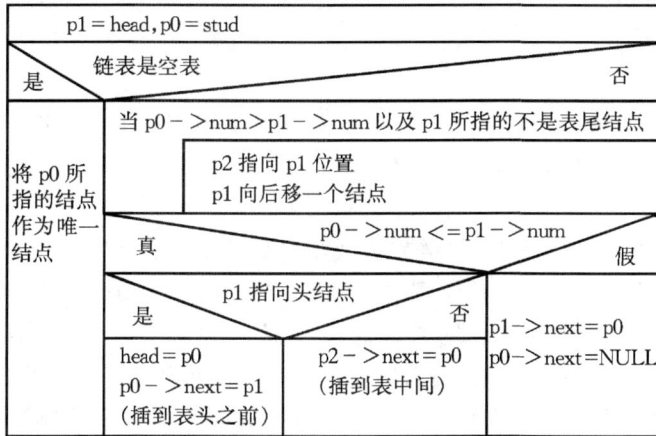

图 7.11　插入一个结点的 N-S 图

```
{ head = p0 ;p0 ->next = NULL ;}
                                        /* 使 p0 指向的结点作为第一个结点 */
else
{
   while((p0 ->num > p1 ->num)&&(pl ->next ! = NULL))
      { p2 = p1 ;p1 = p1 ->next ;}
                              /* p2 指向刚才 p1 指向的结点,p1 后移一个结点 */
   if(p0 ->num <= p1 ->num)
   {
      if(head == p1)  head = p0 ; /* 插入到第一个结点之前 */
         else
            { p2 ->next = p0 ;                /* 插入到 p2 指向的结点之后 */
             p0 ->next = p1 ;}
   }
   else
      { pl ->next = p0 ; p0 ->next = NULL ;}
}
n = n + 1;
return(head) ;
}
```

　　函数参数是 stu 和 head。stu 也是一个指针变量,从实参传来待插入结点的地址给 stu。语句 p0 = stu 的作用是使 p0 指向待插入的结点。函数返回的是插入后,新链表的头指针。

　　若要删除链表中的某个结点,则需自己定义删除函数。从一个链表中删去一个结点,并不是真正从内存中把它抹掉,而是把它从链表中分离开,即改变链接关系即可。

　　假定以指定的学号作为删除结点的标志。例如,输入 10103 表示要求删除学号为 10103

的结点。解题的思路如下:从第一个结点开始,检查该结点中的 num 值是否等于输入的要求删除的那个学号。如果相等就将该结点删除,如果不相等,就后移一个结点。如此进行下去,直到遇到表尾为止。

可以设两个指针变量 p1 和 p2,先使 p1 指向第一个结点(图 7.12(a))。如果要删除的不是第一个结点,则使 p1 后移,指向下一个结点,即 p1 = p1—>next,在此之前应将 p1 的值赋给 p2,使 p2 指向刚才检查过的那个结点,见图 7.12(b)。如此一次一次地使 p1 后移,直到找到所要删除的结点,或者,检查完全部链表都找不到要删除的结点为止。如果找到某一结点是要删除的结点,还要区分两种情况:①要删的是第一个结点(p1 的值等于 head 的值,如图 7.12(a)那样),则应将 p1—>next 赋给 head。见图 7.12(c)。这时 head 指向原来的第二个结点。第一个结点虽然仍存在,但它已与链表脱离,因为链表中没有一个元素或头指针指向它。现在链表的第一个结点是原来的第二个结点。原来第一个结点被"删除"。②如果要删除的不是第一个结点,则将 p1—>next 赋给 p2—>next,见图 7.12(d)。p2—>next 原来指向 p1 指向的结点(图中第二个结点),现在 p2—>next 改为指向 p1—>next 所指向的结点(图中第三个结点)。p1 所指向的结点不再是链表的一部分。

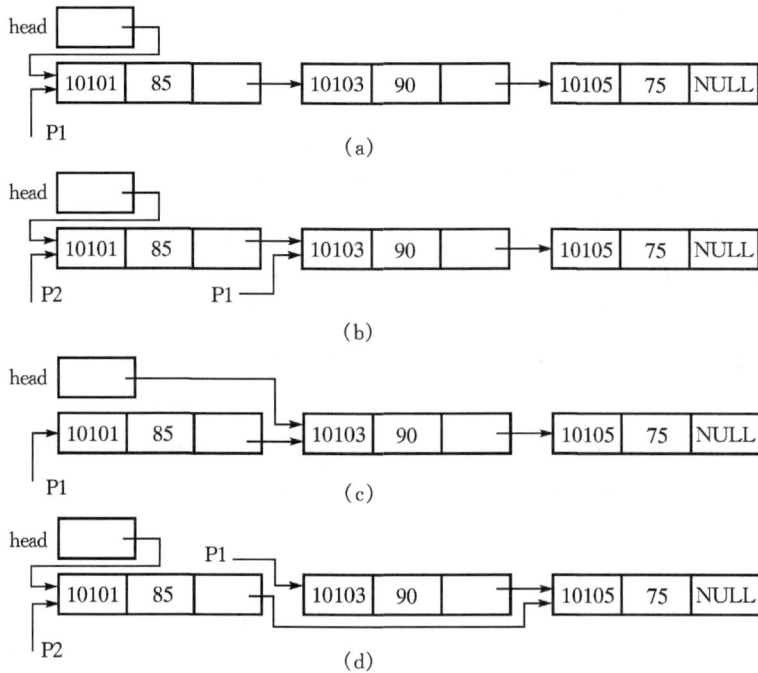

图 7.12　删除一个结点的情况

此外,该程序还需要考虑链表是空表(无结点)和链表中找不到要删除的结点的情况。图 7.13 表示此程序的算法。

在链表中删除一个结点的函数如下:

```
struct student * del(head, num)
struct student * head ;
long num ;
```

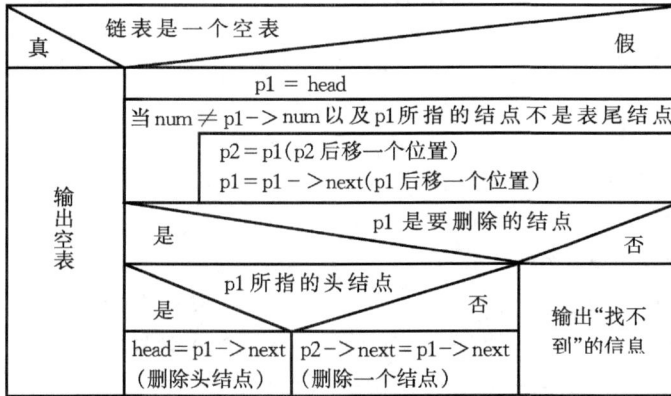

图 7.13 删除一个结点的 N-S 图

```
{
  struct student * p1, * p2 ;
  if( head = = NULL )
  {
    printf("\n list null! \n" );
    return(head);
  }
  p1 = head ;
  while(num ! = p1 - >num && p1 - >next ! = NULL)
                        /* p1 指向的不是所要找的结点,并且后面还有结点 */
  { p2 = p1 ;p1 = p1 - >next ;}                    /* 后移一个结点 */
  if( num = = p1 - >num)    /* 找到要删除的结点 */
  {
    if (p1 = = head)  head = p1 - >next ;
                    /* 若 p1 指向的是头结点,把第二个结点地址赋予 head */
      else  p2 - >next = p1 - >next ;
                        /* 否则将下一个结点地址赋给前一个结点地址 */
    printf("delete: % ld\n", num);
    n = n - 1;
  }
  else  printf("% ld not been fount! \n",num);
                                    /* 找不到要删除的结点 */
  return(head);
}
```

　　函数的类型是指向 struct   student 类型数据的指针,它的值是链表的头指针。函数参数为 head 和要删除的学号 num。如果要删除的是第一个结点时,head 的值将被修改。

将以上建立、遍历、插入和删除的函数组织在一个程序中,用 main( )函数作主调函数。可以写出以下主函数:

```
main ( )
{
    struct student * head,stu ;
    long del_num ;
    printf(" input records：\n") ;
    head = creat( ) ;                    /* 返回头指针 */
    print(head);                         /* 输出全部结点 */
    printf ("\n input the deleted number：") ;
    scanf(" %ld",&del_num) ;             /* 输入要删除的学号 */
    head = del(head, del_num) ;          /* 删除后,返回头指针 */
    print(head) ;                                /* 输出删除后的全部结点 */
    printf("\n input the inserted record：");  /* 输入要插入的学号 */
    scanf(" %ld, %f", &stu.num ,&stu.score) ;
    head = insert(head, &stu) ;          /* 插入后,返回头指针 */
    print(head) ;
}
```

7.6　共用体

共用体,也称为联合体,是 C 语言的另外一种构造类型。它可以用来表示几个不同类型的变量共用一段同一起始地址的内存单元。共用体类型和结构体类型在定义形式、变量说明以及引用方式上都非常相似。其本质差别在于两者的存储方式不同:结构体的各个成员变量在存储时,是连续的,各占不同起始地址的存储单元;而共同体的各个成员变量在存储时,共用同一起始地址的存储单元。

7.6.1　共用体变量的定义

共用体类型用关键字 union 来定义,其一般形式为:

```
    union  共用体名
     {
        共用体成员表列;
     };
```

例如：union data
```
     {
        int i;
        float f;
```

```
        char ch;
    };
```

共用体变量的定义类似于结构体变量的定义,也有以下三种方式:

(1)先定义共用体类型,再说明共用体变量,其一般形式是:

```
    union  共用体名
    {
        共用体成员表列;
    };
    union  共用体名   变量表列;
```

例如:

```
    union data
    {
        int i;
        float f;
        char ch;
    };
    union data a,b,c;
```

(2)在定义共用体类型的同时说明共用体变量,其一般形式是:

```
    union  共用体名
    {
        共用体成员表列;
    }变量表列;
```

例如:

```
    union data
    {
        int i;
        float f;
        char ch;
    } a,b,c  ;
```

(3)直接按共用体类型的结构模式定义共用体变量。

```
    union
    {   共用体成员表列;
    }  变量表列;
```

例如:

```
    union
```

```
{
    int i;
    float f;
    char ch;
} a,b,c ;
```

　　共用体类型一经定义,属于这种类型的变量的存储模式随之确定。但在类型定义时,系统并未给共用体分配具体的存储空间。仅当定义了这种共用体类型的变量时,系统才为这种共用体类型的变量分配存储空间。

　　需要再次强调的是,共用体类型变量和结构体类型变量的定义形式虽然相似,但它们却有着本质的区别。这种本质的区别表现为:结构体变量的不同成员分别使用不同的内存空间,一个结构体类型变量所占内存空间的大小,为该变量各个成员所占内存空间大小的总和。结构体变量中的各个成员相互独立,分别占有自己的内存单元。但共用体变量中的各个成员,则共同使用同一个存储空间(但不在同一时刻)。共用体变量中的各个成员都有相同的起始地址,这个起始地址就是共用体变量的起始地址。一个共用空间的大小相同,这个成员项是各成员项中需要占用内存空间最大的那一个。例如,上面定

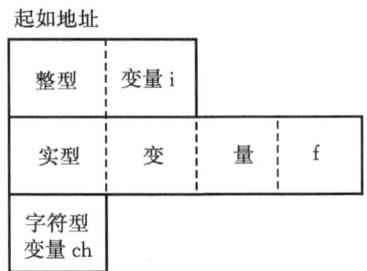

图 7.14　共用体的存储形式

义过的"共用体"变量 a、b、c 共占 4 个字节,如图 7.14 所示,而不是 2+1+4=7 个字节。

7.6.2　共用体变量的引用

　　成员运算符和指向运算符也可以用来引用共用体类型变量的成员,引用的形式与引用结构体类型变量成员的形式相同,如有共用体 union data 的变量 a 和指针变量 p;

```
union data  a, *p;
```

则其引用形式是:

```
a.i    /*引用共用体变量a中的整型变量i */
a.f    /*引用共用体变量a中的实型变量f */
a.ch   /*引用共用体变量a中的字符型变量ch */
```

或

```
p = &a ;
p->i = 5;     /*共用体变量a中的整型变量i赋值为5 */
p->f = 4.3;     /*共用体变量a中的实型变量f 赋值为4.3*/
p->ch='A';   /*共用体变量a中的字符型变量ch赋值为A*/
```

　　由共用体的存储特点可知,共用体变量的地址和它的各个成员的地址都是同一地址。例如:&a、&a.i、&a.ch、&a.f 都是同一地址值。另外,在 C 语言中规定,不能把共用体变量作为函数参数,也不能使函数带回共用体变量,但可以使用指向共用体变量的指针,用法与结构体变量相似,不再详述。

　　由于共用体变量的各个成员可占用共同的存储空间,因此在某一时刻,在这个存储空间内,只能存储某一成员的数据。如果连续给不同的成员赋值,则只有当前所赋的值有效,在此

赋值之前所赋的值不被保留。如有以下赋值语句：

```
a.i = 5；
a.f = 4.3；
a.ch = ´A´；
```

则在完成以上三个赋值运算之后,只有 a.ch 是有效的,a.i 和 a.f 已经无意义了。因此在引用共用体变量时,应十分注意当前存放在共用体变量中的究竟是哪个成员。依此可知,共用体变量的初始化与结构体变量的初始化不同。共用体变量初始化时,不能像结构体变量,对变量名赋值,如下面的赋值是不对的：

```
union
  {
    int i；
    float f；
    char ch；
  } a = { 5,4.3,´A´}；
```

只能逐个成员分别处理,一次给一个成员赋初值。

共用体类型可以出现在结构体类型定义中,也可以定义共用体数组。反之,结构体也可以出现在共用体类型定义中,数组也可以作为共用体的成员。如下例。

例 7.11　将一个 8 位 16 进制数分解成四部分输出。

```
# include ˝stdio.h˝
main( )
{
  union
    {
      long int li；
      struct
        {
          char c1；
          char c2；
          char c3；
          char c4；
          }s；
    } u = {ox12345678L}；
  printf(˝u.li = %lx\n˝,u.li)；
  printf(˝%x　%x　%x　%x\n˝,u.s.c4,u.s.c3,u.s.c2,u.s.c1)；
}
```

执行结果如下：

```
u.li = 12345678
```

　　34　56　78

　　程序中对 u 里面的结构体 s 的成员的引用写法,应该是一层一层地引用成员,如写成 u. s.c4。需要注意的一点是计算机系统在存储一个数值的时候,是高位在前,低位在后。因此, 第二个输出语句从 c4 到 c1 依次输出。

　　利用共用体的存储特性,可以定义一个共用体变量,设一个单元 data,内放一个常量,此常量可以是整型、字符型、实型或双精度型等。在程序中,根据"类型标识"来决定按何种类型处理,例如:

```
    struct
     {
       union
        {
          int   i;
          char ch;
          float f;
          double d;
          }data;
       int type;
       }a ;
       ...
    switch(a.type)
     {
     case 0: printf(" %d\n",a.data.i);
            break;
     case 1: printf(" %c\n",a.data.ch);
            break;
     case 2: printf(" %f\n",a.data.f);
            break;
     case 3: printf(" %f\n",a.data.d);
            break;
     }
```

　　结构体中的 type 作为"类型标识",如果在共用体中存放整数,则使 type ＝ 0;若存放字符,则使 type ＝ 1;若存放实型数,则使 type ＝ 2;若存放双精度型数,则使 type ＝ 3。然后在 switch 语句中,根据 a.type 的值来决定按哪一种类型输出。这在写系统软件时,用来处理符号表是有用的。在符号表中可以包含符号名、类型和值,根据不同情况进行不同处理。

　　下面举例来说明一个简单的人事档案程序。要求输入的记录项包括姓名、性别、年龄。若输入的性别是男性,则需要记入其工资额(float 型);若输入的性别是女性,则需要记入其职业(字符串型)。利用结构体中嵌套共用体的形式,就可以很好的描述这一数据结构。

例 7.12　人事档案程序。

程序如下：

```
#include "stdio.h"
#define  SIZE 20
struct list
 {
   char *name;
   char sex;
   int  age;
   union
    {
      float salary;
      char  occp[10];
    } item;                 /* 共用体变量 */
 } men[SIZE];               /* 结构体数组 */
void input(struct list *); /* 函数说明 */
void print(struct list *);
main()
{
   struct *p = men;         /* 指向结构体数组的指针 */
   input( p++ );
   print( men );
}
void input(struct list *ps)/* 输入人事信息 */
{
   printf("\n input name sex age:\n");
   scanf(" %s  %c  %d",ps->name,&ps->sex,&ps->age);
   switch(ps->sex)          /* 判断性别 */
    {
      case 'm':
      case 'M':printf(" input salary:\n");/* 为男性时输入工资 */
             scanf("%f",&ps->item.salary);
              break;
      case 'f':
      case 'F':printf(" input occupation:\n");/* 为女性时输入职业 */
             scanf("%s",ps->item.occp);
              break;
      default:   break;
    }
```

```
    }
    void print(struct list * ps)   / * 输出人事信息 * /
    {
      int k = 0;
      while(k<SIZE)
      {
        printf("\n name sex age item:\n");
        printf(" % s   % c   % d",ps->name,ps->sex,ps->age);
        switch(ps->sex)
        {
          case 'm':
          case 'M':printf(" % f\n",&ps->item. salary);
                  break;
          case 'f':
          case 'F':printf(" % s\n",ps->item. occp);
                  break;
          default:    break;
        }
        ps++;
        k++;
      }
    }
```

　　程序中定义了一个 struct list 结构体。结构体数组 men[]中共有 20 个元素,每个元素中有 4 个结构体成员,其中,第 4 个成员又是共用体变量 item。

　　从本例中可以看出,定义 union 型的变量,可以在同一存储域内存放不同类型、不同长度的数据。在程序设计时,利用联合类型的这个特点,可以合理地把一些变量组织在一起,从而达到节省存储空间的目的。

7.7　位段

　　正如我们在 2.4 节所讲述的,有时存储一个信息不必用一个或多个字节,可以用一个或多个位存储信息,这样在一个字节中就可以存放几个信息。例如,用 0 或 1 表示"真"或"假",这时只需 1 位即可。C 语言提供了位段,用来解决这类问题。使用位段的方法是以结构体为基础的。一个位段实际上是结构体成员的特殊形式,它需要定义位的长度。位段定义的一般形式为:

```
    结构体  结构体名{
            类型        变量名 1:长度;
            类型        变量名 2:长度;
            ...
```

　　　　　类型　　　　　　变量名 n：长度；
　　};

　　一个位段必须被说明成 int，unsigned 或 signed 中的任一种。长度为 1 的位段被认为是
unsigned 类型，因为单个位不可能具有符号。

　　例如，考虑下面结构体定义：

```
struct device {
    unsigned active:1;
    unsigned ready:1;
    unsigned xmt_error:1;
}dev_code;
```

　　这个结构体定义了三个位段，每个位段都只有一个位。系统为这个结构体变量 dev_code
分配了一个字节，字节中每位的使用情况如图 7.15 所示。

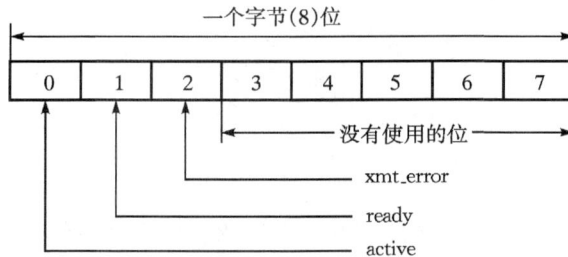

图 7.15　变量 dev_code 的内存分配表

　　结构体变量 dev_code 可以用来编码一个磁带设备的通信信息。其中，位段 active 表示磁
带机是否启动，"1"表示启动，"0"表示停止；位段 ready 表示磁带机状态，"1"是准备好，"0"表
示未准备好；位段 xmt_error 表示是否出错，"1"表示出错，"0"表示正常。下面这段程序表示
写一个字节的信息给磁带，且由 dev_code 检查是否出错。

```
wr_tape(char c)
{
    while(! dev_code.ready) rd(&dev_code);            /*等待磁带机准备好*/
    wr_to_tape(c);   /*向磁带机写入一个字节*/
    while(dev_code.active)   rd(&dev_code);           /*等待磁带机写完停止*/
    if(dev_code.xmt_error) printf("write error");     /*判断是否出错*/
}
```

　　这里，rd()返回磁带设备的状态，wr_to.tope()写数据。

　　与前面的例子一样，位段可以用句点运算符来访问。但是，若结构体是由指针来访问时，
则必须使用箭头运算符。

　　不必命名每个位段，这就使用户很容易访问所需要的位，并将它传给另一个未使用过的
位。例如，若需要磁带机在第 5 位返回一个磁带到头这个标志，可用下面这条语句改变结构体
device 来实现这个任务：

```
struct device{
    unsigned active:1;
    unsigned ready:1;
    unsigned:2;
    unsigned EOT:1;
}dev_code;
```

位段变量有某些限制,如不可取一个位段变量的地址,位段变量不允许是数组,也不允许超越整型量边界,即结构体中位段变量的总和不得大于 16 位。

一个位段结构体中,还可以使用无名称位段,以使得跳过某些位。例如:

```
struct xy
{
    int i:2;
    int j:5;
    int :4;
    int k:1;
    int m:4;
};
```

结构体 xy 中变量 i 占 2 个位:0～1;j 占 5 个位:2～6;无名称位占 4 个位:7～10;k 占 1 个位 11;m 占 4 个位:12～15。所有变量占的位总和为 16 位,正好一个整型量所占的位数。

最后,我们讨论位段元素与一般结构体元素混合使用的情况,例如:

```
struct emp{
    sturct addr address;
    float pay;
    unsigned lay_off:1;
    unsigned hourly:1;
    unsigned deductions:3;
};
```

定义了一个有关雇员的记录,它仅仅用一个字节来存储三个信息:即雇员状态、雇员的工资是否已经发了,扣除数目,若不用位段,这些信息需要用三个字节。

7.8 用 typedef 定义类型

除了可以直接使用 C 语言提供的标准类型名(如:int、float、char、double、long 等)和自己声明的结构体、共用体、指针、枚举类型外,还可以用 typedef 声明新的类型名来代替已有的类型名。在程序中往往有些变量表示特定含义,如果简单用以上讲过的类型对它们进行说明,就很难直接看出其用途。C 语言中使用类型定义语句 typedef,可以将另一个名字(标识符)赋予某个类型,即提供了在程序中可为数据类型起"别名"的方法。例如,val、oper1、oper2、num 都

是表示数值的整型量,可以做如下说明:

　　int val, oper1, oper2, num;

这样做,其表示数值的含义不太明确,可采用如下办法说明:

　　typedef int VALUE;

定义 VALUE 等价于数据类型名 int。此后,就可以用 VALUE 对变量进行类型说明,如

　　VALUE　val, oper1, oper2, num;

实际上,C 编译程序把上述四个变量作为一般的整型变量处理。在这种情况下,变量所表示的含义较为清晰,从而增加了程序的可读性。

　　在有些情况下,可以用适当的宏替换来代替 typedef 的功能。但是 typedef 语句是在预处理程序之后的 C 编译程序处理的。所以对导出类型,如数组、指针、结构等,起"别名"时用 typedef 较用宏替换更为灵活、方便。例如:

　　typedef　char　NAME[20];

说明 NAME 代表的类型是 char [20],即 20 个字符的数值,用它可定义若干表示事物名称的变量,例如:

　　NAME s1,s2,t,m;

把变量 s1,s2,t,m 分别定义成了具有 20 个字符的数组,它等价于:

　　char s1[20],s2[20],t[20],m[20];

在这种情况下,无法用宏替换来等价地表示出 NAME。

　　定义新的类型名,一般的格式:

　　typedef　原类型名　　新类型名;

　　下面定义一个比较复杂的新类型:

```
typedef struct node {
    struct node * n[2];
    char color[10];
  } NODE;
```

它为 node　型结构定义了一个新名 NODE,下面可用 NODE　定义结构变量:

NODE nd;

　　一般为了突出类型的"新名",以便与其他标识符分开,常把它写成大写字母。如果一个程序的源代码分别存放在几个文件中,则最好把公用的各个类型定义集中在一个单独的文件里,凡是需要使用它们的文件都写上 ♯include 控制行,从而把它们包含进来。

　　应该指出,类型定义并不增添新的数据类型;使用它可增加程序的可读性,而且有利于移植——把与机器硬件有依赖性的类型用 typedef 进行说明。当程序运行在不同机器上时,只要改变 typedef 的定义即可。尤其在定义链表时用 typedef 进行说明更能体现出其用途,例如:用 typedef 声明链表结构:

```
typedef   struct   Lnode {
    int    data;
    struct   Lnode      * next;
 } LNODE, * LINKLIST;
```

在程序中,可以用新类型名定义变量:

```
LNODE        node1,node2;      定义了两个结构变量
LINKLIST p1,p2;               定义了两个指向结构的指针变量
```

例 7.13 编写函数,建立一个带表头的具有 n 个结点的单链表。

```
# include <stdlib.h>
# define LEN sizeof(LINKLIST)
# define NULL 0
typedef   struct  Lnode {
    int    data;
    struct  Lnode      *next;
    } *LINKLIST;
LINKLIST crt_linklist(int a[],int n)
                        /* 其中:参数中 a[]存放 n 个数据元素,n 为元素个数 */
  { int i;
    LINKLIST head, p;
    head = (LINKLIST)malloc(LEN);
    head ->next = NULL;
    for(i = n - 1;i> = 0;i - - )
      { p ->data = a[i];
       p ->next = head ->next;
       head ->next = p;
      }
    return head;
  }
```

7.9   综合应用举例

例 7.14 共用体应用举例。按十六进制形式键入 unsigned long 型整数,分别按下述类型输出:(1)十六进制 unsigned long 型;(2)四个 char 型;(3)两个十六进制 int 型。共用体可以增加程序的灵活性,对同一段内存的值在不同情况下作不同的用途。

程序如下:

```
main()
{ union data                 /*定义共用体*/
    { char c[4];             /*3 个共用体成员,共享 4 字节内存*/
      int i[2];
      unsigned long m;
    } a, *p = &a;
```

```
printf ("请按十六进制形式输入无符号长整型数:");
scanf ("%lx",p);
printf ("m = 0x%lx\n",(*p).m);
printf ("c[4] = %c%c%c%c\n",a.c[0],a.c[1],a.c[2],a.c[3]);
printf ("i[2] = %x%x\n",(*p).i[0],(*p).i[1]);
}
```

运行示例:请按十六进制形式输入无符号长整型数:61626364

m = 0x61626364

c[4] = d c b a

i[2] = 6364　6162

内存如图 7.16 所示,请与输出结果对照,理清成员与内存的关系。

变量 a

64
63
62
61

图 7.16　共用体变量 a 内存示意图

例 7.15　结构体和共用体在存储时的本质区别举例。阅读下列程序,写出运行结果。

```
typedef union
        { long i;
          int k[5];
          char c;
        } DATE;
      struct date
        { int cat;
          DATE cow;
          Double dog;
        }too;
    DATE max;
    main()
    {printf ("%d\n",sizeof (struct date) + sizeof (max));}
```

[解题思路]:本题考察学生对 C 语言中结构体和共用体的理解和使用,注意结构体和共用体在存储时的本质区别:结构体变量所占内存长度是各成员占的内存长度之和,每个成员分别占有其自己的内存单元;共用体变量所占的内存长度等于最长的成员的长度。

由程序中定义可见,DATE 是共用体,date 是一个结构体。共用体 DATE 的大小是最大成员 k[5] 的大小,所以 sizeof(DATE)=max{4,2*5=10,1}=10, 即 sizeof(max)=2*5=10 个字节。结构体 date 的大小是所有成员大小的总和,所以 sizeof(struct date)=2+sizeof(DATE)+sizeof(double)=2+10+8=20 个字节;因此输出结果是 20+10=30。

例 7.16　单链表应用举例。以链表形式实现通讯录。

程序中演示了如何在链表中插入一个结点以及在链表中检索关键字的方法。

```
#  include "stdio. h"
#  include "string. h"
struct ADDRESS_LIST
{char name[20];                /* 姓名 */
 unsigned long postcode;       /* 邮编 */
 unsigned long phone;          /* 电话 */
};
typedef struct node
{ADDRESS_LIST info;            /* 某个人的通讯信息 */
 struct node * pNext;          /* 指向下一个结点 */
} NODE;
NODE * Get Position(NODE * pHead, char * pName)
{                              /* 返回与某个姓名相应的结点 */
 if (pHead = = 0 || stricmp(pName,pHead - >info. name)<0)
 return 0;
 while(pHead - >pNext! = 0&&stricmp(pName,phead - >info. name)<0)
 phead = phead - >pNext;
 return phead - >pNext;
}
void Insert Info(NODE * &pHead,ADDRESS_LIST&info)
{                              /* 按照姓名,顺序插入某个通讯信息到通讯录 */
 NODE * pNode = new NODE;
 memcpy (pNode,&info,sizeof ADDRESS_LIST);
 NODE * pTemp = GetPosition(pHead,info. name);
 if(pTemp = = 0)
  { /* 通讯录目前为空,或者姓名应该排在表头,故在链表头插入新项目 */
      pNode - >pNext = pHead;
      pHead = pNode;
      return;
  }
  pNode - >pNext = pTemp - >;/* 在 pTemp 之后插入新项目 */
  pTemp - >pNext = pNode;
}
  long SearchPhone(NODE * pHead, char * name )
  {                            /* 查找某个人的电话号码 */
   while(pHead - >pNext! = 0)
     {                         /* 遍历整个链表直到发现所查关键字或到达表尾 */
       if (stricmp(name,(pHead - >info). name) = = 0)
       return( pHead - >info). Phone;
```

```
            pHead = pHead - >pNext;
        }
        return 0;
    }
void main()
{NODE  * pList = 0;
 ADDRESS_LIST a[4] = {{"Jack",100081,88646521},
                     {"Bob",130181,88657582},
                     {"Wolf",136175,64657668},
                     {"Tom",220888,65646553}};
 for(int i = 0;i< = 3;i + +)
 InsertInfo(plist,a[i]);
 Printf("The Search Phone is:% ld", Search Phone(pList,"Tom"));
}
```

例 7.17　利用 C 语言的 time. h 函数库,获得系统的当前日历时间(包括了年、月、日、小时、分钟、秒)。

　　结构体的定义在 C 语言的函数库中频繁出现,足以说明其重要性。在本例中,以 time. h 中的一个结构体 tm 为引子来说明还有很多的结构体需要在实际的应用中去探索和发现。下面先给出 time. h 中 tm 结构体的定义:

```
struct tm{
    int tm_sec; / * 用来记录秒数,有效数值范围是 0~59 * /
    int tm_min; / * 用来记录分钟数,有效数值范围是 0~59 * /
    int tm_hour; / * 用来记录小时数,有效数值范围是 0~23 * /
    int tm_mday; / * 用来记录当前月中的第几天,有效数值范围是 1~31 * /
    int tm_mon; / * 用来记录从 1 月以来的第几个月,有效数值范围是 0~11 * /
    int tm_year; / * 用来记录自 1900 年来当前年是第几年 * /
    int tm_wday;
    / * 用来记录自星期日算起是一星期的第几天,有效数值范围是 0~6 * /
    int tm_yday;
    / * 用来记录自 1 月 1 日算起是第几天,有效数值范围是 0~365 * /
    int tm_isdst;
    / * 用来记录是否采用夏时制,大于 0 代表夏时制,等于 0 代表不采用夏时制 * /
};
# include "stdio. h"
# include "time. h"
void main(){
    char buffer[256];
    time_t curtime;
```

```
    struct tm * loctime;
    curtime = time(NULL); /* 获得程序当前正在执行的系统时间.   */
    loctime = localtime(&curtime);
    /* 将当前的系统时间转换为 tm 结构中记录的时间格式. */
    /* 使用 strftime 函数将 tm 结构中的数据转换成习惯阅读的时间样式 */
    strftime (buffer, 256, "Time is: % A, % B % d, % Y. % I: % M % p.
            \n", loctime);
    printf("% s",buffer);
    /* 打印出 tm 结构中记录的原始数据内容 */
      printf("seconds: % d\n",loctime ->tm_sec);
      printf("minutes: % d\n",loctime ->tm_min);
      printf("hours: % d\n",loctime ->tm_hour);
      printf("days: % d\n",loctime ->tm_yday);
      printf("months: % d\n",loctime ->tm_mon);
      printf("days in current month: % d\n",loctime ->tm_mday);
      printf("days in current week: % d\n",loctime ->tm_wday);
      printf("years: % d\n",loctime ->tm_year);
}
```

程序的运行结果为:(假设程序运行的时间为 2010 年 1 月 19 日上午 9:05)

```
    Time is: Tuesday, January 19,2010. 09:05 AM.
    seconds:0
    minutes:5
    hours:9
    days:18
    months:0
    days in current month:19
    days in current week:2
    years:110
```

在这个程序里,出现了一个 time_t 类型的数据,这个类型是 time. h 文件里使用 typedef 定义的一个 long int 类型的别名,一般在获取时间时,都是利用 time 函数为 time_t 类型的变量赋值,time_t 类型的变量里储存的内容是从 1970 年 1 月 1 日起截止到调用 time 函数时所经过的秒数。利用这个秒数可以做很多时间方面的计算,但是却不便于人们阅读。所以 time. h 中提供了结构体 tm,也同时提供了从 time_t 类型转换成 tm 类型的函数 localtime()。本程序就是先利用 time() 函数获得 time_t 类型的数值,然后在利用 localtime() 函数将 time_t 类型的数据转换成便于人们阅读时间格式的 tm 结构体。下面给出程序中使用的 time. h 中定义的函数原型:

```
time_t time(time_t * );
struct tm * localtime (const time_t * );
size_t strftime (char * , size_t, const char * , const struct tm * );
```

习　题

1. 简述结构体和数组的区别。

2. 图书馆的图书检索卡上包括：书名（book_name）、作者姓名（author）、出版日期（publish_date）、登录号（register_num）、书价（price）等内容。

　　　根据上述的五项内容定义一个结构体类型（index_cards）。

3. 利用上题的结构体类型，定义一个结构体类型变量 book，从键盘为变量 book 输入一条信息，并从屏幕输出。

4. 定义一个结构体变量（保括年、月、日）。计算该日在本年中是第几天。注意闰年问题。

5. 使用结构体数组存放三个学生的学号、姓名、性别和三门单科成绩。输出总分最高的学生以及有一科或一科以上不及格的学生的各项数据。

6. 编写一个候选人得票的统计程序。设有 n 个候选人，每次输入一个得票的候选人的名字，要求最后输出每个人的得票结果。

7. （1）设已定义

```
struct
{ char c1;
  char c2;
  }arr[2] = {{´a´,´b´},{´c´, ´d´}},＊p = arr;
```

请写出 ＋＋p－＞c1 和（＋＋p）－＞c1 的值。

（2）设已定义

```
struct
{ int   num ;
  char ＊ name ;
  }arr[2] = {{1,″Li ping″},{2,″Wang hong″}},＊p ;
 p = arr;
```

请写出 ＊ p－＞name 和 ＊ （＋＋p）－＞name 的值。

8. 写出下列程序的执行结果。

```
struct  two_ch
{ char ch1;
  char ch2;
  };
union   struct_int
{ int  a ;
  struct two_ch b ;
  }c ;
main( )
```

```
{ c.a = 0x4567;
  printf("integer a：%x\n",c.a);
  printf("char ch1：%c\n",c.b.ch1);
  printf("char ch2：%c\n",c.b.ch2);
  c.b.ch1 = 0x67;
  printf("integer a：%x\n",c.a);
}
```

9. 编程，将一个已生成的单链表逆序，即将链表中的第一个结点变为最后一个结点，第二个结点变为倒数第二个结点，…，直至整个链表逆序。

10. 编程，用链表实现，13 个人围成一圈，从第 1 个人开始顺序报号 1、2、3。凡报到"3"者退出圈子。找出最后留在圈子里的人原来的序号。

第8章 文　件

文件(file)是程序设计中重要概念之一。文件是数据的集合,通常是指存放在外部介质上的数据,一般用磁盘作为数据存放的外部介质。C 语言把文件看成是一个有序的字节流。

在以前各章中,存储在变量和数组中的数据都是临时的,我们使用输入输出库函数来解决这些数据的输入输出问题。常用的有 printf( )、scanf( )、getchar( )、putchar( )、gets()、puts()等函数。这些函数的共同点就是数据的输入输出工作都是通过标准输入设备(一般是指键盘)和标准输出设备(一般是指显示器)进行。存储在变量和数组中的数据在程序运行结束后都会消失。一般说来,键盘和显示器适合于处理少量数据和信息的输入输出工作,它们使用起来方便、快捷。但是如果要进行大量数据的加工处理,或数据需要长期保存,键盘和显示器的缺陷就很明显了。

在实际应用中,无论是数据库系统、管理信息系统、科学与工程计算,还是文字处理与办公自动化、图形图像处理,都会有大量数据要永久保存或处理,文件就是用来永久地保存大量数据的。数据在磁盘中是以文件的方式存放的。由于磁盘的容量一般都很大,比如常用的 90mm(3 英吋)软盘的容量为 1.44MB,如果用来存放中文信息,仅一张软盘就可以存放一部六七十万字以上的小说。而现在微型计算机上常用的硬磁盘的容量则更为巨大,一般均在 40G~80G 左右。在这样大容量的磁盘中,要想按地址存放或者查找一个数据,就好比要在北京、上海这样的大城市中找一个人一样,是非常困难的。因此,在计算机中引入文件系统的软件,由它来统一管理存放在软盘和硬盘中的数据。文件系统是操作系统的一部分,有点像城市里的户籍系统,通过将数据组成文件进行管理。

8.1　文件的概念与定义

所谓文件,就是逻辑上有联系的一批数据(可以是一批实验数据,或者一篇文章,一幅图像,甚至一段程序等),用一个文件名作为标识。每个文件在磁盘中的具体存放位置、格式以及读写等工作都由文件系统管理,对于使用操作系统的用户来说,只需告诉操作系统一个文件的文件名即可对其进行读、写、删除、复制、显示和打印等工作,这是每个与计算机及操作系统打过交道的人都非常熟悉的。

用 C 语言编写应用程序时也可以通过操作系统来处理以文件形式存放在磁盘上的数据。操作系统命令一般是将文件作为一个整体的处理,比如删除文件、拷贝文件等,而应用程序往往要对文件的内容进行处理。由于文件的内容可以千变万化,文件的大小各不相同,那么以什么为单位处理文件中的数据呢? C 语言中引入了流式文件的概念,即由一个一个字符(字节)的数据顺序组成。根据数据的组织形式,文件又分为 ASCII 文件和二进制文件。ASCII 文件又称文本文件,它的每一个字节放一个 ASCII 编码,代表一个字符。二进制文件是把内存中的数据按其在内存中的存储形式原样输出到磁盘上存放。如果有一个整数 10000,在内存中占 2 个字节,如果按 ASCII 码形式输出,则占 6 个字节,而按二进制形式输出,在磁盘上只占 2 个字节。用 ASCII 形式输出与字符一一对应,一个字节代表一个字符,因而便于对字符进行逐个处理,也便于输出字符。但一般占存储空间较多,而且要花费转换时间(二进制形式与 ASCII 码之间的转换)。用二进制形式输出数值,可以节省外存空间和转换时间,但一个字节并不对应一个字符,不能直接输出字符形式。一般中间结果数据需要暂时存放在外存以后又需要输入到内存的,常用二进制文件保存。

由前所述,一个 C 文件是一个字节流或二进制流。它把数据看作是一连串的字符(字节),而不考虑记录的界限。换句话说,C 语言中文件并不是由记录(record)组成的(这是和 PASCAL 和其它高级语言不同的)。在 C 语言中对文件的存取是以字符(字节)为单位的。输入输出的数据流的开始和结束仅受程序控制而不受物理符号(如回车换行符)控制。也就是说,在输出时不会自动增加回车换行符以作为记录结束的标志,输入时不以回车换行符作为记录的间隔,我们把这种文件称为流式文件。C 语言允许对文件存取一个字符,这就增加了处理的灵活性。

下面介绍流式文件处理中的几个基本概念。

读:从文件中将数据复制到内存变量中。根据情况不同,一次可以读一个字节,也可根据内存变量的大小读相应数量的字节,甚至一次可以将一批数据读到一片连续的存储区(如数组和动态分配的存储块)中。

写:将内存变量中的数据复制到文件中去。和读文件的情况相似,一次可以将一个变量或者一片连续存储区中的数据写入文件。

文件指针:由于文件中的数据很多,所以在读写时应该指定是对哪些数据进行操作。在流式文件中采用的方法是设立一个存放文件读写位置的变量,又称文件指针。在开始对某文件进行操作时将文件指针的值设置为 0,表示读写操作应从文件首部开始执行;每次读、写之后,自动将文件指针的值加上本次读、写的字节数,作为下次读写的位置。

缓冲区:由于磁盘的读写速度比内存的处理速度要慢一个数量级,而且磁盘驱动器是机电设备,精度相对比较差,所以磁盘数据存取以扇区(sector,磁盘上某磁道中的一个弧形段,通常存放固定数量的数据,扇区之间有间隙隔开)或者簇(cluster,由若干连续的扇区组成)为单位。具体做法是在内存中划出一片存储单元,称为缓冲区。从磁盘中读取数据时先将含有该数据的扇区或簇读到缓冲区中,然后再将具体的数据复制到应用程序的变量中去。下次再读出数据时,首先判断数据是否在缓冲区中,如果在,则直接从缓冲区中读,否则就要从磁盘中再读入一个扇区或簇。向磁盘中写数据也是这样,数据先是读入缓冲区中,直到缓冲区充满之后再一起放入磁盘。为了能使应用程序同时处理若干个文件,就必须在内存中开辟足够缓冲区。对缓冲区的管理是操作系统的基本功能之一。

图 8.1 较形象地展示了文件的这种处理过程。

在 C 语言中,对流式文件的处理有两种基本方式,即缓冲文件处理方式和非缓冲文件处理方式。这两种方式的区别是非缓冲文件处理方式

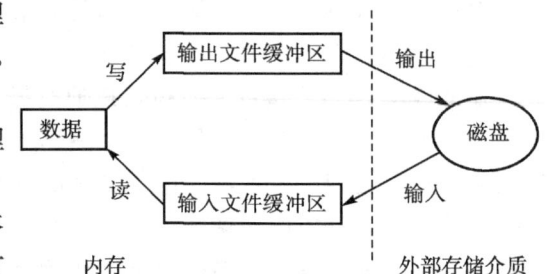

图 8.1 C 文件处理示意图

直接调用操作系统的缓冲区管理功能,而缓冲文件处理方式使用 C 语言自己提供的缓冲区管理工作。在大多数 C 编译程序的函数库中同时包含着两种文件处理方式的函数族,但 ANSI C 标准放弃了对非缓冲文件处理的支持。下面主要介绍缓冲文件处理。

对缓冲文件的处理由一组库函数实现。这些库函数的功能可分为三类:第一类用于打开和关闭文件,有打开文件函数 fopen( )与关闭文件函数 fclose( );第二类用于读、写文件,可按处理文件中数据的方式分为按字符读写、格式读写和二进制读写等几组函数;第三类是文件指针管理函数,包括文件指针重新定位fseek( )、求当前文件指针位置 ftell( )和文件结束检测 feof( )等函数。

8.2 文件类型指针

文件指针是贯穿缓冲文件系统的主线。一个文件指针是一个指向文件有关信息的指针。每个被使用的文件都在内存中开辟一个区,用来存放文件的有关信息(如文件的名字、文件状态及文件当前位置等)。这些信息是保存在一个结构体变量中的。该结构体类型是由系统定义的,取名为 FILE。文件指针就是指向一个文件结构的指针变量。我们可以看一下 C 语言在 stdio.h 文件是怎样定义文件类型的:

```
typedef struct
{
    short level;              /* 缓冲区"满"或"空"的标志 */
    unsigned flags;          /* 文件状态标志 */
    char fd;                 /* 文件描述符 */
    unsigned char hold;      /* 如无缓冲区不读字符 */
    short bsize;             /* 缓冲区的大小 */
    unsigned  char * baffer  /* 数据缓冲区的位置 */
    unsigned  ar  * curp;    /* 指针,当前的指向 */
    unsigned istemp;         /* 临时文件,指示器 */
    short token;             /* 用于有效性检查 */
}FILE;
```

有了结构体 FILE 类型之后,就可以用它来定义若干个 FILE 类型的变量,以便存放若干个文件的信息。例如,可以定义以下 FILE 类型的数组。

FILE f[5];

定义了一个结构体数组 f,它有 5 个元素,可以用来存放 5 个文件的信息。

可以定义文件型指针变量。如:

FILE * fp;

fp 是一个指向文件类型结构体的指针变量。可以使 fp 指向某一个文件的结构体变量,从而通过该结构体变量中的文件信息访问文件。也就是说,通过文件指针变量能够找到与它相关的文件。如果有 n 个文件,一般应设 n 个指针变量(指向 FILE 类型结构体的指针变量),使它们分别指向 n 个文件(确切地说指向存放该文件信息的结构体变量),以实现对文件的访问。

8.3 文件的打开与关闭

和其它高级语言一样，对文件读写之前应该"打开"该文件，在使用结束之后应关闭该文件。

8.3.1 文件的打开（fopen 函数）

fopen()函数用来打开一个特定的文件。fopen 函数的调用方法通常为：

```
FILE *fp;
fp = fopen(文件名,使用文件方式);
```

例如：

```
fp = fopen("filename","r");
```

filename 是需要打开的文件的名字，必须是一个字符串组成的有效文件名，允许带有驱动器名、路径名。在使用带有路径的文件名时，一定要注意"\"的使用。如在 dos 环境下，由下列表示的路径：

c:\exp\test.dat

在 fopen( )函数中，必须写成

"c:\\exp\\test.dat"

"r"表示使用文件的方式为"读入"（r 代表 read，即读入），函数带回指向 filename 文件的指针并赋给 fp，这样 fp 就和文件 filename 相联系了，或者说，fp 指向了 filename 文件。使用文件方式见表 8.1。

表 8.1 使用文件方式

文件使用方式	含 义
"r"（只读）	为输入打开一个文本文件
"w"（只写）	为输出打开一个文本文件
"a"（追加）	向文本文件尾追加数据
"rb"（只读）	为输入打开一个二进制文件
"wb"（只写）	为输出打开一个二进制文件
"ab"（追加）	向二进制文件尾追加数据
"r+"（读写）	为读/写打开一个文本文件
"w+"（读写）	为读/写建立一个新的文本文件
"a+"（读写）	为读/写打开一个文本文件
"rb+"（读写）	为读/写打开一个二进制文件
"wb+"（读写）	为读/写建立一个新的二进制文件
"ab+"（读写）	为读/写打开一个二进制文件

说明：

（1）用"r"方式打开的文件只能用于向计算机输入而不能用作向该文件输出数据，而且该文件应该已经存在，不能用"r"方式打开一个并不存在着文件（即输入文件），否则出错。

（2）用"w"方式打开的文件只能用于向该文件写数据（即输出文件），而不能用来向计算机输入。如果原来不存在该文件，则在打开时新建立一个以指定的名字命名的文件。如果原来已存在一个以该文件命名的文件，则在打开时将该文件删去，然后重新建立一个新文件。

（3）如果希望向文件末尾添加新的数据（不希望删除原有数据），则应该用"a"方式打开。但此时该文件必须已存在，否则将得到出错信息。打开时，位置指针移动文件末尾。

（4）用"r+"、"w+"、"a+"方式打开的文件即可以用来输入数据，也可以用来输出数据。用"r+"方式时该文件应该已经存在，以便能向计算机输入数据。用"w+"方式则新建立一个文件，先向此文件写数据，然后可以读此文件中的数据。用"a+"方式打开的文件，原来的文件不被删除，位置指针移到文件末尾，可以添加，也可以读。

（5）如果不能实现"打开"的功能，函数将会带回一个出错信息。出错的原因可能是用"r"方式打开一个并不存在的文件；磁盘出故障；磁盘已满无法建立新文件等。此时函数将带回一个空指针值 NULL（NULL 在 stdio.h 文件中已被定义为 0）。

常用下面的方法打开读文件：

```
if((fp = fopen("file1","r")) = = NULL)
   {printf("cannot open this file\n");
      exit(0);
   }
```

即先检查打开的操作是否出错，如果有错就在终端上输出"cannot open this file"。exit 函数的作用是关闭所有文件，终止正在调用的过程。待用户检查错误，修改后再运行。

（6）用以上方式可以打开文本文件和二进制文件，这是 ANSI C 的规定，用同一种缓冲文件系统来处理文本文件和二进制文件。但目前使用的有些 C 编译系统可能不完全提供所有这些功能（例如有的只能用"r"、"w"、"a"方式），有的 C 版本不能用"r+"、"w+"、"a+"，而用"rw"、"wr"、"ar"等，请读者注意所用系统的规定。

（7）在向计算机输入文本文件时，将回车换行符转换为一个换行符，在输出时把换行符转换成回车和换行两个字符。用二进制文件时，不进行这种转换，在内存中的数据形式与输出到外部文件中的数据显示完全一致，一一对应。

（8）在程序开始运行时，系统自动打开三个标准文件：标准输入、标准输出、标准出错输出。通常这三个文件都与终端相联系，因此以前我们所用到的从终端输入和输出都不需要打开终端文件。系统自动定义了三个文件指针，分别指向终端输入、终端输出和标准出错输出（也从终端输出）。如果程序中指定要从 stdio 所指的文件输入数据，就是从终端键盘输入数据。

8.3.2　文件的关闭（fclose 函数）

在使用完一个文件后应该关闭它，以防止它再被误用。"关闭"就是使文件指针变量不指向该文件了，也就是文件指针变量与文件"脱钩"，此后不能再通过该指针对原来与其相联系的文件进行读写操作，除非再次打开，使该指针变量重新指向该文件。fclose()函数用来关闭一个由 fopen()函数打开的文件。必须在程序结束之前关闭所有文件,fclose()函数会把留在磁盘缓冲区里的内容都传给文件,并执行正规的操作系统级的文件关闭。文件不关闭会引起很多问题,如数据丢失、文件损坏以及其他一些错误。操作系统对同时打开的文件个数有一定的限制,所以系统关闭一个文件再打开另一个文件有时是必要的。

fclose 函数调用的一般形式为

fclose(文件指针)

例如:

fclose(fp);

前面我们曾把打开文件时所带回的指针赋给了 fp,现在通过 fp 把该文件关闭。即 fp 不再指向该文件。fclose()函数带回一个值,当顺利的执行了关闭操作,则返回值为 0;否则返回 EOF(−1),也可以用 ferror()函数来测试。

8.4 文件的读写

文件打开之后,就可以对它进行读写了。常用的读写函数如下所述。

8.4.1 fputc 函数和 fgetc 函数(putc 函数和 getc 函数)

1. fputc()函数

把一个字符写到磁盘文件上去。一般调用形式为

fputc(ch,fp);

其中 ch 是要输出的字符,它可以是一个字符常量,也可以是一个字符变量。fp 是文件指针变量。fputc(ch,fp)函数的作用是将字符输出到 fp 所指向的文件中去。fputc()函数也带回一个值:如果输出成功则返回值就是输出的字符;如果输出失败,则返回一个 EOF(−1)。EOF 是在 stdio 文件中定义的符号常量,值为−1。

2. fgetc()函数

从指定的文件读出一个字符,该文件必须是以读或读写方式开的。函数的调用形式为

ch = fgetc(fp);

fp 为文件型指针变量,ch 为字符变量。fgetc()函数带回一个字符,赋给 ch。如果在执行 fgetc()函数读字符时遇到文件结束符,函数返回一个文件结束标志。如果想从一个磁盘文件顺序读入字符并在屏幕上显示出来,可以:

```
ch = fgetc(fp);
while(ch ! = EOF)
{
    putchar(ch);
    ch = fgetc(fp);
}
```

注意:EOF 是不可以输出字符,因此不能在屏幕上显示。由于字符的 ASCII 码不可能出现−1,因此 EOF 定义为−1 是合适的。当输入的字符值等于−1(即 EOF)时,表示读入的已

不是正常的字符而是文件结束符。但以上只适用于读文本文件的情况。现在 ANSI C 允许用缓冲文件系统处理二进制文件,而读入某一个字节中的二进制数据的值有可能是－1,而这又恰好是 EOF 的值。这就出现了需要读入有用数据却被处理为"文件结束"的情况。为了解决这个问题,ANSI C 提供了一个 feof 函数来判断文件是否真的结束。feof(fp)用来测试 fp 所指向的文件当前状态是否"文件结束"。如果是文件结束,函数 feof(fp)的值为 1(真),否则为 0(假)。

如果想顺序读入一个二进制文件中的数据,可以用

```
while(! feof(fp))
    {
        c = fgetc(fp);


    }
```

当未遇到文件结束,feof(fp)的值为 0,! feof(fp)为 1,读入一个字节的数据赋给整型变量 c,并接着对其进行所需的处理。直到遇文件结束,feof(fp)值为 1,! feof(fp)值为 0,不再执行 while 循环。

这种方式也适用于文本文件。

3. fputc( )和 fgetc( )函数应用举例

函数 fopen(),fgetc(),fputc(),fclose()构成一文件操作程序的最小集合。下面这个例子是这些函数的用法实例。

例 8.1 将键盘输入的文字写到文件中。

程序实现从键盘上输入字符,然后写到磁盘文件中去。当遇到符号 $ 时结束。文件名由命令行指定。例如:源程序名为 ktod.c ,经过编译连接,生成可执行文件 ktod.exe 文件,调用 ktod 时可在键盘输入 ktod test,就可以向名为 test 的文件输入文字。

```
# include <stdio.h>
main(int argc,char * argv[])
{
    FILE * fp;
    char ch;
    if(argc ! = 2)
        {
            printf("You forgot to enter the filename\n");
            exit(1);
        }
    if((fp = fopen(argv[1],"w")) = = NULL)
        {
            printf("cannot open file\n");
            exit(1);
        }
```

```
    do{
        ch = getchar( );
        fputc(ch,fp);
        }while(ch ! = '$');
    fclose(fp);
}
```

在 DOS 状态下,用如下命令行运行程序

```
 c> ktod test
programming $ test
```

程序运行结束后就在当前盘生成文件名为 test 的文件,内容为:programming $

例 8.2 读入任何 ASCII 文件,并将内容显示在屏幕上。

```
#include <stdio.h>
main(int argc,char * argv[])
{
    FILE * fp;
    char ch;
    if(argc ! = 2)
    {
        printf("You forgot to enter the filename\n");
        exit(1);
    }
    if((fp = fopen(argv[1],"r")) = = NULL)
    {
        printf("cannot open file\n");
        exit(1);
    }
    ch = fgetc(fp);
    while(ch ! = EOF)
    {
        putchar(ch);
        ch = fgetc(fp);
        }
    fclose(fp);
}
```

在 DOS 状态下,用如下命令行运行程序

```
    c> ktod1 test
    programming $
```

程序运行结果是将 test 的文件的内容显示在屏幕上。

例 8.3　编写一个用于文件拷贝的程序。

利用命令行参数给出源文件和目标文件名,然后将源文件的内容复制到目标文件中。编写这类应用程序时要注意的问题是应该充分考虑到用户在使用该程序时可能考虑到的各种问题,并在程序中设计出相应的处理方法。

```
#include <stdio.h>
main(int argc,char *argv[])
{
    if(argc ! = 3)                  /*命令行的参数个数错*/
        printf("\n\nFFORMAT:MYCOPY<source><destin>");
    else
    {
        FILE *source, *destin;
        source = fopen(argv[1],"rb");
        destin = fopen(argv[2],"wb");
        if(source = = NULL)    /*源文件不存在*/
            printf("ERROR:Can't open source file %s\n",argv[1]);
        else if(destin = = NULL)          /*目标文件打开错误*/
            printf("ERROR:Can't open destin file %s",argv[2]);
        else
        {
            /* 将源文件中的内容逐字节复制到目标文件中 */
            while(! feof(source))
                fputc(fgetc(source),destin);
        }
        fclose(source);
        fclose(destin);
    }
}
```

本程序是文件处理类应用程序的典型。在设计这类程序时,要注意两个问题:一是要预见到用户可能犯的所有错误,防止因操作不当引起运行错误而导致死机;二是对各种不正常的情况都要有适当的提示,避免用户认为程序失控,或者出了毛病。可以看出,本程序中大部分语句都是为以上两个目的服务的。至于文件操作本身,除了在使用文件前后要打开和关闭文件以外,和普通的输入输出操作几乎完全一样。

8.4.2　fread()函数和 fwrite()函数

用 getc 和 putc 函数可以用来读写文件中的一个字符,在实际应用中常常需要一次读入一组数据(例如,一个实数或一个结构体变量的值),ANSI C 标准提出了设置两个函数(fread()

和 fwrite()),用来读写一个数据块,它们的一般调用形式为

```
fread(buffer,size,count,fp);
fwrite(buffer,size,count,fp);
```

其中:

buffer:是一个指针,对 fread 来说,它是读入数据的存放地址,对 fwrite 来说,是要输出数据的地址(以上指的是起始地址)。

size:要读写的字节数。

count:要读写多少个 size 字节的数据项。

fp:文件型指针。

如果文件以二进制形式打开,用 fread 和 fwrite 函数就可以读写任何类型的信息,如:

```
fread(f,4,2,fp);
```

其中:f 是一个实型数组名。一个实型变量占 4 个字节。这个函数从 fp 所指的文件读入 2 次(每次 4 个字节)数据,存储到数组 f 中。

如果有一个如下的结构体类型:

```
struct student_type
{
    char name[10];
    int num;
    int age;
    char addr[30];
}stud[40];
```

结构体数组 stud 有 40 个元素,每一个元素占 44 个字节,用来存放一个学生的数据(包括姓名、学号、年龄、地址)。假设学生的数据已存放在磁盘文件中,可以用下面的程序段,通过 for 语句和 fread()函数读入 40 个学生的数据:

```
for(i = 0;i < 40;i++)
    fread(&stud[i],sizeof(struct student_type),1,fp);
```

同样,以下 for 语句和 fwrite()函数可以将内存中的学生数据输出到磁盘文件中去:

```
for(i = 0;i < 40;i++)
    fwrite(&stud[i],sizeof(struct student_type),1,fp);
```

如果 fread()或 fwrite()调用成功,则函数返回值为 count 的值,即输入或输出数据项的完整个数。下面写出一个完整的程序。

例 8.4 从键盘输入 4 个学生的有关数据,然后把它们转存到磁盘文件上去。

```
# include <stdio.h>
# define SIZE    4
# define LEN   struct student_type
struct student_type
{
    char name[10];
```

```
        int num;
        int age;
        char addr[15];
    }stud [SIZE];
    void save( )
      {
        FILE  * fp;
        int i;
        if((fp = fopen("stu_list","wb")) = = NULL)
            { printf("cannot open file\n");
              exit(1);
            }
          for(i = 0;i < SIZE;i+ +)
              if(fwrite(&stud[i],sizeof(LEN),1,fp)! = 1)
              printf("file write error\n");
      }
    main( )
    {
        int i;
        for(i = 0;i < SIZE;i+ +)
         scanf("% s% d% d% s",stud[i].name,&stud[i].num,&stud[i].age,stud[i].ad-
                dr);
        save( );
    }
```

在 main 函数中,从终端键盘输入 4 个学生的数据,然后调用 save()函数,将这些数据输出到以"stu_list"命名的文件中。fwrite()函数的作用是将一个长度为 29 个字节的数据块送到 stu_list 文件中(一个 student_type 类型结构体变量的长度为它的成员长度之和,即 $10+2+2+15=29$)。

运行情况如下:

输入 4 个学生的姓名、学号、年龄和地址:

Zhang 1001 19 room_101

Fun 1002 20 room_102

Tan 1003 21 room_103

Ling 1004 21 room_104

程序运行时,屏幕上并不输出任何信息,只是将从键盘输入的数据送到磁盘文件上。为了验证在磁盘文件"stu_list"中是否已存在此数据可以用以下程序从"stu_list"文件中读入数据,然后在屏幕上输出。

```
# include
```

```
#define SIZE   4
#define LEN    struct student_type
struct student_type
{
    char name[10];
    int num;
    int age;
    char addr[15];
}stud [SIZE];
 main( )
 {
     int i;
     FILE  * fp;
    if((fp = fopen("stu_list","rb")) = = NULL)
      { printf("cannot open file\n");
        exit(1);
      }
    for(i = 0;i < SIZE;i + +)
        {
            fread(&stud[i],sizeof(LEN),1,fp);
            printf("% - 10s % 4d % 4d % - 15s\n", stud[i].name,stud[i].num,stud[i].age,
                stud[i].addr);
        }
 }
```

程序运行时不需要从键盘中输入任何数据。屏幕上显示出以下信息:

Zhang	1001	19	room_101
Fun	1002	20	room_102
Tan	1003	21	room_103
Ling	1004	21	room_104

请注意输入输出数据的状况。从键盘输入 4 个学生的数据是 ASCII 码,在送到计算机内存时,回车和换行符转换成一个换行符。再从内存以"wb"方式(二进制写)输出到"stu_list"文件,此时不发生字符转换,按内存中存储形式原样输出到磁盘文件上。在上面验证程序中,又用 fread()函数从"stu_list"文件向内存读入数据,注意此时用的是"rb"方式,即二进制方式,数据按原样输入,也不发生字符转换。也就是这时候内存中的数据恢复到第一个程序向"stu_list"输出以前的情况。最后在验证程序中,用 printf()函数输出到屏幕,printf()是格式输出函数,输出 ASCII 码,在屏幕上显示字符。换行符又换为回车加换行符。

如果企图从"stu_list"文件中以"r"方式读入数据就会出错。

fread 和 fwrite 函数一般用于二进制文件的输入输出。因为它们是按数据块的长度来处理输入输出的,在字符发生转换的情况下很可能出现与原来设想的情况不一样。

例如,如果写

fread(&stud[i],sizeof(struct student_type),1,stdio);

试图从终端键盘输入数据,这在语法上并不存在错误,编译能通过。如果用以下形式输入数据:

Zhang   1001   10room_101

...

由于 fread()函数要求一次输入 29 个字节(而不问这些字节的内容),因此输入数据中的空格也作为输入数据而不作为数据间的分隔符了。连空格也存储到 stud[i]中了,显然这是不对的。

8.4.3 fprintf 函数和 fscanf 函数

fprintf()函数、fscanf()函数与 printf()函数、scanf()函数作用相仿,都是格式化读写函数。所不同的是:fprintf()和 fscanf()函数的读写对象不是终端方式而是磁盘文件。它们的一般调用方法为

fprintf(文件指针,格式字符串,输出列表);

fscanf (文件指针,格式字符串,输入列表);

例如:

fprintf(fp,"%d,%6.2f",i,t);

其作用是将整型变量 i 和实型变量 t 的值按%d 和%6.2f 的格式输出到 fp 指向的文件上。如果 i = 3,t = 4.5,则输出到磁盘文件上的是以下的字符串:

3,4.5

同样,用以下 fscanf()函数可以从磁盘文件上读入 ASCII 字符:

fscanf(fp,"%d,%f",&i,&t);

磁盘文件上如果有以下字符:

3,4.5

则将磁盘文件中的数据 3 送给变量 i,4.5 送给变量 t。

用 fprintf()和 fscanf()函数对磁盘文件读写,使用方便,容易理解,但由于在输入时要将 ASCII 码转换为二进制形式,在输出时又要将二进制形式转换成字符,花费时间比较多。因此,在内存与磁盘频繁交换数据的情况下,最好不用 fprintf()和 fscanf()函数,而用 fread()和 fwrite()函数。为了说明这些函数的用法,我们再看下面的程序。

例 8.5 编写一个简单的电话簿管理程序。

程序基本思想:用磁盘文件来存放一个简单的电话薄。用户可以输入姓名、电话,也可以给出一个姓名查找他的电话号码。

输入并运行这个程序。你可以检查文件 phone。用 printf()把它们显示在屏幕上,显示的方式与你所期望的一样。

```
# include <stdio.h>
void add_num( );
void lookup( );
char menu( );
```

```
main( )
{
    char choice;
    do{
            choice = menu( );
            switch(choice){
                    case ´A´: add_num( );
                            break;
                    case ´L´: lookup( );
                              bread;
            }
        }while(choice ! = ´Q´);
}
char menu( )
{
        char ch;
        do{
                printf("(A)dd,(L)ookup,(Q)uit:");
                ch = getchar( );
                printf("\n");
           }while(ch ! = ´Q´ && ch ! = ´A´ && ch ! = ´L´);
        return ch;
}
void add_num( )
    {
        FILE * fp;
        char name[80];
        int a_code,exchg,num;
        if((fp = fopen("phone","a")) = = NULL)
        {
            printf("cannot open file\n");
            exit(1);
        }
        printf("enter name and number:");
        scanf("%s%d%d%d",name,&a_code,&exchg,&num);
        scanf("%*c");/* remove CR from input stream write to file */
        fprintf(fp,"%s%d%d%d \n",name,a_code,exchg,num);
        fclose(fp);
    }
```

```
/ * find a number given a name * /
void lookup( )
{
    FILE * fp;
    char name[80],name2[80];
    int a_code,exchg,num;
    / * open it for read * /
    if((fp = fopen("phone","r")) = = NULL){
        printf("cannot open file\n");
        exit(1);
        }
printf("name?");
gets(name);
/ * Look for number * /
while(! feof(fp))
{
    fscanf(fp,"%s%d%d%d",name2,&a_code,&exchg,&num);
    if(! strcmp(name,name2)){
        printf("%s:(%d)%d-%d\n",name,a_code,exchg,num);
        break;
    }
}
fclose(fp);
}
```

8.4.4　其他读写函数

1. putw( )和 getw( )函数

大多数 C 编译系统都提供另外两个函数:putw()和 getw(),用来对磁盘文件读写一个字
(整数)。例如

putw(10,fp);

它的作用是将整数 10 输出到 fp 指向的文件。而

i = getw(fp);

的作用是从磁盘文件读一个整数到内存,赋给整型变量 i。

如果所用的 C 编译的库函数中不包括 putw()和 getw()函数,用户可以自己定义该函数。

putw()函数可以定义如下:

```
putw(int i,FILE * fp)
{ char * s;
    s = &i;
```

```
    putc(s[0],fp);
    putc(s[1],fp);
    return(i);
}
```

当调用 putw()函数时,如果用"putw(10,fp);"语句,形参 i 得到实参传来的值 10,在 putw()函数中将 i 的地址赋予指针变量 s,而 s 是指向字符变量的指针变量,因此 s 指向 i 的第一个字节,s+1 指向 i 的第二个字节。由于 *(s+0)就是 s[0], *(s+1)就是 s[1],因此,s[0]、s[1]分别对应 i 的第一个字节和第二个字节。顺序输出 s[0]、s[1]就相当于输出了 i 的两个字节中的内容。

putw()和 getw()并不是 ANSI C 标准定义的函数。但许多 C 编译都提供这两个函数,但有的 C 编译可能不以 putw()和 getw()命名此两函数,而是其他函数名,请用时注意。

2. 读写其他类型程序

如果用 ANSI C 提供的 fread()和 fwrite()函数,读写任何类型数据都是十分方便。如果所用的系统不提供这两个函数,用户只好自己定义所需函数。

例 8.6　定义一个向磁盘文件写一个实数(用二进制方式)的函数 putfloat。

```
void putfloat(float num,FILE * fp)
{
    char * s;
    int count;
    s = &num;
    for(count = 0;count < 4;count + +)
    putc(s[count],fp);
}
```

同时可以编写出读写任何类型数据的函数。

3. fgets( )函数和 fputs( )函数

fgets 的作用是从指定文件读入一个字符串。如:

fgets(str,n,fp);

str 为字符数组名或是指向字符数组的指针;n 为要得到的字符个数;fp 为指向文件的指针。该函数表示从 fp 指向的文件中输入 n-1 个字符,然后在最后加一个′\0′字符,因此得到的字符串共有 n 个字符,将它们存放到字符数组 str 中。如果在读完 n-1 个字符之前遇到换行符或 EOF,读入即结束。fgets()函数返回值为 str 的首地址。

fputs()函数的作用是向指定的文件输出一个字符串。如:

fputs(″China″,fp);

把字符串″China″输出到 fp 指向的文件中。fputs()函数中第一个参数可以是字符串常量、字符数组名和指向字符的指针。字符串末尾的′\0′不输出。如果输出成功,函数值为 0;失败时,为 EOF。

这两个函数类似以前介绍过的 gets() 和 puts() 函数,只是 gets() 和 puts() 函数以标准设备输入输出作为读写对象。

8.5 文件的定位

文件中有一个位置指针,指向当前读写的位置。如果顺序读写一个文件,每次读写一个字符,则读写完一个字符后,该位置指针自动移动指向下一个字符位置。如果想改变这样的规律,强制使位置指针指向其他指定的位置,需要用有关函数完成。

8.5.1　rewind()函数

rewind()函数的作用是使位置指针重新返回到文件的开头。此函数没有返回值。

例 8.7　有一个磁盘文件,第一次将它的内容显示在屏幕上,第二次把它复制到另一文件上(设文件 file1.c,file2.c 已在磁盘中存在)。

```
#include<stdio.h>
main( )
{
    FILE * fp1, * fp2;
    fp1 = fopen("file1.c","r");
    fp2 = fopen("file2.c","r");
    while(! feof(fp1)) putchar(getc(fp1));
    rewind(fp1);
    while(! feof(fp1)) putc(getc(fp1),fp2);
    fclose(fp1);
    fclose(fp2);
}
```

第一次,将文件的内容显示在屏幕上,这时文件 file1.c 的位置指针已到文件末尾,feof() 的值为非 0(真)。执行 rewind() 函数,使文件的位置指针重新定位于文件开头,并使 feof() 函数的值恢复为 0(假)。

8.5.2　fseek()函数和随机读写

对流文件可以进行顺序读写,也可以进行随机读写。关键在于控制文件的位置指针,如果位置指针是按字节位置顺序移动的,就是顺序读写。如果能将位置指针按需要移动到任意位置,就可以实现随机读写。所谓随机读写,是指读写完上一个字符(字节)后,并不一定要读写其后续的字符(字节),而可以读取文件中任意所需的字符(字节)。用 fseek() 函数可以实现改变文件的位置指针。

fseek 函数的调用形式为:

fseek(文件类型指针,位移量,起始点);

"起始点"用 0、1 和 2 代替,0 代表"文件开始",1 为"当前位置",2 为"文件末尾"。ANSI

C 标准制定的名字见表 8.2。

"位移量"指以"起始点"为基点,向前移动的字节数。ANSI C 和大多数 C 版本要求位移量是 long 型数据。这样当文件的长度大于 64K 时不致出问题。ANSI C 标准规定在数字的末尾加一个字母 L,就表示是 long 型。

表 8.2　ANSI C 标准制定的名字

起始点	名　字	用数字表示
文件开始	SEEK_SET	0
文件当前位置	SEEK_CUR	1
文件末尾	SEEK_END	2

Fseek()函数一般用于二进制文件,因为文本文件要发生字符转换,计算位置时往往会发生混乱。

下面是 fseek()函数调用的几个例子:

fseek(fp,100L,0);将位置指针移到离文件头 100 个字节处

fseek(fp,50L,1);将位置指针移到离当前位置 50 个字节处

fseek(fp,-10L,2);将位置指针从文件末尾处向后退 10 个字节

利用 fseek 函数就可以实现随机读写了。

例 8.8　在磁盘文件上存有 30 个学生的数据。要求将第 1、3、5、7、9 个学生的数据输入计算机,并在屏幕上显示出来。

程序如下:

```
#include<stdio.h>
#define    N 30
#define LEN sizeof(struct student_type)
struct student_type
{
  char name[10];
  int num;
  int age;
  char sex;
}stud[N];
main( )
{
  int i;
  FILE * fp;
  if((fp = fopen("stud.dat","rb")) = = NULL)
  {
      printf("cannot open file\n");
```

```
    exit(0);
  }
  for(i = 0;i < N;i+ = 2)
  {
    fseek(fp,i * LEN,0);
    fread(&stud[i],LEN,1,fp);
    printf("%s%d%d%c\n",stud[i].name,&stud[i].num,&stud[i].age, &stud
    [i].sex);
  }
  fclose(fp);
}
```

8.5.3 ftell()函数

ftell()函数的作用是得到流式文件中的当前位置,用相对于文件头部的位置位移量来表示。由于文件中的位置指针经常移动,人们往往不容易知道其当前位置。用 ftell()函数可以得到当前位置。如果函数返回值为－1L,表示出错。例如:

i = ftell(fp);

if(i = = - 1L) printf("error\n");

变量 i 存放当前位置。如果调用函数出错(如不存在此文件),则输出"error"。

8.6 综合应用举例

下面的例子综合使用了文件操作,通过这个例子读者可以进一步理解文件操作的意义。

例 8.9 编写程序,从若干原始文件合并成的合并文件中恢复出其中一个或全部原始文件。所有文件均作为二进制文件处理。合并文件中先顺序存储各原始文件,然后顺序存储各原始文件的控制信息,即文件名、文件长度和在合并文件中的位置(偏移量)。其结构如下:

```
typedef struct {char fname[256];      /* 原始文件名 */
                long length;          /* 原始文件长度(字节数) */
                long offset;/* 原始文件在合并文件中的位置(偏移量) */
                }FileInfo;
```

合并文件最后存储如下一个特殊的标志信息作为合并文件的结束标记:

FileInfo EndFlag = {"CombinedFile", 0, _Offset};

其中_Offset 是第一个原始文件的控制信息在合并文件中的位置(偏移量)。

启动本程序的命令行的格式是:

程序名 合并文件名 [原始文件名]

如果不指定原始文件名,默认恢复合并文件中的所有原始文件。

程序如下:

```
# include  <stdio.h>
```

```
#include <string.h>
typedef struct {char fname[256];    /*原始文件名*/
                long length;         /*原始文件长度(字节数)*/
                long offset;  /*原始文件在合并文件中的位置(偏移量)*/
                }FileInfo;
void copyfile(FILE * fin,FILE * fout,int fsiz)
  {  char buf[1024];   int siz = 1024;
     while(fsiz! = 0)/*每次复制 siz 个字节,直至复制完 fsiz 个字节*/
       { if(siz>fsiz) siz = fsiz;
         fread(buf,1,siz,fin);
         fwrite(buf,1,siz,fout);
         fsiz = fsiz - siz;
       }
  }
 int dofile(FILE * fin, FileInfo * inp)
   {   long offset;
       FILE * fout;
       if(( fout = fopen(inp - >fname,"wb")) = = NULL)
         { printf("cannot open file: % s\n",inp - >fname );
            return 1;
         }
       offset = ftell(fin);/*保留合并文件读/写位置*/
       fseek(fin,inp - >offset,SEEK_SET);/*定位于被恢复文件首*/
       copyfile(fin,fout,inp - >length);
       fclose(fout);
       printf("\n - - - filename: % s\n filelength: % ld\n",inp - >fname, inp - >
              length);
       fseek(fin,offset,SEEK_SET);/*恢复文件合并文件读/写位置*/
      return 0;
    }
  int main(int argc,char * argv[])
    { FileInfo finfo;
      char fname[256];
      FILE * fcmbn;
     if(argc<2)
       { printf("enter filename:");
          scanf(" % s",fname);
       }
      else strcpy(fname,argv[1]);
```

```
    if((fcmbn = fopen(fname,"rb")) = = NULL)
      { printf("cannot open file: % s\n", fname );
        return 1;
      }
    fseek(fcmbn, - sizeof(FileInfo ), SEEK_END);/* 定位于合并文件末尾的标志信
                                                息 */
    fread(&finfo,1,sizeof(FileInfo),fcmbn);
    if(finfo.length! = 0 || strcmp(finfo.name, " CombinedFile"))
      {  printf(" open file error \n" );
         fclose(fcmbn);
         return 2;
      }
    fseek(fcmbn,finfo.offset,SEEK_SET);/* 定位于首个原始文件的控制信息 */
    for(;;)/* 恢复一个(argc>2)或全部(argc = 2)的原始文件 */
      { fread( &finfo,1,sizeof(FileInfo),fcmbn);
        if(finfo. length = = 0)break;
        if( argc>2 && strcmp(finfo.name, argv[2]))
          continue;
        if(dofile(fcmbn,&finfo)! = 0) break;
      }
    fclose(fcmbn);
    return 0;
    }
```

习　题

1. 编写程序,它把一个文件的内容复制到另一个文件上,复制时把大写字符改为小写字母。

2. 写一个比较两个文件的程序,打印出两个文件首次不同的行和字符的位置。

3. 写一个程序,它以一次打印一个屏幕的方式印出指定文件的内容,在每次印出后,等待用户的回答,并依次作为是否继续打印下面正文的依据。

4. 编写一个程序,从磁盘上读取 C 语言的源文件,删除程序中的注释后再输出。

5. 有两个磁盘文件,"A"和"B",各存放一行字母,要求把这两个文件中的信息合并(按字母顺序排列),输出到一个新文件"C"中去。

6. 有一个班的学生,每个学生有 7 门功课的成绩,从键盘输入以上数据(包括:学号,姓名,性别,7 门功课的成绩),计算出每个学生的平均成绩,将输入的数据及计算出的平均成绩输出到文件"student. dat"中。

第9章 编译预处理

C语言的编译预处理功能是一大特点,也是与其它高级语言的一个重要区别。"编译预处理"是 C 编译系统的一个组成部分,在编译 C 程序时,编译程序中的预处理模块首先根据预处理命令对源程序进行适当的加工,然后才进行编译。由于是在编译程序的第一遍扫描,即通常的编译(包括词法和语法分析,代码生成,优化等)之前进行的,所以这部分程序称为"预处理"程序。

C 提供的预处理功能主要有以下三种:

(1) 宏定义

(2) 文件包含

(3) 条件编译

分别用宏定义命令、文件包含命令、条件编译命令来实现,预处理命令均以标志"♯"开头,在一行中只能书写一条预处理命令,且结束时不能使用语句结束符,即分号";"。

9.1 宏定义

"宏定义"简单来说就是定义一些简单的符号来代替另一些比较复杂的符号。宏定义又分为两类:不带参数的宏定义和带参数的宏定义。

1. 不带参数的宏定义

宏定义的格式:

♯define 标识符 字符串

表示用一个指定的标识符(也称宏名)来代表一个字符串,标识符和字符串之间要用空格分隔。例如:

♯define PI 3.141592653589793

在编译时,编译预处理模块先扫描程序,只要看到源程序中有 PI 这个符号就将其替换为3.141592653589793,然后再进行编译、链接。

例 9.1 关于宏定义。

```
♯define PI 3.141592653589793
  main( )
  {
     double r;
     scanf("%lf",&r);
     printf("半径为 %5.2f\n",r);
     printf("圆周长为%5.2f\n",2 * PI * r);
```

```
    printf("圆面积为%5.2f\n",PI * r * r);
    printf("球体积为%5.2f\n",4.0/3 * PI * r * r * r);
}
```

运行情况如下：

5✓

半径为 5.00

圆周长 31.42

圆面积为 78.54

球体积为 523.6

说明：

(1)在使用宏定义时,标识符一般情况下用大写字母来表示,这样可以有效地与变量名区别,但这只是一个习惯定义,也可以用小写字母。

(2)使用宏定义后,可以减少程序中重复输入某些字符串的工作量。另外,还可以使程序的可移植性提高。例如：

```
#define SIZE 100
    main( )
    { int a[SIZE];
        int i;
        for (i = 0;i<SIZE;i + +)
            a[i] = 9;
        for (i = 0;i<SIZE;i + +)
            printf("%3d",a[i]);
    }
```

这个程序使一个数组元素全部为9,数组大小用 SIZE 来表示,此时数组大小为100。如果这个程序处理的数组大小变为500,那么只需将宏定义中的数字进行修改,而不用修改其它任何部分：

```
        #define SIZE 500
```

这样就提高了程序的可移植性。

(3)宏定义是用宏名代替一个字符串,只是在编译前做一个简单的替换,它不进行错误检查。要等到编译开始后,才能对替换的字符串进行错误检查。如下：

```
        #define PI 3.14159
```

将数字 1 不小心写成字母 I 了,在替换的时候系统不会报错,只在编译时才会发现错误。

(4)宏定义不是 C 语句,不必在行末加分号。如果加了分号则会将分号当成字符串的一部分一起进行替换。如：

```
    #define PI 3.1415 ;
    area = PI * r * r;
```

经过宏展开后,该语句变为

```
area = 3.1415 ; * r * r ;
```
明显出现语法错误。

(5) #define 命令一般定义在函数外面,宏名的有效范围从其定义位置起到文件结束。通常,使用宏定义命令写在文件开头,函数之前,作为文件的一部分,在此文件内有效。

(6)可以用 #undef 命令来终止宏定义的作用域。

```
#define PI 3.14
main( )
{
    }
#undef PI
f( )
{
}
```

在这个程序中,由于 #undef 的作用,使 PI 的作用范围在 #undef 行处终止。因此,在main()函数中可以使用 PI 这个宏,而在 f 函数中就不能用 PI 来代表3.14。这样可以灵活控制宏定义的作用范围。

(7)在进行宏定义时,可以引用已定义的宏名,层层替换。如下例:

例 9.2 关于引用已定义的宏名

```
#define R   3
#define PI 3.14159
#define L   2 * PI * R
#define S   PI * R * R
main( )
{
    printf("L = % f,S = % f",L,S);
}
```

运行情况如下:
```
L = 18.849665,S = 28.274333
```
经过宏替换后的程序:

```
#define R   3
#define PI 3.14159
#define L   2 * 3.14159 * 3
#define S   3.14159 * 3 * 3
main( )
{
  printf("L = % f,S = % f",2 * 3.14159 * 3,14159 * 3 * 3);
}
```

　　(8)在例 9.2 程序的打印语句中,用双引号括起来的字符串内的 L、S,没有进行替换;而在双引号外的 L、S,却被宏替换。在 C 语言中规定,宏定义对字符串不起作用,即字符串中有与宏名相同的字符也不进行替换。

2. 带参数的宏

　　这种宏不仅进行字符串的替换,而且还进行参数的替换。格式为 :

　　　　♯define　　宏名(参数表)　　字符串

字符串中包含在括号中指定的参数。如有宏定义:

　　　　♯define　X(A,B)　A * B * B

　　在程序中有语句:y = X(4,3);

　　经过替换后变为:y = 4 * 3 * 3;

　　对带参数的宏的使用方法类似于函数调用。在编译时,预处理模块先扫描程序,每当发现名字 X 并且后随一对带实参的圆括号时,就用宏定义中的字符串去替换该名字,同时用程序中相应的实参替换形参,如果宏定义中的字符串中的字符不是参数字符(如 A * B * C 中的 *),则保留。

　　例 9.3

```
♯define PI 3.14159
♯define L(R) 2 * PI * R
♯define S(R) PI * R * R
 main( )
 {
  printf("L = % f\n",L(3));
  printf("S = % f\n",S(4));
  }
```

运行情况如下:

　　L = 18.84954

　　S = 50.26544

说明:

　　(1)对带参数的宏的替换,只是将语句中的宏名后面括号内的实参字符串代替 ♯define 命令行中的形参。参照下面的例子来理解:

　　例 9.4　关于带参数的宏的替换。

```
♯define PI 3.14
♯define S(R) PI * R * R
♯define S1(R) PI * (R) * (R)
main( )
{
 printf("S = % f\n",S(4 + 3));
 printf("S = % f\n",S1(4 + 3));
}
```

经过替换后的程序如下:

```
#define PI 3.14
#define S(R) 3.14 * R * R
#define S1(R) 3.14 * (R) * (R)
main( )
{
    printf("S = %f\n",3.14 * 4 + 3 * 4 + 3;
    printf("S = %f\n",3.14 * (4 + 3) * (4 + 3));
}
```

如果我们要计算以 3+4 为半径圆面积,用 S 宏就得不到正确结果,只有用 S1 宏才能得到正确结果。注意括号在其中的作用。

(2)在宏定义时,在宏名与带参数的括号之间不应加空格,否则将空格以后的字符都作为替换字符串的一部分。例如,如果有

```
#define S (R) PI * R * R
```

被认为:S 是不带参数的宏名,它代表字符串"(R) PI * R * R"。如果在语句中有

```
        area = S (3);
```

则被替换为

```
        area = (R) PI * R * R (3);
```

显然不对了。

(3)虽然宏调用"有点"像函数调用,例如在例 9.3 中,宏调用的形式与函数调用的形式看上去没什么区别(特别是用小写字母表示宏定义中的标识符时),并且在大多数情况下二者产生相同结果。但必须记住,宏替换不是函数,二者不是一回事。参考下面例子。

例 9.5 这是一个简单的函数调用程序。

```
/* 打印 1 到 10 十个数的平方值 */
main( )
{
    int i = 1;
    while(i <= 10)
    printf("%d\n",square(i++));
}
square (n)
    int n ;
    {
        return( n * n );
    }
```

运行结果:

```
    1
    4
```

```
      9
     16
     25
     36
     49
     64
     81
    100
```

第二个程序是把上例中的函数 square 出现的地方改为宏。

例 9.6　改写上例程序,将 square 函数出现的地方改为宏。

```
#define square(n) (n)*(n)
/* 打印 1 到 10 十个数的平方值 */
main( )
{
  int i = 1;
  while(i <= 10)
  printf("%d\n",square(i++));
}
```

运行结果却如下:

```
      1
      9
     25
     49
     81
```

很显然,这存在问题。在函数调用时,先求出实参表达式 i++ 的值,然后带入形参。而使用带参的宏只是进行简单的字符替换,预处理模块进行宏替换,把定义中的形参用实参 i++替换,这样,每个宏调用的语句:

```
    square(i++)
```

就被替换为

```
    (i++)*(i++)
```

第一次执行时 i=1,上面表达式的值为 1,但执行结束后,i 的值变为 3;第二次执行时,表达式的值为 9,而 i 的值变为 5;如此进行,就出现了上面的结果因实现而异。

始终应该牢记:C 预处理模块并不认识 C 语句,它只是机械地按照宏替换的定义,把程序中的宏调用扩展为相应的字符串,而不去"理解"其含义。

在程序中究竟用带参数的宏好还是用函数好,要酌情处理。一般来说,使用宏,程序运行得较快,宏替换不占运行时间,只占编译时间,因为宏替换是在编译阶段进行的。而使用函数调用,占有空间较小。如果使用宏 100 次,那么宏替换就在 100 个不同的地方进行替换,使目标程序增长。而使用函数调用,不管是 100 次,还是只有 1 次,在目标程序中,它总是占同样的空间。但是传送参数和返回值要花费一点时间,特别当函数被调用上百次(如在一个循环中),程序执行的速度就会慢下来了。

如果善于利用宏定义,可以实现程序的简化,如可以事先将程序中的"输出格式"定义好,以减少在输出语句中每次都要写出具体的输出格式的麻烦。

例 9.7 宏定义的应用。

```
#define  PR   printf
#define  NL   "\n"
#define  D    "%d"
#define  D1   D NL
#define  D2   D D NL
#define  D3   D D D NL
#define  D4   D D D D NL
#define  S    "%s"
main( )
{
   int a,b,c,d ;
   char string[] = "C Book" ;
   a = 1 ;b = 2 ;c = 3 ;d = 4 ;
   PR(D1,a);
   PR(D2,a,b);
   PR(D3,a,b,c);
   PR(D4,a,b,c,d);
   PR(S,string);
}
```

程序执行结果如下:

```
1
12
123
1234
C Book
```

9.2 "文件包含"处理

利用文件包含命令可以使当前源文件包含另外一个源文件的全部内容,即将另外的文件包含到本文件之中。C 语言提供了 #include 命令来实现"文件包含"的操作。其一般格式为:
   #include "文件名"
请参照下例来理解"文件包含"命令。

例 9.8　文件包含预处理命令的应用。

```
/ * file2.c * /
int f(x)
int x;
{
 return (x * 2);
 }
/ * file1.c * /
♯ include "file2.c"
main( )
{
  int i,sum = 0;
  for (i = 1;i< = 100;i + +)
    sum = sum + f(i);
  printf("The sum is  % d",sum);
}
```

运行结果如下：

```
The sum is 200
```

在这个程序中，file1.c 中使用了文件包含预处理命令，它的作用相当于将 file2.c 的整个内容复制过来。在预处理过程中，用 file2.c 的内容替换文件包含的命令行，这个程序在编译时，是作为一个源文件来编译，因此只生成一个目标文件 file1.obj。

在程序设计中，文件包含是很有用的。一个大型程序最好分成几个文件，每个文件包括几个相关函数。有些常量和带参数的宏定义要被各个函数所共享，为避免在各个文件开头重复打入这些信息，从而造成时间的浪费和可能出现的错误，可以把它们单独构成一个文件，在其它文件的开头写上文件包含命令。同样也可以将比较常用的函数，比如求最大值、最小值、排序等做成一个文件，在编写其它程序时，如果用到这些函数，只需用一条 ♯ include 命令将该文件包含进来。这样就可以有效的节省程序设计人员的输入量，提高程序的可读性。而且，如果需要修改一些常数或宏定义时，不必修改每个程序，只需修改一个文件即可。但是应当注意，被包含文件修改后，凡是包含此文件的所有文件都要全部重新编译。

一般情况下，♯ include 命令常写在源文件的头部，因此将被包含的文件称为头文件。而且常用".h"(h 为 head 的缩写)作为头文件的后缀名，当然不用".h"为后缀，而用".c"为后缀也是可以的，用".h"作后缀更能表示此文件的性质。

说明：

(1)一个 ♯ include 命令只能包含一个文件。如果要包含多个文件，则要用多个 ♯ include 命令。

(2)文件包含命令实际上是以指定文件的整个内容来替换 ♯ include 命令行，所以要注意文件的包含顺序。如果文件 1 包含文件 2，而文件 2 要用到文件 3 的内容，则可在文件 1 中用两个 include 命令分别包含文件 2 和文件 3，而且文件 3 应该出现在文件 2 之前，即在 file1.c

中定义：

```
# include   "file3.h"
# include   "file2.h"
         …
```

这样，文件 1 和文件 2 都可以用文件 3 的内容，而在文件 2 中不必再用＃include　"file3. h"。注意如果上面两句反过来，很可能会出现要使用的内容未被定义的编译错误。

(3)在一个被包含文件中又可以包含另一个被包含文件，即文件包含是可以嵌套的。例如，上面的问题也可以这样来解决：

在文件 1 中定义：＃include　"file2. h"

在文件 2 中定义：＃include　"file3. h"

(4)＃include"文件名 A"　中的双引号也可以写成＜＞，即＃include ＜文件名 A＞，都是合法的。C 语言规定，用双引号表示先在引用被包含文件的源文件所在目录进行查找文件 A，如果查不到，再按系统指定的标准方式检索其它目录。而用尖括号表示直接按系统指定的标准方式检索文件目录，这种方式一般适用于包含库函数的头文件，如＃include ＜math. h＞。一般说，用双引号比较保险，不会找不到(除非不存在此文件)。当然如果已经知道要包含的文件不在当前的子目录内，那么可以用"＜文件名＞"形式。

9.3　条件编译

在一般情况下，源程序中的所有行都要被编译。但是有时希望对其中一组语句行只在一定条件满足的情况下，才进行编译，也就是对一组语句行指定编译的条件，这就是"条件编译"。条件编译命令即用来根据外部定义的条件去编译不同的程序部分，这样就使得同一源程序在不同编译条件下，可得到不同的目标代码文件，从而有利于程序的移植和调试。

条件编译命令有以下几种格式。

1. 格式 1

```
# ifdef   标识符
   程序段 1
# else
   程序段 2
# endif
```

这种格式的作用是：当标识符已经被定义过(用＃define 命令)，则对程序段 1 进行编译，否则对程序段 2 进行编译。

2. 格式 2

上面的格式中，＃else 和程序段 2 是可以省略的。例如：

```
# ifdef   标识符
   程序段 1
# endif
```

这种格式的作用是：如果标识符用＃define 命令定义过，则程序段 1 被编译。

说明：

（1）在上面的两种格式中，都需要判断一个条件：如果标识符用＃define 命令定义过。
例如：

＃define DEBUG 1

＃define DEBUG 0

＃define DEBUG

这三种形式，都可以认为标识符 DEBUG 已经被定义过了。

例 9.9　关于条件编译。

```
    #define DEBUG
    main( )
    {
     int i,sum = 0;
     for (i = 1;i< = 10;i + +)
        {sum = sum + 2;
            #ifdef DEBUG
                printf("%d\n",sum);
            #endif
        }
        printf("The sum is %d",sum);
    }
```

运行结果如下：

```
    4
    6
    8
    10
    12
    14
    16
    18
    20
    The sum is 20
```

如果缺少＃define 命令行，即程序如下：

例 9.10　关于条件编译。

```
main( )
{
 int i,sum = 0;
 for (i = 1;i< = 10;i + +)
    { sum = sum + 2;
```

```
        #ifdef DEBUG
            printf("% d\n",sum);
            #endif
        }
    printf("The sum is % d",sum);
}
```

运行结果如下：

```
        The sum is 20
```

这是调试程序的一个方法,有时希望将一些中间变量的值显示出来以供调试。这样可以使用条件编译,定义一个符号,让程序显示中间变量;而不定义这个符号,程序只能显示最终结果。

(2)在上面的格式中,"程序段"可以是一些语句,也可以是预编译命令。

3. 格式 3

```
#ifndef    标识符
    程序段 1
#else
    程序段 2
#endif
```

只是第一行与第一种格式不同:将"ifdef"改为"ifndef"。当然,其中的 else 也可以没有。它的作用是:若标识符未被定义,则编译程序段 1,否则编译程序段 2。这种格式与第一种格式的作用相反。

第一种格式和第三种格式用法差不多,根据需要任选一种,试方便而定。例如,将例 9.10 的条件编译段改为:

```
#ifndef DEBUG
printf("% d\n",sum);
#endif
```

即可产生与例 9.9 相同的结果。

4. 格式 4

```
#if    表达式
    程序段 1
#else
    程序段 2
#endif
```

它的作用是:当指定的表达式的值为真(非零),则编译程序段 1,否则编译程序段 2。

注意:这个表达式不是运行时的表达式,必须是在编译时就能知道它的值,一般是用 # define 命令定义过,参照下例。

例 9.11 关于条件编译。

```
#define LETTER   1
main( )
{
  int i,n;
  char c;
  char ch[]="My name is Shi_Jin!";
  n=strlen(c);
  for(i=0;i<n;i++);
   { c=ch[i];
        #if LETTER
        if (c>='a'&&c<='z') c=c-32;
        #else
        if (c>='A'&&c<='Z') c=c+32;
        #endif
        printf("%c",c);
   }
 }
```

运行结果如下：

　　　　MY NAME IS SHI_JIN!

现在先定义 LETTER 为 1,这样在预处理条件编译命令时,由于 LETTER 为真(非零),则对第一个 if 语句进行编译,运行时使小写字母变为大写。

若将 #define LETTER　1 变为:

　　　　#define LETTER　0

在预处理时,对第二个 if 进行编译处理,使大写字母变小写字母(大写字母与相应的小写字母的 ASCII 代码差 32)。此时运行结果如下:

　　　　my name is shi_jin!

有的读者会问:不用条件编译命令而直接用 if 语句也能直接达到要求,用条件编译命令有什么好处呢? 此问题完全可以不用条件编译处理,但那样做目标程序长(因为所有语句都编译),而采用条件编译,可以减少被编译的语句,从而减少目标程序的长度。当条件编译段比较长时,目标程序长度可以大大减少。

本章介绍的预编译功能是 C 语言特有的,有利于程序的可移植性,增加程序的灵活性。

习　题

1. 什么是宏替换? 简述带参数的宏替换与函数的区别。
2. 求三个整数的平均值,用带参的宏来实现。
3. 交换两个变量的值,用带参的宏来实现。
4. 设有以下程序:

```
#define   PR1(x)   printf("%d",x);putchar('\n')
#define   PR2(x,y)  PR1(x);PR1(y)
main( )
{
  int  a = 10,b = 20;
  PR1(a); PR(a,b);
  }
```

写出 PR1(a)和 PR2(a,b)宏替换后的情况,并写出运行结果。

5. 求三个整数的最大值,分别用函数和带参的宏来实现。

6. 已知文件 f1 和 f2 的内容如下:

```
f1.c
f1( )
{
  printf("f1:\n");
  }
f2.c
f2( )
{
  printf("f2:\n");
  }
```

用文件包含的方法,编写主函数,要求程序的运行结果为:

```
f1:
f2:
fm:
```

7. 用条件编译方法实现以下功能:

输入一行电报文字,可以任选两种输出,一为原文输出;一为将字母变成其下一个字母(如 'a'变成'b',…,'z'变成'a'。其它字符不变)。用 #define 命令来控制是否要译成密码。例如:

```
#define   CHANGE   1
```

则输出密码。若

```
#define   CHANGE   0
```

则不译密码,按原码输出。

附　录

附录 1　ASCII 编码表

符号	十进制	八进制	十六进制	符号	十进制	八进制	十六进制
（NULL）	0	000	00		31	037	1F
	1	001	01	空格符	32	040	20
	2	002	02	!	33	041	21
	3	003	03	"	34	042	22
	4	004	04	♯	35	043	23
	5	005	05	$	36	044	24
	6	006	06	%	37	045	25
BEEP	7	007	07	&	38	046	26
	8	010	08	'	39	047	27
'\t'	9	011	09	(	40	050	28
'\n'	10	012	0A	)	41	051	29
'\v'	11	013	0B	*	42	052	2A
'\f'	12	014	0C	+	43	053	2B
'\r'	13	015	0D	,	44	054	2C
	14	016	0E	—	45	055	2D
	15	017	0F	.	46	056	2E
	16	020	10	/	47	057	2F
	17	021	11	0	48	060	30
	18	022	12	1	49	061	31
	19	023	13	2	50	062	32
	20	024	14	3	51	053	33
	21	025	15	4	52	054	34
	22	026	16	5	53	055	35
	23	027	17	6	54	056	36
	24	030	18	7	55	057	37
	25	031	19	8	56	060	38
	26	032	1A	9	57	061	39
ESC	27	033	1B	:	58	062	3A
	28	034	1C	;	59	063	3B
	29	035	1D	<	60	064	3C

符号	十进制	八进制	十六进制	符号	十进制	八进制	十六进制
	30	036	1E	=	61	065	3D
>	62	076	3E	_	95	137	5F
?	63	077	3F	、	96	140	60
@	64	100	40	a	97	141	61
A	65	101	41	b	98	142	62
B	66	102	42	c	99	143	63
C	67	103	43	d	100	144	64
D	68	104	44	e	101	145	65
E	69	105	45	f	102	146	66
F	70	106	46	g	103	147	67
G	71	107	47	h	104	150	68
H	72	110	48	i	105	151	69
I	73	111	49	j	106	152	6A
J	74	112	4A	k	107	153	6B
K	75	113	4B	l	108	154	6C
L	76	114	4C	m	109	155	6D
M	77	115	4D	n	110	156	6E
N	78	116	4E	o	111	157	6F
O	79	117	4F	p	112	160	70
P	80	120	50	q	113	161	71
Q	81	121	51	r	114	162	72
R	82	122	52	s	115	163	73
S	83	123	53	t	116	164	74
T	84	124	54	u	117	165	75
U	85	125	55	v	118	166	76
V	86	126	56	w	119	167	77
W	87	127	57	x	120	170	78
X	88	130	58	y	121	171	79
Y	89	131	59	z	122	172	7A
Z	90	132	5A	{	123	173	7B
[	91	133	5B	|	124	174	7C
\	92	134	5C	}	125	175	7D
]	93	135	5D	~	126	176	7E
ˆ	94	136	5E		127	177	7F

附录 2　运算符的优先级和结合性

优先级	运算符	含义	要求操作数的个数	结合方向
1	（ ） [ ] —> .	圆括号 下标运算符 指向运算符 成员运算符	2	自左至右
2	! ~ + + — — — （类型） * & sizeof	逻辑非运算符 按位取反运算符 自增运算符 自减运算符 负号运算符 类型转换运算符 指针运算符 取地址运算符 长度运算符	11	自右至左
3	* / %	乘法运算符 除法运算符 求余运算符	2	自左至右
4	+ —	加法运算符 减法运算符	2	自左至右
5	<< >>	左移运算符 右移运算符	2	自左至右
6	< <= > >=	关系运算符	2	自左至右
7	= = ! =	等于运算符 不等于运算符	2	自左至右
8	&	按位与运算符	2	自左至右
9	∧	按位异或运算符	2	自左至右
10	¦	按位或运算符	2	自左至右
11	& &	逻辑与运算符	2	自左至右
12	¦¦	逻辑或运算符	2	自左至右
13	?:	条件运算符	3	自右至左
14	= += —= *= /= %= >>= <<= &= ∧= ¦=	复合的赋值运算符	2	自右至左
15	,	逗号运算符		自左至右

附录 3　C 库函数

ANSI C 标准为应用程序设计人员提供了 500 多个库函数，其功能覆盖了程序设计的方方面面，为每个程序员所必须掌握。在本附录中，列出一些比较常用的部分库函数，供读者参考。

1. 输入输出函数

使用以下输入输出函数时，应该在源文件中使用。

♯ include "stdio. h"

函数名	函数和形参类型	功　能	返回值	说明
clearerr	void clearerr(fp) FILE * fp;	清除文件指针错误指示器	无	
close	int close(fd) int fd;	关闭文件	关闭成功返回 1，不成功，返回－1	非 ANSI 标准
creat	int creat(filename, mode) char * filename; int mode;	以 mode 所指的方式建立文件	成功则返回正数，否则返回－1	非 ANSI 标准
eof	int eof(fd) int fd;	检查文件是否结束	遇文件结束，返回 1；否则返回 0	非 ANSI 标准
fclose	int fclose(fp) FILE * fp;	关闭 fp 所指的文件，释放文件缓冲区	有错则返回非 0，否则返回 0	
feof	int feof(fp) FILE * fp;	检查文件是否结束	遇文件结束符返回非 0；否则返回 0	
fgetc	fgetc(fp) FILE * fp;	从 fp 所指定的文件中取得下一个字符	返回所得到的字符，若出错，返回 EOF。	
fgets	char * fgets(buf,n,fp) char * buf; int n; FILE * fp;	从 fp 所指定的文件中，读取一个长度为（n－1）的字符串，存入起始地址为 buf 的空间	返回地址 buf，若遇文件结束或出错，返回 NULL	
fopen	FILE ＊ fopen（filename, mode） char * filename, * mode;	以 mode 所指定的方式打开名为 filename 的文件	成功返回一个文件指针（文件信息区的起始地址），否则返回 0	
fprintf	int fprintf（fp, format, args, …） FILE * fp; char * format;	把 args 的值以 format 指定的格式输出到 fp 所指定的文件中	实际输出的字符数	

函数名	函数和形参类型	功　能	返回值	说明
fputc	int fputc(ch,fp) char ch; FILE * fp;	将字符 ch 输出到 fp 指向的文件中	成功,则返回该字符;否则返回 EOF	
fputs	int fputs(str,fp) char * str; FILE * fp;	将 str 指向的字符串输出到 fp 所指向的文件中	成功,则返回 0;若出错,返回非 0	
fread	int fread(pt,size,n,fp) char * pt; unsigned size; unsigned n; FILE * fp;	从 fp 所指定的文件中读取长度为 size 的 n 个数据项,存到 pt 所指向的内存区	返回所读的数据项个数,如遇文件结束或出错返回 0	
fscanf	int fscanf(fp, format, args, …) FILE * fp; char format;	从 fp 所指定的文件中按 format 给定的格式将输入数据送到 args 所指向的内存单元(args 是指针)	已输入的数据个数	
fseek	int fseek(fp,offset,base) FILE * fp; long offset; int base;	将 fp 所指向的文件的位置指针移到以 base 所指出的位置为基准、以 offset 为位移量的位置	返回当前位置,否则,返回-1	
ftell	long ftell(fp) FILE * fp;	返回 fp 所指向的文件中的读写位置	返回 fp 所指向的文件中的读写位置	
fwrite	int fwrite(ptr,size,n,fp) char * ptr; unsigned size; unsigned n; FILE * fp;	把 ptr 所指的 n * size 各字节输出到 fp 所指向的文件中	写到 fp 文件中的数据项的个数	
getc	int getc(fp) FILE * fp;	从 fp 所指向的文件中读入一个字符	返回所读的字符,若文件结束或出错,返回 EOF	
getchar	int getchar( )	从标准输入设备读取下一个字符	所读的字符,若文件结束或出错返回-1	
getw	int getw(fp) FILE * fp;	从 fp 所指向的文件中读入一个字(整数)	输入的整数,若文件结束或出错返回-1	非 ANSI 标准

函数名	函数和形参类型	功　能	返回值	说明
open	int open(filename,mode) char * filename; int mode;	以 mode 指出的方式打开已经存在的名为 filename 的文件	返回文件号(正数)。如果打开失败,则返回-1	非 ANSI 标准
printf	int printf(format,args) char * format;	把输出列表 args 的值输出到标准输出设备	输出字符的个数,若出错,则返回负数	
putc	int putc(ch,fp) int ch; FILE * fp;	把一个字符 ch 输出到 fp 所指的文件中	输出的字符 ch,若出错,返回 EOF	
putchar	int putchar(ch) char ch;	把字符 ch 输出到标准输出设备	输出的字符 ch,若出错,返回 EOF	
puts	int puts(str) char * str;	把 str 指向的字符串输出到标准输出设备,将'\0'转换为回车换行	返回换行符,若失败,返回 EOF	
putw	int putw(w,fp) int w; FILE * fp;	将一个整数 w(即一个字)写到 fp 指向的文件中	返回输出的整数,若出错,返回 EOF	非 ANSI 标准
read	int read(fd,buf,count) int fd; char * buf; unsigned count;	从文件号 fd 所指示的文件中读 count 个字节到由 buf 指示的缓冲区中	返回真正读入的字节个数,若遇文件结束返回 0,出错返回-1	非 ANSI 标准
rename	int rename (oldname, newname) char * oldname; char * newname;	把由 oldname 所指的文件名改为由 newname 所指的文件名	成功返回 0,出错返回-1	
rewind	void rewind(fp) FILE * fp;	将 fp 指示文件中的位置指针置于文件开头位置,并清除文件结束标志和错误标志	无	
scanf	int scanf(format,args,…) char * format;	从标准输入设备按 format 指定的格式,输入数据给 args 所指向的单元	读入并赋给 args 的数据个数,遇文件结束返回 EOF,出错返回 0	
write	int write(fd,buf,count) int fd; char * buf; unsigned count;	从 buf 指示的缓冲区输出 count 个字符到 fd 所标志的文件中	返回实际输出的字节数,如出错返回-1	

86756556

---

2. 字符函数和字符串函数

使用以下字符串函数时,应该在源文件中使用:

♯ include "string.h"

使用以下字符函数时,应该在源文件中使用:

♯ include "ctype.h"

函数名	函数和形参类型	功　能	返　回　值	包含文件
isalnum	int isalnum(ch) int ch;	检查 ch 是否是字母(al-pha)或数字(number)	是字母或数字返回1,否则返回0	ctype.h
isalpha	int isalpha(ch) int ch;	检查 ch 是否是字母	是,返回1; 不是,返回0	ctype.h
iscntrl	int iscntrl(ch) char ch;	检查 ch 是否为控制字符(其 ASCII 码在 0 和 0x1F 之间)	是,返回1; 不是,返回0	ctype.h
isdigit	int isdigit(ch) char ch;	检查 ch 是否数字(0 到 9)	是,返回1; 不是,返回0	ctype.h
isgraph	int isgraph(ch) char ch;	检查 ch 是否可打印字符(其 ASCII 码在 0x21 到 0x7E 之间),不包括空格	是,返回1; 不是,返回0	ctype.h
islower	int islower(ch) char ch;	检查 ch 是否小写字母(a 到 z)	是,返回1; 不是,返回0	ctype.h
isprint	int isprint(ch) char ch;	检查 ch 是否可打印字符(包括空格),其 ASCII 码在 0x20 到 0x7E 之间	是,返回1; 不是,返回0	ctype.h
ispunct	int ispunct(ch) char ch;	检查 ch 是否标点符号,即除字母、数字和空格以外的所有可打印字符	是,返回1; 不是,返回0	ctype.h
isspace	int isspace(ch) char ch;	检查 ch 是否空格、跳格符(制表符)或换行符	是,返回1; 不是,返回0	ctype.h
isupper	int isupper(ch) char ch;	检查 ch 是否大写字母(A 到 Z)	是,返回1; 不是,返回0	ctype.h

续表

函数名	函数和形参类型	功 能	返 回 值	包含文件
isxdigit	int isxdigit(ch) char ch;	检查 ch 是否一个十六进制数学符号(即 0 到 9,或 a 到 f,A 到 F)	是,返回 1; 不是,返回 0	ctype.h
strcat	char * strcat (str1,str2) char * str1, * str2;	把字符串 str2 接到 str1 后面,str1 最后面的'\0'被取消	返回 str1	string.h
strchr	char * strchr(str, ch) char * str; int ch;	找出 str 指向的字符串中第一次出现字符 ch 的位置	返回指向该位置的指针,如找不到,则返回空指针	string.h
strcmp	int strcmp(str1,str2) char * str1, * str2;	比较两个字符串 str1、str2	str1<str2,返回负数;str1 = str2,返回 0;str1>str2 返回正数	string.h
strcpy	char * strcpy (str1,str2) char * str1, * str2;	把 str2 指向的字符串拷贝到 str1 中去	返回 str1	string.h
strlen	unsigned int strlen(str) char * str;	统计字符串 str 中的字符个数(不包括终止符'\0')	返回字符个数	string.h
strstr	char * strstr (str1,str2) char * str1, * str2;	找出 str2 字符串在 str1 字符串中第一次出现的位置(不包括 st2 的串结束符)	返回该位置的指针,若找不到,返回空指针	string.h
tolower	int tolower(ch) char ch;	将 ch 字符转换为小写字母	返回 ch 所代表的字符的小写字母	ctype.h
toupper	int toupper(ch) char ch;	将 ch 字符转换为大写字母	返回 ch 所代表的字符的大写字母	ctype.h

3. 数学函数

使用以下数学函数时,应该在源文件中使用:
include "math.h"

函数名	函数参数和形参类型	功　能	返　回　值	说　明
acos	double acos(x) double x;	计算 $\cos^{-1}(x)$ 的值	计算结果	x 应在 −1 到 1 范围内
asin	double asin(x) double x;	计算 $\sin^{-1}(x)$ 的值	计算结果	x 应在 −1 到 1 范围内
atan	double atan(x) double x;	计算 $\tan^{-1}(x)$ 的值	计算结果	
atan2	double atan2(x,y) double x,y;	计算 $\tan^{-1}(x/y)$ 的值	计算结果	
cos	double cos(x) double x;	计算 $\cos(x)$ 的值	计算结果	x 的单位为弧度
cosh	double cosh(x) double x;	计算 x 双曲余弦 $\cosh(x)$ 的值	计算结果	
exp	double exp(x) double x;	计算 e^x 的值	计算结果	
fabs	double fabs(x) double x;	计算 x 的绝对值	计算结果	
floor	double floor(x) double x;	求出不大于 x 的最大整数	该整数的双精度实数	
fmod	double fmod(x,y) double x,y;	计算 x/y 的余数	返回余数的双精度数	
函数名	函数类型和形参类型	功　能	返　回　值	说　明
frexp	double frexp(val, eptr) double val; int * eptr;	把双精度数 val 分解为数字部分（尾数）x 和以 2 为底的指数 n，即 val = x * 2^n，n 存放在 eptr 指向的变量中	返回数字部分 x $0.5 \leqslant x < 1$	
log	double log(x) double x;	计算 lnx 的值	计算结果	
log10	double log10(x) double x;	计算 $\log_{10} x$ 的值	计算结果	

续表

函数名	函数类型和形参类型	功　能	返 回 值	说　明
modf	double modf(val, iptr) double val; int * iptr;	把双精度数 val 分解为整数部分和小数部分,把整数部分存到 iptr 指向的单元	val 的小数部分	
pow	double pow(x,y) double x,y;	计算 x^y 的值	计算结果	
sin	double sin(x) double x;	计算 sin(x)的值	计算结果	x 的单位为弧度
sinh	double sinh(x) double x;	计算 x 双曲正弦 sinh(x)的值	计算结果	
sqrt	double sqrt(x) double x;	计算$\sqrt{x}$的值	计算结果	x≥0
tan	double tan(x) double x;	计算 tan(x)的值	计算结果	x 的单位为弧度
tanh	double tanh(x) double x;	计算 x 双曲正弦 tanh(x)的值	计算结果	

附录 4　编译错误信息

Turbo C 编译程序检查源程序中三类出错信息:致命错误、一般错误和警告。

致命错误出现很少,它通常是内部编译出错。在发生致命错误时,编译立即停止,必须采取一些适当的措施并重新编译。

一般错误指程序的语法错误、磁盘或内存存取错误或命令错误等。编译程序将根据事先设定的出错中个数来决定是否停止编译。编译程序在每个阶段(预处理、语法分析、优化、代码生成)尽可能多地发现源程序中的错误。

警告并不阻止编译进行。它指出一些值得怀疑的情况,而这些情况本身又有可能合理地成为源程序的一部分。如果在源文件中使用了与机器有关的结构,编译也将产生警告信息。

编译程序首先输出这三类错误信息,然后输出源文件名和发现出错的行号,最后输出信息的内容。

下面按字母顺序分别列出这三类错误信息。对每一条信息,提供可能产生的原因和修正方法。

请注意错误信息处有关行号的一些细节:编译程序只产生被检测到的信息。因为 C 并不限定在正文的某行放一条语句,这样,真正产生错误的行可能在编译指出的前一行或几行。在下面的信息列表中,我们指出了这种可能。

1. 致命错误

（1）Bad call of in—line function 内部函数非法调用

在使用一个宏定义的内部函数时，没有正确调用。内部函数以双下划线（_ _）开始和结束。

（2）Irreducible expression tree 不可约表注式树

这种错误是由于源文件中的某些表注式使得代码生成程序无法为它产生代码。这种表述式必须避免使用。

（3）Register allocation failure 存储器分配失效

这种错误指的是源文件行中的表注式太复杂，代码生成程序无法为它生成代码。此时应简化这种繁杂的表述式或干脆避免使用它。

2. 一般错误

（1）♯operatort not followed by macro argument name

♯运算符后无宏变量名。在宏定义中，♯用于标识一宏变量名。"♯"后必须限一宏变量名。

（2）"xxxxxxxx"not an argument

"xxxxxxxx"不是函数参数。在源程序中将该标识符定义为一个函数参数，但此标识符没有在函数表中出现。

（3）Ambiguous symbol"xxxxxxxx"

二义性符号"xxxxxxxx"。两个或多个结构体的某一域名相同，但具有的偏移、类型不同。在变量或表注式中引用该域而未带结构体名时，将产生二义性，此时需修改某个城名或在引用时加上结构体名。

（4）Argument ♯ missing name

参数♯名丢失。参教名已脱离用于定义函数的函数原型。如果函数以原型定义，该函数必须包含所有的参数名。

（5）Argument list syntax error

参数表出现语法错误。函数调用的参数间必须以逗号隔开，并以一右括号结束。若源文件中含有一个其后不是逗号也不是右括号的参数，则出错。

（6）Array bounds missing

数组的界限符"]"丢失。在源文件中定义了一个数组，但此数组没有以一方括号结束。

（7）Array size too large

数组长度太大。定义的数组太大，可用内存不够。

（8）Assembler statement too long

汇编语句太长。内部汇编语句最多不能超过 480 字节。

（9）Bad configuration file

配置文件不正确。TURBOC.CFG 配置文件中包含不是合适命令行选择项的非注解文字。配置文件命令选择项必须以一短横线（一）开始。

（10）Bad file name format in include directive

使用♯include 指令时，文件名格式不正确。include 文件名必须用双撇号（"filename. h"）

或尖括号(<filename. h>)括起来,否则将产生此类错误。如果使用了宏,刚产生的扩展正文也不正确(因力无引号)。

(11) Bad ifdef directive syntax

ifdef 指令语法错误。♯ifdef 必须包含一个标识符(不能是任何其他东西)作为该指令体。

(12) Bad ifndef directive syntax

ifndef 指令语法错误。♯ifndef 必须包含一个标识符(不能是任何其他来西)作为该指令体。

(13) Bad undef directive syntax

undef 指令语法错误。♯ifdef 必须包含一个标识符(不能是任何其他东西)作为该指令体。

(14) Bad file size syntax

位字段长度语法错误。一个位字段必须是 1−16 位的常量表注式。

(15) Call of non-function

调用未定义函数。正被调用的函数未定义,通常是由于不正确的函数声明或函数名拼错造成的。

(16) Cannot modify const object

不能修改一个常量对象。对定义为常量的对象进行不合法操作(如常量赋值)引起此类错误。

(17) Case outside of switch

Case 出现在 switch 外。编译程序发现 Case 语句出现在 switch 语句外面,通常是由于括号不匹配造成的。

(18) Case statement missing

Case 语句漏掉。Case 语句必须包含一以冒号终结的常量表注式。可能的原因是丢了 冒号或在冒号前多了别的符号。

(19) Case syntax error

Case 语法错误。Case 中包含了一些不正确符号。

(20) Character constant too long

字符常量太长。字符常量只能是一个字符长。

(21) Compound statement missing

复合语句漏掉了大括号“}”。编译程序扫描到源文件末时。未发现结束大括号,通常是由于大括号不匹配造成的。

(22) Conflicting type modifiers

类型修饰符冲突。对同一指针,只能指定一种变址修饰符(如 near 或 far);而对于同一函数,也只能给出一种语言修饰符(如 cdecl、pascal 或 interrupt)。

(23) Constant expression required

要求常量表述式。数组的大小必须是常量,此类错误通常是由于 ♯ define 常量的拼写出错而引起的。

(24) Could not find "xxxxxxxx"

找不到“xxxxxxxx”文件。编译程序找不到命令行上给出的文件。

（25）Declaration missing

说明漏掉";"。在源文件中包含了一个 struct 或 union 域声明,但后面漏掉了分号。

（26）Declaration needs type or storage class

说明必须给出类型或存储类。说明必须包含一个类型或一个存储类。

（27）Declartion syntax error

说明出现语法错误。在源文件中,某个说明丢失了某些符号或有多余的符号。

（28）Default outside of switch

Default 在 switch 外出理。编译程序发现 default 语句出现在 switch 语句之外,通常是由于括号不匹配造成的。

（29）Default directive needs an identifier

Default 指令必须有一个标识符。♯ define 后面的第一个非空格符必须是一个标识符,若编译程序发现一些其他字符,刚出现本错误。

（30）Division by Zero

除数为零。源文件的常量表述式中,出现除数为零的情况。

（31）Do statement must have while

Do 语句中必须有 while。源文件中包含一个无 while 关键字的 do 语句时,出现此类错误。

（32）Do-while statement missing（

Do-while 语句中漏掉了"（"。在 do 语句中,编译程序发现 while 关健字后无左括号。

（33）Do-while statement missing ）

Do-while 语句中漏掉了"）"。在 do 语句中,编译程序发现条件表注式后无右括号。

（34）Do-while statement missing ；

Do-while 语句中漏掉了分号。在 do 语句中的条件表注式中,编译程序发现右括号后面无分号。

（35）Duplicate Case

Case 后的常量表达式重复。switch 语句的每个 case 必须有一个唯一的常量表注式 值。

（36）Enum syntax error

Enum 语法出现错误。enum 说明的标识符表的格式不对。

（37）Enumeration constant syntax error

枚举常量语法错误。赋给 enum 类型变量的表达式值不为常量。

（38）Error Directive：xxx

Error 指令：xxx。源文件处理 ♯ error 指令时,显示该指令的信息。

（39）Error writing output file

写输出文件出现错误。通常是由于磁盘空间满造成的,尽量删掉一些不必要的文件。

（40）Expression syntax

表达式语法错误。当编译程序分析一表达式发现一些严重错误时,出现此类错误,通常是由于两个连续操作符、括号不匹配或缺少括号、前一语句漏掉了分号等引起的。

（41）Extra parameter in call

调用时出现多余参数。调用函数时,其实际参数个数多于函数定义中的参数个数。

(42) Extra parameter in call to xxxxxxxx

调用 xxxxxxxx 函数时出现了多余的参数。其中该函数由原型定义。

(43) File name too long

文件名太长。♯ include 指令给出的文件名太长，编译程序无法处理。DOS 下的文件名不能超过 64 个字符。

(44) For statement missing(

For 语句漏掉"("。编译程序发现在 for 关键字后缺少左括号。

(45) For statement missing)

For 语句缺少")"。在 for 语句中，编译程序发现在控制表达式后缺少右括号。

(46) For statement missing ;

For 语句缺少";"。在 for 语句中，编译程序发现在某个表达式后缺少分号。

(47) Function call missing)

函数调用缺少")"。函数调用的参数表有几种语法错误，如左括号漏掉或括号不匹配。

(48) Function definition out of place

函数定义位置错误。函数定义不可出现在另一函数内。函数内的任何说明，只要以类似于带有一个参数表的函数开始，就被认为是一个函数定义。

(49) Function doesn't take a variable number of arguments

函数不接受可变的参数个数。源文件中的某个函数内使用了 va_start 宏，此函数不能接受可变数量的参数。

(50) Goto statement missing label

Goto 句缺少标号。在 goto 关键字后面必须有一个标识符。

(51) If statement missing(

If 语句缺少"("。在 if 语句中，编译程序发现 if 关键字后面缺少左括号。

(52) If statement missing)

If 语句缺少")"。在 if 语句中，编译程序发现测试表达式后缺少右括号。

(53) Illegal character ')'(0xxx)

非法字符'('('0xxx)。编译程序发现输入文件中有一些非法字符。以十六进制方式打印该字符。

(54) Illegal initialization

非法初始化。初始化必须是常量表述式或一全局变量 extern 或 static 的地址减一常 量。

(55) Illegal octal digit

非法八进制数。编译程序发现在一个八进制常数中包含了非八进制数字(8 或 9)。

(56) Illegal pointer subtraction

非法指针相减。这是由于试图以一个非指针变量减去一个指针变量而造成的。

(57) Illegal structure operation

非法结构体操作。结构体只能使用(.)、取地址(&)和赋值(＝)操作符，或作为函数的参数传递。当编译程序发现结构体使用了其他操作符时，出现此类错误。

(58) illegal use of floating point

浮点运算非法。浮点运算操作数不允许出现在移位、按位逻辑操作、条件(?:)、间接引用

(.)以及其他一些操作符中。编译程序处理上述操作符中使用了浮点操作数时,出现此类错误。

(59) Illegal use of pointer

指针使用非法。指针只能在加、减、赋值、比较、间接引用(.)或指向(->)操作中使用。如用其他操作符,刚出现此类错误。

(60) Improper use of a typedef symbol

typedef 符号使用不当。源文件中使用了 typedef 符号,变量应在一个表达式中出现。检查一下此符号的说明和可能的拼写错误。

(61) In-line assembly not allowed

内部汇编语句不允许。源文件中含有直接插入的汇编语句,若在集成坏境下进行编译,则出现此类错误。必须使用 TCC 命令行编译此源文件。

(62) Incompatible storage class

不相容的存储类。源文件的一个函数定义中使用了 extern 关键字,而只有 static(或根本没有存储类型)允许在函数说明中出现。Extern 关键字只能在所有函数外说明。

(63) Incompatible type conversion

不相容的类型转换。源文件中试图把一种类型转换成另一种类型。但这两种类型是不相容的。如函数与非函数间转换、一种结构或数组与一种标准类型转换、浮点数和指针间转换等。

(64) Incorrect command line argument:xxxxxxxx

不正确的命令行参数:xxxxxxxx。编译程序认为此命令行参数是非法的。

(65) Incorrect configuration file argument:xxxxxxxx

不正确的配置文件参数:xxxxxxxx。编译程序认为此配置文件是非法的。检查一下前面的短横线(-)。

(66) Incorrect number format

不正确的数据格式。编译程序发现在十六进制数中出现十进制小数点。

(67) Incorrect use of default

default 不正确使用。编译程序发现 default 关键字后缺少冒号。

(68) Initializer syntax error

初始化语法错误。初始化过程缺少或多了操作符,括号不匹配或其他一些不正常情况。

(69) Invalid indirection

无效的间接运算。间接运算操作符(.)要求非 void 指针作为操作分量。

(70) Invalid macro argument separator

无效的宏参数分隔符。在宏定义中,参数必须用逗号相隔。编译程序发现在参数名后面有其他非法字符时,出现此类错误。

(71) Invalid pointer addition

无效的指针相加。源程序中试图把两个指针相加。

(72) Invalid use of arrow

箭头使用错误。在指向(->)操作符后必须跟一标识符。

(73) Invalid use of dot

点(.)操作符使用错。在点(.)操作符后必须跟一标识符。

(74) Lvalue required

赋值请求。赋值操作符的左边必须是一个地址表达式,包括数值变量、指针变量、结构体引用域、间接指针和数组分量。

(75) Macro argument syntax error

宏参数语法错误。宏定义中的参数必须是一个标识符。编译程序发现所需的参数不是标识符的字符,刚出现此类错误。

(76) Macro expansion too long

宏扩展太长。一个宏扩展不能多于 4096 个字符。当宏递归扩展自身时,常出现此类错误。宏不能对自身进行扩展。

(77) May compile only one file when an output file name is given

给出一个输出文件名时,可能只编译一个文件。在命令行编译中使用-O 选择,只允许一个输出文件名。此时,只编译第一个文件,其他文件被忽略。

(78) Mismatch number of parameters in definition

定义中参数个数不匹配。定义中的参数和函数原型中提供的信息不匹配。

(79) Misplaced break

break 位置错误。编译程序发现 break 语句在 switch 语句或循环结构外。

(80) Misplaced continue

Continue 位置错误。编译程序发现 continue 语句在循环结构外。

(81) Misplaced decimal point

十进制小数点位置错。编译程序发现浮点常数的指数部分有一个十进制小数点。

(82) Misplaced else

else 位置错误。编译程序发现 else 语句缺少与之相匹配的 if 语句。此类错误的产生,除了由于 else 多余外,还有可能是由于有多余的分号、漏写了大活号或前面的 if 语句出现语法错误而引起。

(83) Misplaced elif directive

elif 指令位置错。编译程序没有发现与 ♯ elif 指令相匹配的 ♯ if、♯ ifdef 或 ♯ ifndef 指令。

(84) Misplaced else directive

else 指令位置错。编译程序没有发现与 ♯ else 指令相匹配的 ♯ if、♯ ifdef 或 ♯ ifdef 指令。

(85) Misplaced endif directive

endif 指令位置错。编译程序没有发现与 ♯ endif 指令相匹配的 ♯ if、♯ ifdef 或 ♯ ifndef 指令。

(86) Must be addressable

必须是可编址的。取址操作符(&)作用于一个不可编址的对象,如寄存器变量。

(87) Must take address of memory location

必须是内存一地址。源文件中某一表达式使用了不可编地址操作符(&),如对寄存器变量。

（88）No file name ending

无文件名终止符。在♯include 语句中,文件名缺少正确的闭引号(")或尖括号(＞)。

（89）No file names given

未给出文件名。Turbo 命令行编译(TCC)中没有任何文件。编译必须有一文件。

（90）Non-portable pointer assignment

对不可移植的指针赋值。源程序中将一个指针赋给一个非指针,或相反。但作为特例,允许把常量零值赋给一个指针。如果比较恰当,可以强行抑制本错误信息。

（91）Non-portable pointer comparison

不可移植的指针比较。源程序中将一个指针和一个非指针(常量零除外)进行比较。如果比较恰当,应强行抑制本错误信息。

（92）Non-portable return type conversion

不可移植的返回类型转换。在返回语句中的表达式类型与函数税明中的类型不同。但如果函数的返回表达式是一指针,则可以进行转换。此时,返回指针的函数可能送回一个常量零,而零被转换成一个适当的指针值。

（93）Not an allowed type

不允许的类型。在源文件中说明了几种禁止了的类型,如函数返回一个函数或数组。

（94）Out of memory

内存不够。所有工作内存用完,应把文件放到一台有较大内存的机器去执行或简化源程序。此类错误也往往出现在集成开发坏境中运行大的程序,这时可退出集成开发环境,再运行你自己的程序。

（95）Pointer required on left side of

操作符左边须是一指针。

（96）Redeclaratlon of 'xxxxxxx'

'xxxxxxx'重定义。此标识符已经定义过。

（97）Size of structure or array not known

结构或数组大小不定。有些表达式(如 sizeof 或存储说明)中出现一个未定义的结构或一个空长度数组。如果结构长度不需要,在定义之前就可引用;如果数组不申请存储空间或者初始化时给定了长度,那么就可定义为空长。

（98）Statement missing ；

语句缺少";"。编译程序发现一表达式语句后面没有分号。

（99）Structure or union syntax error

结构或联合语法错误。编译程序发现在 struct 或 union 关键字后面没有标识符或左 大括号。

（100）Structure size too large

结构太大。源文件中说明了一个结构,它所需的内存区域太大以致存储空间不够。

（101）Subscripting missing]

下标缺少']'。编译程序发现一个下标表达式缺少右方括号。可能是由于漏掉或多目操作符或括号不匹配引起的。

（102）Switch statement missing(

Switch 语句缺少'('。在 Switch 语句中,关键字 Switch 后面缺少左括号。

(103) Switch statement missing)

Switch 语句缺少')'。在 Switch 语句中,变量表达式后面缺少右括号。

(104) Too few parameters in call

函数调用参数不够。对带有原型的函数调用(通过一个函数指针)参数不够。原型要求给出所有参数。

(105) too few parameters in call to'xxxxxxxx'

调用'xxxxxxxx'时参数不够。调用指定的函数(该函数用一原型声明)时,给出的参数不够。

(106) Too many cases

Case 太多。Switch 语句最多只能有 257 个 Case。

(107) Too many decimal points

十进制小数点太多。编译程序发现一个浮点常量中带有不止一个的十进制小数点。

(108) Too many default cases

default 太多。编译程序发现一个 switch 语句中有不止一个的 default 语句。

(109) Too many exponents

阶码太多。编译程序发现一个浮点常量中有不止一个的阶码。

(110) Too many in initializers

初始化太多。编译程序发现初始化比说明所允许的要多。

(111) Too many storage classes in declaration

说明中存储类太多。一个说明只允许有一种存储类。

(112) Too many types in declaration

说明中类型太多。一个说明只允许有一种下列基本类型:
char,int,float,double,struct,union,enum 或 typedef 名。

(113) Too much auto memory in function

函数中自功存储太多。当前函数声明的自功存储(局部变量)超过了可用的存储器空间。

(114) Too much code define in file

文件定义的代码太多。当前文件中函数的总长超过了 64K 字节。可以移去不必要 的代码或把源文件分开来写。

(115) Too much global data define in file

文件中定义的全程数据太多。全程数据声明的总数超过了 64K 字节。检查一下一些数组的定义是否太长。如果所有的说明都是必要的,考虑重新组织程序。

(116) Two consecutive dots

两个连续点。因为省略号包含三个点(…),而十进制小数点和选择操作符使用一个点(.),所以在 C 程序中出现两个连续点是不允许的。

(117) Type mismatch in parameter #

第 # 个参数类型不匹配。通过一个指令访问已由原型说明的参数时,给定第 # 参数(从左到右)不能转换为已说明的参数类型。

(118) Type mismatch in parameter # in call to 'xxxxxxxx'

调用'xxxxxxxx'时,第♯个参数类型不匹配。源文件中通过一个原型说明了指定的函数,而给定的参数(从左到右)不能转换为已说明的参数类型。

(119) type mismatch in parameter'xxxxxxxx'

参数'xxxxxxxx'类型不匹配。源文件中由原型说明了一个函数指针调用的函数,而所指定的参数不能转换为已说明的参数类型。

(120) Type mismatch in parameter 'xxxxxxxx'in call to'yyyyyyyy'

调用'yyyyyyy'时参数'xxxxxxxx'类型不匹配。源文件中由原型说明了一个指定的参数,而指定参数不能转换为另一个已说明的参数类型。

(121) Type mismatch in redeclaration of'xxx'

重定义类型不匹配。源文件中把一个已经说明的变量重新说明为另一种类型。如果一个函数被调用,而后又被说明成返回非整型值也会产生此类错误。在这种情况下,必须在第一个调用函数前,给函数加上 extern 说明。

(122) Unable to creat output file'xxxxxxxx. xxx'

不能创建输出文件'xxxxxxxx. xxx'。当工作软盘已满或有写保护时产生此类错误。如果软盘已满,删除一些不必要的文件后重新编译;如果软盘有写保护,把源文件移到一个可写的软盘上并重新编译。

(123) Unable to create turboc. lnk

不能创建 turboc. lnk。编译程序不能创建临时文件 TURBOC. LNK,因为它不能存取磁盘或者磁盘已满。

(124) Unable to execute command'xxxxxxxx'

不能执行'xxxxxxxx'命令。找不到 TLINK 或 MASM,或者磁盘出错。

(125) Unable to open include file'xxxxxxxx. xxx'

不能打开包含文件'xxxxxxxx. xxx'。编译程序找不到被包含文件。可能是由于一个♯include 文件包含它本身而引起的,也可能是根目录下的 CONFIG. SYS 中没 有设置能同时打开的文件个数(试加一句 files = 20)。

(126) Unable to open input file'xxxxxxxx. xxx'

不能打开输入文件'xxxxxxxx. xxx'。当编译程序找不到源文件时出现此类错误。检查文件名是否拼错或检查对应的软盘或目录中是否有此文件。

(127) Undefined lable'xxxxxxxx'

标号'xxxxxxxx'未定义。函数中 goto 语句后的标号没有定义。

(128) Undefined structure'xxxxxxxx'

结构'xxxxxxxx'未定义。源文件中使用了未经说明的某个结构。可能是由于结构名拼写错或缺少结构说明而引起。

(129) Undefined symbol'xxxxxxxx'

符号'xxxxxxxx'未定义。标识符无定义,可能是由于说明或引用处有拼写错误,也可能是由于标识符说明错误引起。

(130) Unexpected end of file in comment started on line♯

原文件在第♯中注释行中意外结束。通常是由于注释结束标志(* /)漏掉引起。

(131) Unexpected end of file in conditional stated on line♯

源文件在♯行开始的条件语句中意外结束。在编译程序遇到♯endif 前源程序结束,通常是由于♯endif 漏掉或拼写错误引起的。

(132) Unknown preprocessor directive'xxx'

不认识的预处理指令:'xxx'。编译程序在某行的开始遇到'♯'字符,但其后的指令名不是下列之一:define,undef,line,if,ifdef,ifndef,include,else 或 endif。

(133) Unterminated character constant

未终结的字符常量。编译程序发现一个不匹配的省略符。

(134) Unterminated string

未终结的串。编译程序发现一个不匹配的引号。

(135) Unterminated string or character constant

未终结的串或字符常量。编译程序发现串或字符常量开始后没有终结。

(136) User break

用户中断。在集成环境里进行编译或连接时用户按了 Ctrl—Break 键。

(137) While statement missing(

while 语句漏掉'('。在 while 语句中,关键字 while 后缺少左括号。

(138) While statement missing)

While 语句漏掉'('。在 While 语句中,关键字 while 后缺少左括号。

(139) Wrong number of arguments in of'xxxxxxxx'

调用'xxxxxxxx'时参数个数错误。源文件中调用某个宏时,参数个数不对。

3. 警告

(1) 'xxxxxxxx'declared but never used

说明了'xxxxxxxx'但未使用。在源文件中说明了此变量,但没有使用。当编译程序遇到复合语句或函数的结束处时,发出此警告。

(2) 'xxxxxxxx'is assigned a value which is never used

'xxxxxxxx'被赋值,没有使此变量出现在一个赋值语句中,但直到函数结束都未使用过。

(3) 'xxxxxxxx'not part of structure

'xxxxxxxx'不是结构的一部分。出现在点(.)或箭头(—>)左边的域名不是结构的一部分,或者点的左边不是结构,箭头的左边不指向结构。

(4) Ambiguous operators need parentheses

二义性操作符需要括号。当两个位移、关系或按位操作符在一起使用而不加括号时,发出此警告;当一加法或减法操作符不加括号与一位移操作符出现在一起时,也发出 此警告。程序员总是混淆这些操作符的优先,因为它们的优先级不太直观。

(5) Both return and return of a value used

既用返回又用返回值。编译程序发现同时有带值返回和不带值返回的 return 语句,发出此类警告。

(6) Call to function with prototype

调用无原型函数。如果"原型请求"警告可用,且又调用了一无原型的函数,就发出此类警告。

(7) Call to function'xxxx'with prototype

调用无原型的'xxxx'函数。如果"原型请求"警告可用,且又调用了一个原先没有原型的函数'xxxx',就发出本警告。

(8) Code has no effect

代码无效。当编译程序遇到一个含无效操作符的语句时,发出此类警告。如语句:
a+b,对每一变量都不起作用,无需操作,且可能引出一个错误。

(9) Constant is long

常量是 long 类型。当编译程序遇到一个十进制常量大于 32767,或一个八进制常量大 于 65535 而其后没有字母'l'或'L'时,把此常量当作 long 类型处理。

(10) Constant out of range in comparision

比较时常量超出了范围。在源文件中有一比较,其中一个常量子表达式超出了另一个子表达式类型所允许的范围。如一个无符号常量跟-1 比较就没有意义。为得到一 大于 32767(十进制)的无符号常量,可以在常量前加上 unsigned(如(unsigned) 65535)或在常量后加上字母'u'或'U'(如 65535U)。

(11) Conversion may lose significant digits

转换可能丢失高位数字。在赋值操作或其他情况下,源程序要求把 long 或 unsigned long 类型转换成 int 或 unsigned int 类型。在有些机器上,因为 int 型和 long 型变量具有相同长度,这种转换可能改变程序的输出特性。

无论此警告何时发生,编译程序仍将产生代码来做比较。如果代码比较后总是给出同样结果,比如一个字符表达式与 4000 比较,则代码总要进行测试。这还表示一个无符号表达式可以与-1 作比较,因为 8087 机器上,一个无符号表达式与-1 有相同的位模式。

(12) Function should return a value

函数应该返回一个值。源文件中说明的当前函数的返回类型既非 int 型也非 void 型,但编译程序未发现返回值。返回 int 型的函数可以不说明,因为在老版本的 C 语言中,没有 void 类型来指出函数不返回值。

(13) Mixing pointers to signed and unsigned char

混淆 signed 和 unsigned 字符指针。没有通过显式的强制类型转换,就把一个字符指针变为无符号指针,或相反。

(14) No declaration for function 'xxxxxxxx'

函数'xxxxxxxx'没有说明。当"说明请求"警告可用,而又调用了一个没有预先说明的函数时,发出此警告。函数说明可以是传统的,也可以是现代的风格。

(15) Non-portable pointer assignment

不可移植指针赋值。源文件中把一个指针赋给另一非指针,或相反。作为特例,可以把常量零赋给一指针。如果合适,可以强行抑制本警告。

(16) Non-portable pointer comparision

不可移植指针比较。源文件中把一个指针和另一非指针(非常量零)作比较。如果合适,可以强行抑制本警告。

(17) Non-portable return type conversion

不可移植返回类型转换。return 语句中的表达式类型和函数说明的类型不一致。作为特例,如果函数或返回表达式是一个指针,还是可以的,在此情况下返回指针的函 数可能返回一个常量零,被转变成一个合适的指针值。

(18) Parameter 'xxxxxxxx' is never used

参数 'xxxxxxxx' 没有使用。函数说明中的某参数在函数体里从未使用,还不一定是一个错误,通常是由于参数名拼写错误而引起。如果在函数体内,该标识符被重新定义为一个自动(局部)变量,也将出现此类警告。

(19) Possible use of 'xxxxxxxx' before definition

在定义 'xxxxxxxx' 之前可能已使用。源文件的某一表达式中使用了未经赋值的变量,编译程序对源文件进行简单扫描以确定此条件。如果该变量出现的物理位置在 对它赋值之前,便会产生此警告,当然程序的实际流程可能在使用前已赋值。

(20) Possible incorrect assignment

可能的不正确赋值。当编译程序遇到赋值操作符作为条件表达式(如 if,while 或 do—While 语句的一部分)的主操作符时,发出警告,通常是由于把赋值号当作符号使用了。如果希望禁止此警告,可把赋值语句用括号括起,并且把它与零作显式比较,如:if(a= =b)…应写为 if((a=b)! =0)…。

(21) Redefinition of 'xxxxxxxx' is not identical

'xxxxxxxx' 重定义不相同。源文件中对命令宏重定义时,使用的正文内容与第一次定义时不同,新内容将代替旧内容。

(22) Restarting compiler using assembly

用汇编重新启动编译。编译程序遇到一个未使用命令行选择项—B 或 ♯ prapma inline 语句的 asm。通过使用汇编重新启动编译。

(23) Structure passed by value

结构按值传送。如果设置了"结构按值传送"警告开关,则在结构作为参数按值传送时产生此警告。通常是在编制程序时,把结构作为参数传递,而又漏掉了地址操作符(&)。因为结构可以按值传送,因此这种遗漏是可接受的。本警告只起一个指示作用。

(24) Suplerfluous & with function or array

在函数或数组中有多余的 '&' 号。取址操作符(&)对一个数组或函数名是不必要的,应该去掉。

(25) Suspicious pointer conversion

值得怀疑的指针转换。编译程序遇到一些指针转换,这些转换引起指针指向不同的类型。如果合适,应强行抑制此类警告。

(26) Undefined structure 'xxxxxxxx'

结构 'xxxxxxxx' 未定义。在源文件中使用了该结构,但未定义。可能是由于结构名拼写错误或忘记定义而引起的。

(27) Unknown assembler instruction

不认识的汇编指令。编译程序发现在插入的汇编语句中有一个不允许的操作码。检查此操作的拼写,并查看一下操作码表看该指令能否被接受。

(28) Unreachable code

不可达代码。break,continue,goto 或 return 语句后没有跟标号或循环函数的结束符。编译程序使用一个常量测试条件来检查 While,do 和 for 循环,并试图知道循环有没有失败。

(29) Void function may not return a value

Void 函数不可以返回值,源文件中的当前函数说明为 void,但编译程序发现一个带值的返回语句,该返回语句的值将被忽略。

(30) Zero length structure

结构长度为零。在源文件中定义了一个总长度为零的结构,对此结构的任何使用都是错误的。

参 考 文 献

[1] 顾治华.C 语言程序设计[M].成都:四川大学出版社,2004.

[2] 李一波,张森悦,孙玉霞,等.新概念 C 语言[M].沈阳:东北大学出版社,2004.

[3] 周海燕,李智.C 语言程序设计教程[M].北京:人民邮电出版社,2003.

[4] 陆蓓,胡同森,易幼庆,等.C 语言程序设计[M].北京:科学出版社,2004.

[5] 吴文虎,程序设计基础[M].2 版.北京:清华大学出版社,2004.

[6] 徐金梧,杨德斌,徐科.TURBO C 实用大全[M].北京:机械工业出版社,1999.

[7] DEITEL H M,DEITEL P J.C 程序设计教程[M].薛万鹏,等译.北京:机械工业出版社,2000.

[8] 谭浩强.C 程序设计[M].3 版.北京:清华大学出版社,2005.

[9] 林建民,朱喜福.程序设计基础[M].北京:人民邮电出版社,2002.

[10] 钱能.C++程序设计教程[M].2 版.北京:清华大学出版社,2005.

[11] 陈家骏,郑滔.程序设计教程:用 C++语言编程[M].2 版.北京:机械工业出版社,2009.